飼い喰い

三匹の豚とわたし

内澤旬子

角川文庫
22541

まえがき――なぜ私は自ら豚を飼い、屠畜し、食べるに至ったか

この本は、二〇〇八年一〇月から二〇〇九年九月までの一年間をかけ、三頭の肉豚を飼い育て、屠畜場に出荷し、肉にして食べるまでを追ったルポルタージュである。

これまで世界各地の屠畜の現場を取材して、家族で一頭の羊を屠り分け合って食べるところから、一日四〇〇〇頭の牛を屠畜する大規模屠畜まで、数多の家畜の死の瞬間を見てきた。

彼らがかわいそうだという感情を抱いたことはない。彼らの死骸を食べることで、私たち人間は自らの生存を支える。それは自明のことだからである。しかし取材をするうちに、これらの肉は、どのようにして生まれ、どんなところで育てられ、屠畜されるに至るのかに、興味をおぼえるようになった。

私たちは何を食べているのだろうか。

知っているようで、何も知らない。自らの手で住居の軒先に小屋を作り、豚を飼い、日々触れ合うことで、豚という食肉動物が、どんな食べ物を好み、どんな習性があり、一

日をどう過ごしているのか、私という人間にどう反応するのか、また、私自身が豚たちを飼ってみて何を感じるのか、じっくりと気が済むまで体験した。

また同時に、現在の私たちが口にする国産豚肉のごく一般的な飼養方法と、小売店に並ぶまでの流れを知るために、大規模養豚農家と、養豚を支える飼料会社、獣医師、屠畜場、精肉、卸業者に取材し、話を伺った。

戦後六〇年間で、豚の飼養方法も、食肉の価格も需要も、何もかもが劇的に変貌した。家の軒先で一頭だけ、稲作の片手間に残飯をやってゆっくり育てていたのが、換気までコンピューター制御の豚舎で、品種改良を重ね、雑種強勢をかけ、一〇〇〇頭単位の豚を、特別に配合した飼料を与えて育て、一八〇日で出荷するようになった。同じ「養豚」として括るのが難しいくらいだ。

しかし、豚は豚である。今も昔も変わらない。飼えばかわいく愛らしく、食べれば美味しい。

日本で飼養され、出荷され食べられていった、すべての豚たちに、この本を捧げる。

目次

まえがき――なぜ私は自ら豚を飼い、屠畜し、食べるに至ったか……3
見切り発車……9
三種の豚……27
システム化された交配・人工授精……43
分娩の現場で……58
いざ廃墟の住人に……75
豚舎建設……90

お迎え前夜 …… 106
そして豚がやって来た …… 122
日々是養豚 …… 138
脱走 …… 153
餌の話 …… 168
豚の呪い …… 184
豚と疾病 …… 199
増量と逡巡と …… 214

やっぱり、おまえを、喰べよう。…… 229
屠畜場へ …… 245
何もかもがバラバラに …… 259
畜産は儲かるのか …… 276
三頭の味 …… 293
震災が …… 310
あとがき …… 329
文庫版あとがき――三匹の豚を超えて …… 331
解説――これは奇書中の奇書である　高野秀行 …… 339

見切り発車

夢

畜霊祭の光景

タクシーから外に目をやって驚いた。黒い。普段はトラックがたくさん停まっている駐車場に集う人たちは、約一〇〇人くらいだろうか。いつもは灰色の作業着か白衣に白い長靴姿で、この屠畜場に勤務したり出入りしている人たちが、老若男女問わず全員喪服で立っている。まるで人間の法要みたいじゃないか。

二〇〇八年一〇月。よく晴れた土曜日。私は千葉県旭市の千葉県食肉公社で行われる畜霊祭に参加するため、朝一番の高速バスに乗って駆け付けた。上は黒ジャケットを着ているけど、下はデニムパンツだ。どっと汗が噴き出す。牛豚相手に喪服礼服を着て来ようなんて、これっぽっちも思っていなかった。

ジャケットだけでも黒でよかった。この屠畜場は講演に呼んでくださった縁で、何回か中を見学させていただいている。名前に「公社」とついているが、品川の東京都中央卸売食肉市場のような公営の施設ではなく、民営企業である。

車を降りて、知った顔を探す。卸業者である旭畜産の加瀬嘉亮(よしあき)さんがいた。彼だけは平服だった。助かった。そそくさと背を丸めて加瀬さんの後ろに立つ。集まった人たちは所在なげに駐車場の脇に建ち並ぶ畜魂碑（霊か魂かは場所によって異なる）を眺めている。畜魂碑は古いものから新しいものまで、さまざま一〇基ほど並んでいる。その前に公社職員が机を並べ、僧侶が座ると思しき椅子やマイクを運び、祭壇を作っている。

碑がいくつも建っているのはこの屠畜場が、合併と移転を繰り返してきた証拠だ。そもそも屠畜場は、一日の処理頭数が牛で一〇頭以下というような、小規模なものが各地に散在しているものだった。千葉県東部にも一九六〇年代後半までは五つの屠畜場があったという。一九八〇年代後半から施設設備の進化とともに、合併と大規模化が進んでいく。

家畜を搬入する畜産農家の方も、畑仕事の片手間に一〇頭前後を小規模に飼っているところがほとんどだったのが、専業となって大規模な多頭飼いにするか、やめるかの選択を余儀なくされたという。そういえば昔は、田舎に行くとどこの農家も家の隣に牛小屋や豚小屋がごく普通にちょこちょこあった。

知り合いの実家の隣の家でも畑仕事の合間に牛を五頭くらい飼っていたが、今は倉庫だ

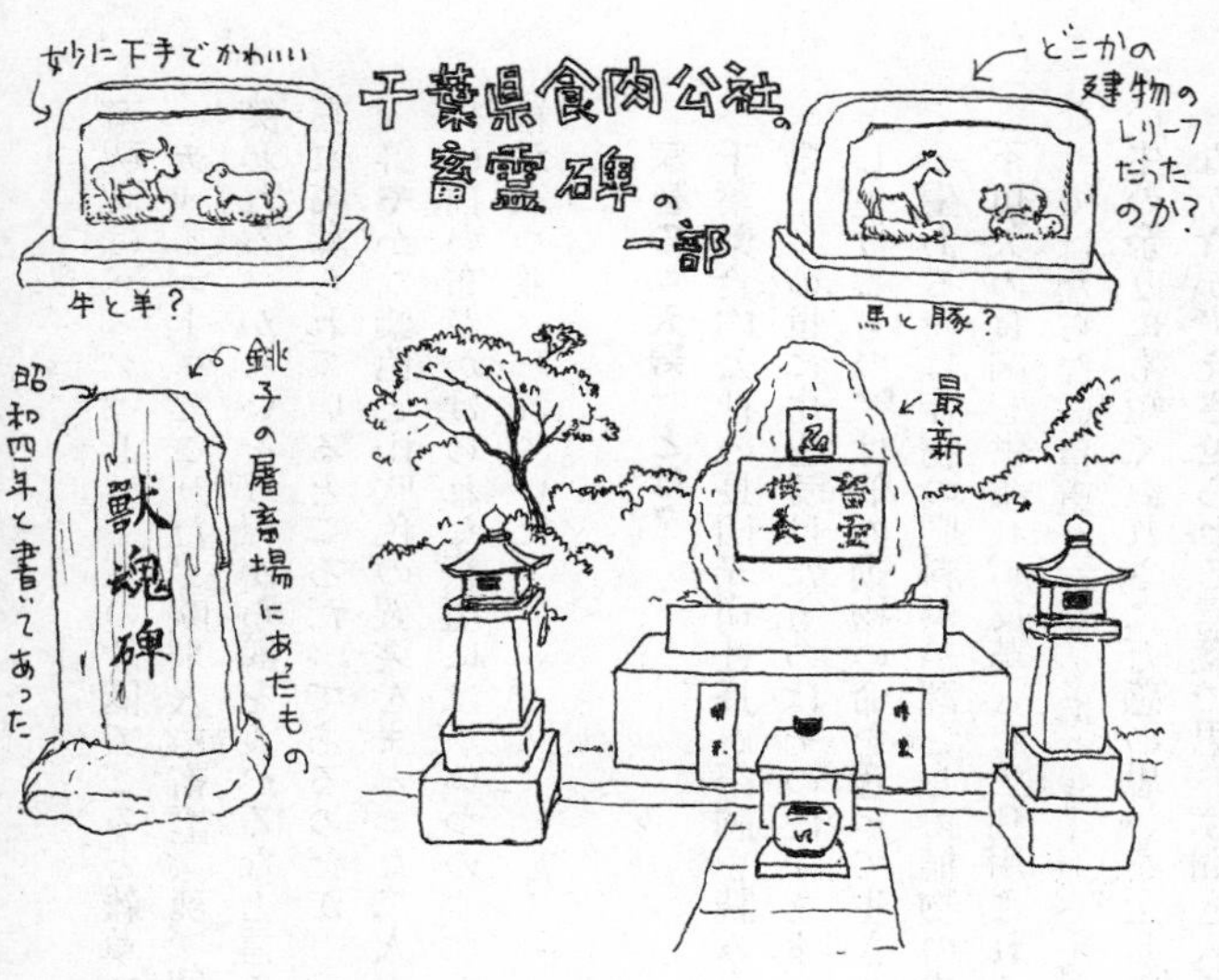

という。

屠畜場が移転・合併するたびに、開設とともに作られたそれぞれの畜魂碑も新しい場所に移設する。さらに移動先には記念碑が建てられる。というわけで、どんどん石碑が増えていくのだ。将来ここが移転することはあるのだろうか。その時にはこれらの畜魂碑や記念碑もまた引っ越していくのだろうか。

ちなみに畜魂碑を建てるという文化を持つ国は、日本の他にない。いや、探しているのだが、いまだ見つからない。台湾の台北市北投地区の市場跡で畜魂碑を見つけたけれど、それは植民地支配時代に日本人が「無理矢理」建てたものだ。二〇〇五年に訪ねた時には、市場のあったところは公園となり、畜魂碑はバスケットコートの片隅でごみと雑草に埋もれていた。

チャイニーズでこれだ。欧米人に畜霊（魂）碑について話すと信じられないとばかりに笑われる。かわいそうだから鯨を食べるなと言うくせに。鯨なんか、最上級の戒名が付けられて葬られているところだってあるのだが。

鮮やかな紫色と山吹色の袈裟をまとった二人の僧侶がやって来て畜霊祭がはじまった。机に白い布がかけられた祭壇には、いつのまにか熨斗つきの一升瓶がずらりと並び、焼香箱が三つ並べられていた。

家畜の「天寿」とは？

千葉県食肉公社の長田光司社長が祭詞を読み上げる。

「……この世に生を受けたものはその使命をまっとうするのが天命であります。又『生きとし生けるもの』は他の動物の命を奪って生きていることも自然の摂理となっております……生ある時は作物の肥料供給源として植物の生産に寄与し、絶ちては人類の栄養源として不可欠の食肉を供給し、皮革として利用されるなどその恵みはあまねく人類発展の為になくてはならない貴重な存在であります。（中略）死して人類の為につくすとはいえ、その生の余りにも短く哀れさに万感の思いを至し感謝の誠を捧ぐるものであります」――なかなか考えさせられる言葉で思わず聞き入る。続いて食肉衛生検査所所長の祭詞が続く。

「……食は人の健康の源であり、人々が健康で幸せな生活を送る上で、食肉の安全、安心を求める声は至極当然と言えます。私たち食肉に携わる関係者はこの声に応えるべく品質のよい衛生的な食肉の供給に努めなければなりません。……過去一年間に三六万余頭の獣畜が宿命とはいえ天寿をまっとうすることなく捧げられたことはまことに憐憫の情に耐えません。ここに祭られた獣畜の霊が安らかに永遠の眠りにつかれんことをお祈りし祭文と致します」

若く健康なうちに命を絶たれ肉として食べられることは、家畜にとっての天命なのか宿命なのか。天命というと晴れがましいイメージがあり、宿命というと逃れられない哀しさを感じてしまう。

それにしても家畜にとっての「天寿」とは何なのか。改めて考えさせられる。動物園の展示動物と違って、家畜が「寿命」まで生きることはほとんどないのだ。

豚は生後約半年、肉牛は生後約二年半で屠畜場に出荷され、屠られ、肉となる。繁殖用の家畜はそれより長く生きるとはいえ、精子を絞られ続け、出産し続ける状態が「本来の」「自然な」環境なのだと断言はできまい。いや、そもそも人間が利用しやすく改良を重ねてきた家畜で「自然」を語るのに無理があると考えるべきなのか。

じっとうつむきがちに立っている人たちは、挨拶に聞き入っているようでもあり、終わるまでの時間をただやり過ごしているようにも見える。衛生検査員、卸業者、食肉公社と精肉会社の従業員とパート従業員、みんなこの千葉県食肉公社で屠畜する牛と豚に関わって収入を得ている人たちだ。そして繰り返すがほぼ全員が黒ずくめの喪服だ。数珠を片手にしている女性もいる。

「最近は飲酒運転の取り締まりが厳しくなっちゃったからさ、参加する人もだんだん少なくなってきたんだよ」加瀬さんがさびしそうに言う。

「ああ、昔は終わった後、ここで飲んでたんですね」

「そう、みんなで。昔は畜産農家さんたちもたくさん参加してたんだ」

言われてみれば、ここに家畜を搬入している何軒かの農家さんの顔を探してみたが、誰もいない。現在はここに集まった人たちは、それぞれバラバラに居酒屋を予約して飲んでいるのだそうだ。

来年ここに立つ時、私は何を思っているんだろう。

ここでつぶした三頭の豚の顔を思い浮かべて、手を合わせているはずなんだが。今は業者の列に混ざって焼香しても、デニムパンツが目立たないかとびくびくしながら挙動不審気味に手を合わせるだけだ。何も浮かばない。

来年の今[illegible]は、自分で育てた豚をここに出荷して、屠畜してもらうのだ。そしてそれを喰[illegible]

豚の一生を知りたい

二〇〇七年一月に上梓した『世界屠畜紀行』（現在角川文庫）を書くにあたり、およそ一〇年間、国内外の屠畜場を取材して回ってきた。死んで肉となっていく家畜たち、牛、豚、山羊、馬、羊、時にはラクダなどを、合計一万頭近くは眺めてきただろう。

しかし屠畜場に送られてくる前の段階で家畜たちがどうしてきたかについて、私は何一つ知らないままなのであった。どうやって生まれるのか、どんな餌をどれだけ食べてきたのか、出荷体重まで育てるのに農家は毎日何をしているのか。見当すらつかないまま、運ばれて来ては、屠畜される家畜の姿をひたすら追ってきた。

それではあまりにもバランスを欠いているのではないだろうか。

著書の刊行からしばらく経ったある日、ふと、畜産農家を取材してみようと思った。とはいえ、あまりにも何も知らないために、具体的に何を知りたいのかを、農家にうまく伝えることができない。

テーマを見つけた時はいつもそうだ。そのことがわからなくて、知りたくてしかたがないのだが、どうしていいのかわからない。新聞記者のような切れる頭が欲しい。

——まずは家畜が生まれてから屠畜場に送られるまでの一生を、順を追って知る必要があるよなあ。それも料理番組みたいに飛ばし飛ばしに見るのではなくて、同じ時間を共有してみたい。それなら、出産から出荷までの期間が半年の豚を見るのがいいだろう。牛のように、出荷まで三年近くかかる動物に密着するのはなかなか難しい。

とりあえず何人か畜産農家の方々の話を聞いてみた。しかし話はいかに経営していくかと、いかに美味くて安全な肉を作るかに終始する。当然といえば当然だが、豚についてロクに知らないままに聞いていても、どうもピンとこない。そして豚を実際に見せていただきたいと言っても、嫌がる方が圧倒的に多いことに驚かされた。

二〇一〇年に宮崎県で口蹄疫が大流行したため、一般の人が知ることとなったが、強烈な感染力を持つ病気が、外部からの人や車のタイヤから、豚舎の豚に襲いかかることを恐れてのことだ。牛と比べて豚は、外部から持ち込まれて感染する病気がとても多い。

媒介する生物が入り込まないように、農場をフェンスや生け垣で囲むことも、推奨されている。農場の入口には関係者以外立ち入り禁止の看板がものものしく立っているのも、今。ごくあたりまえの光景なのだ。フェンスをくぐって農場に出入りする買付業者や飼料会社の営業マンも、みんな事務所で農場主と話すだけで、豚舎までは行かないようにしている。それでも行く時は必ず靴やタイヤを消毒するのだという。そして万が一豚舎まで行っても豚には触らないのが鉄則。まるで腫れものにでも触るような話が飛び交っている。

え、豚ってそんなに弱い生き物だったの⁇　南アジアでは人糞まで食べてるのに。まあ、今現在日本で私たちが食べている豚について知らなければ意味がないから、タイやフィリピンの山岳民族の養豚法と比べてもしかたないのであるが。日本人だって衛生的すぎて、アジア旅行ですぐにお腹を壊すくらい弱いのだから、豚も弱くなって当然なのだろうか。

それにしても、豚がどんな生き物なのか、どんな匂いがして、どんな歯がついていて、どこまで硬いものを嚙めるのか、そんなことすらわからないままに、出荷体重だの味やら格付けについて取材するのは、難しい。

もともとは残飯や畑のくず野菜を処理する家畜として、気軽に飼える存在だったはずなのに、今やものものしく隔離された空間で、ひっそり育成される動物になってしまって、誰も生きている豚を触ることはおろか見ることすらできないとは。

ならば畜産農家に住み込みで働こうか。いや、その間仕事をすべて休んでどこにも行かないようにするのは難しい。では極小でも一国一城の主になったらどうだろう？　大規模飼育と同じではないだろうけれど、給餌と給水、豚舎、排泄物処理、ワクチン接種などなど、現在食べるために豚を飼うのにクリアせねばならない課題は、ミニマムであっても共通しているのではないだろうか。

そうだ、ひと昔前の農家は、みんな農作業の片手間に数頭を庭先でかわいがって飼っていたというじゃないか。あれだ。いろんな国の田舎でも見てきた。あれなら自分の仕事の片手間にもできそうだ。

動物の愛玩と食肉利用の境界

「豚はちゃんと飼うと、犬よりかわいいよ。飼ってる時はいいけど、屠畜場に送るんだから、相当残るよ。後々まで引きずるかもよ」

旭畜産の加瀬さんに相談すると、意外な答えが返ってきた。

千葉県旭市は豚肉生産が盛んなところで、加瀬さんのところも四代続く豚肉卸業者、通称「豚屋」だ。千葉県食肉公社は近代化してしまったのでもう見られないけれど、ひと昔前の屠畜場では豚屋さんが皮剝きの前の内蔵出しのところまで、屠畜を手伝うこともあったのだ。なのにそんな弱気なことを言うのか。

愛情をかけて育ててきた動物を屠ることは、毛嫌いするほど珍しいことではないはずだ。ほんの一〇〇年、いや五〇年くらい前までは世界中の都市以外の場所で行われていたし（日本は食肉のために家畜を飼養することが全国的には認められていなかったため、鶏より大きい家畜を自家屠畜した体験を持つ人は例外的に大変少ない）、今もその名残を残す地域はある。

とはいえ現在は、アメリカやヨーロッパをはじめとする多くの経済発展国に住む人々が、動物の愛玩と食肉利用の境界には、堅固な壁があると信じこんでいるようにも思える。自分だって屠畜を取材するために各地を訪ねる以前は、そこに明確な境界があると信じていた。しかしそれはほんとうに不動の壁なのだろうかと、取材を重ねるうちに思うようになっていた。

今回の計画は自分だけで気ままに行う試みなのだから、あえて名前をつけてかわいがった上で、つぶしてみてもいいのではないか。そもそも豚をかわいがったらどこまでかわいくなるのかということにも、興味がそそられる。

はじめは半信半疑だった加瀬さんも、だんだん私が冗談で言っているわけではないことを理解してくださった。

「ほんとうに飼うとなったら旭市ならどこでも大丈夫だよ。だってちょっと前までここらもそこらも、みんな豚飼ってたんだから」

実ははじめのうちは、東京のマンションで豚を飼えないかと考えていた。うちのベランダは一〇平米ある。十分豚が飼える。臭いも出るだろうし、大家さんに許可を取るのは大変かもしれないが、楽しそうだ。しかし。飼うことについては今のところ何の想像力も湧かない私だが、最期の屠畜についてだけは明確に順を追って想像がつく。東京のマンションから、ふくふくと一〇〇キロ以上に育った巨大な豚を、トラックに載せて千葉県食肉公社に送り出すところを思い描く。

ちょっと待て。搬出できるのか。これまでまったく外に出さず、ロクな距離も歩かせずに飼ってきた巨体を、三階ベランダからどうやってエレベーターホールに移動させ、降ろしてトラックに載せるのだろうか。

扱いに慣れた業者や農家たちでさえも、屠畜場でトラックから係留所に降ろす時、歩かなくなる豚に苦労している(ほとんどはおとなしく歩くのだが、たまにまったく言うことをきかないのがいるのだ)。

逃げ出そうとする豚だっている。直線の段差のないところですらそうなのだ。狭くて、段差があるところを歩かせ、エレベーターに乗せるなんて……不可能だ。やっぱり豚は平地で飼わないと。どこで飼うかとなったら、それはやっぱり、飼うんだったら屠畜は引き受けるよと言ってくださっている、千葉県食肉公社のお膝元がいいだろう。豚を搬入している農家さんも紹介するとも言ってくださっている。ありがたい。

数字は苦手なのだけど

「何頭飼うの？　え、三頭？　なら犬より簡単ですよ。散歩させなくていいし。多く飼えば飼うほど難しいけど」

開口一番にそう言ったのは、千葉で母豚(ぼとん)一五〇〇頭を抱える大規模農家Iさんだ。畜産農家が農場の規模を言う時は母豚の数で表す。「ぼとん」という響きにはじめは驚いたが、出荷頭数よりも規模として言う場合には的確なのだろう。一頭の母豚におよそ一〇頭の子豚がつくとして、彼の豚舎には常に一万頭からの豚が暮らしていることとなる。す、すげえ。まだ三〇代と若いけれど、実家を継いだためなのか、なかなかしっかりしている。私の千葉県食肉公社での講演を聞いてくださって、「おもしろかったですけど、数字のことはあまり話さないのですね」と切りこんできた。

そうなのだ。私は数字に大変弱い。だから豚肉がどのくらいの経費で育ち、最終的にはどれくらいの値段となって消費者が買うのかも、考えたことがなかった。それどころか手順としてはわかっている屠畜ですらも、その手間代が肉の価格の何パーセントに相当するのか計算したことすらなかった。

豚は生き物であると同時に、食肉動物である。それは、つまり換金する経済動物でもあるということだ。農場の大規模化について考えるならば、いずれは数字とご対面しなければならないんだろうなあ。しかしそれはだんだん考えるとして、まずは豚を飼う場所と移住先を決めようじゃないか。

豚と感染症

「ところでなぜ三頭にするんですか」

「いやあ、一頭だけ飼うつもりだったんですが、あんまりみなさんが豚の病気感染を心配されているじゃないですか。農家さんと話すとまずそれでしょう。せっかく移住してきて一頭だけ飼ってて死んだらどうしようもないので、保険かけて三頭にしておこうかと。それくらいなら自分で個体識別する自信もあるし。あとね、それぞれ違う農家から違う種類の豚を譲っていただこうかと思うんです。餌と飼育環境がまったく同じでも、種類が違うと肉の味が違うのかどうかも知りたいし。だから雌雄どっちかに統一して、まあ一頭はいちばん一般的な雑種のＬＷＤ（ランドレース、大ヨーク、デュロックの掛け合わせ）にして……」

「はあ。でも内澤さんが飼うとしたらその場所は豚を飼うのがはじめてのところなんですよねえ？　しかも三頭だけでしょ。それなら感染の心配はないんじゃないかなあ」

病原性大腸菌などで一度汚染された豚舎の床でだと、消毒をしたとしても、次の豚を入れた時に病気が伝染しやすいというのだ。豚丹毒、増殖性腸炎、豚赤痢なども糞便を介して感染する。トラックのタイヤや靴を消毒するのはそのためだ。感染は糞便や唾液、鼻水など豚から排出されるものだけからではなく、ウイルスなどの空気感染や、野良猫を媒介とする場合もある。

三頭にするにはもう一つ理由があった。おそらく私は豚を一人で育てることになる。一頭だけを飼うとなると、一対一の濃密な関係になってしまう。犬を飼った経験では、動物は一頭だけでいると、自分が人間だと思うようになる。

うちの犬は、家族の中でどうして自分だけが家の外に寝床があるのか納得いかずに、怒られるのを承知で、夏場には網戸を破って家宅侵入を試みていた。豚がそうならないと誰が保証できるだろうか。彼らもそれなりに頭のいい動物なのだと、ものの本には書いてある。三頭いれば、彼らは自分が豚だと思ってくれそうだし、ひょっとしたら彼らの中で社会らしきものが、形成されるかもしれない。

それに以前、東京大学総合研究博物館の遠藤秀紀教授から、論文の結論を成立させるのに、三体の解剖結果が最低限必要なのだという話を伺っていた。パンダの指に関する論文を書かれた時のことである。稀少動物のパンダの場合、なかなか解剖するチャンスに恵まれない。ギリギリ三頭を解剖することで、個体差ではなくその動物に共通する形質としたのだそうだ。

これがマウスだったら三体解剖したところで誰も鼻にもひっかけないだろうけどね、と笑っていらしたのが強く印象に残っていた。豚だってマウスに劣らずたくさんいるんだから、三頭飼って性質を見たところで学術的な結果になりはしないけれど、飼った時の様子を「豚ってこんな動物だった」と、自分なりに納得できそうだ。

「犬を飼うのと一緒」というけれど

しかしやはり話だけ聞いていても、具体的にどうしたらいいのか、よくわからない。とりあえずは、こちらの移住先と豚の飼育先を確保することと、子豚を譲ってくださる農家を探すのが先決だ。後はこちらに住んでからゆっくり取材していこう。何しろ東京から旭市まで、行くだけで二時間以上かかるのだ。

現地では車での移動になるにもかかわらず、私は運転ができないので、来るたびに誰かの車に乗せてもらっている。何度も足を運んでいる割に、市内の地理もよくわからないままだ。まずは一人で行動できるようにならないと。

豚の飼育先は、みなさんの予想に反して、なかなか決まらなかった。加瀬さんの話では、市内の中心に近いところでさえもついこの間まで農家がいたとのことだった。加瀬さんが所有する町の中の休耕田の真ん中で豚を飼って、そのすぐ近所のアパートを借りればいいよと言われていたのだ。

「犬を飼うのと一緒」という言葉を信じれば、たしかにそれで何とかなる。一応犬なら飼ったことがあるのでそれくらいは想像がつく。町ならば自転車だけで生活できるかもしれない。

ところが周辺住民から反対が出てしまった。新しく越してきた人たちばかりではなく、昔からいた人たちも、豚と聞いて、うっ、と詰まったとのこと。反対理由はなんといっても糞の臭いと啼き声だ。これではほとんどの農家は町から遠く離れねばならなくなったようだ。そういえば幼稚園の頃、散歩する通り道に豚農家があった。強烈な臭いだった。

昔からの住人としては、「やっとどこかに行ってくれたのに、勘弁してほしい」ということだったのだろうか。自分でも自宅で少し豚を飼ったことのある加瀬さんは、しょんぼりしている。

何とかなるさ、きっと……

「いっそ、畜産農家で使っていない豚舎で飼わせてもらったら？」

うーん。毎日農場に通うのかあ。自宅の軒先で飼うのを想定していたので、ずいぶん生活が変わるけれど、あまり贅沢は言っていられないか……。ところがこれも受けてくださる農家さんはいなかった。自分のところの豚だけを、使っていない豚舎の片隅で飼うのならばまだしも、他の農家からの豚も混ぜて飼う、というのがまずかった。外部の人間が出入りするのも歓迎していないところに、別の農場で飼育された豚そのものが入り込むとなると、何かが持ち込まれる可能性はさらに高い。

農場間での豚のやりとりはもちろんある。種豚や母豚の買い入れなどだ。しかしそれは農家にとっては自分で選んで付き合っているいわば「素性の知れた」豚であり、農場である。私が選ぶ豚は、私の知り合いのさまざまなつてで探していただいている。つまり、どこの農場から来るのか、まったくわからないのだ。どんな衛生管理をしているのかもわからない。そのうえ豚には、各農場で交配を重ねてきた結果、特定の病気に弱い強いなどの性質が各々どうしてもあるのだという。ははあ……。

その農場の豚たちにとって耐性のない病原体が入ってしまったら、大規模に飼っている場合、感染する豚の単位も大きい。そう、たくさん飼っているからこそ、あっという間に感染してしまうし、それを防ぐことも難しいのだそうだ。当然損失も莫大なものとなる。だからこそ、予防に全力を注ぐのだ。

やっぱり人里離れた物件を探して飼うか。女一人で？ 車もなくて⁇ 頭を抱えているうちに、先に豚を提供してもいいと言ってくださる農家さんが見つかった。すぐに提供していただいても、飼う場所がないぞ。

いや、豚の妊娠期間は三カ月以上あるのだった。どうせなら交配から知りたい。生まれる豚が胎内で育つ三カ月の間に物件を探せばいいではないか。よし、農家の方に交配からみせていただくようお願いしよう。三カ月のうちに車の運転もできるようにしておけば、人里離れた山の中に家が決まったとしても、何とかなるさ、きっと……。

見切り発車もいいところだが、そんなふうにして豚を飼う話は始まったのであった。

三種の豚

伸

味の違いは餌か種か

「三頭バラバラの種類の豚を飼うのなら、一頭は中ヨークにしたらどうでしょう」そう提案してくださったのは、豚肉卸業者である東総食肉センターの小川晃一郎さんだ。ちゅうよーくって中ヨークシャーのことですか？

「もともと昭和三〇年代までは千葉県を中心に盛んに飼われていた品種なんですよ。今はほとんど飼う農家さんがいなくなってしまったんです。ただものすごく美味い豚だったんで、何軒かの農家で復興させようとしているんです」

当時、千葉県では九万戸の農家がおよそ一一万頭の豚を飼っていて、そのほとんどがヨークシャー種だったんだそうだ。農家はサツマイモを作り、規格外のサツマイモを煮て豚に食べさせていた。これがものすごくおいしい豚だったんだという。

美味い豚、かあ。そりゃ美味いにこしたことはない。しかし味の良し悪しというのは、実に難しい感覚だ。出された時の場の雰囲気とか、目の前にいる人との関係、お腹の空き具合に体調でも感じ方はすぐに変わってしまう。グルメを標榜している人たちは、気分体調に左右されずに味だけを感じることができるんだろうから、ほんとうにすごいと思う。

この際正直に白状しておこう。私は豚肉は大好きであるが、細密な肉の味の差がほんとうにわかるのかといわれると、まるで自信がない。

ある老舗の有名とんかつ屋にアメリカの友人を連れて行って、とんかつ定食を食べた。ものすごく美味かった。さっくりさっぱり揚がった衣に歯を立てるとジューシーな肉汁が口内に溢れる。ソースをかけたキャベツと白いご飯を一緒に口の中に入れれば、もう言うことない。ああ美味い。しーあーわーせー。

すかさず日本語の達者な友人が店の人にたずねた。

「このお肉はコクサンですか。サンチはどこですか」

答えはなんと、彼の故郷であるテキサス州の豚だとのこと。ええええ？

銘柄豚はもとより国産ですらなかったのだ。ショックだった。

それから注意して銘柄豚を扱う飲食店で豚料理を食べてみた。どこの豚もおいしい。すっごくおいしい。で、うちの近所のスーパーで買う安売りの豚バラ肉を料理すると、やっぱりなんだか味がないような気がする。うん、それくらいはわかる。しかしそれでは銘柄豚同士の肉の味の違いについてといわれると、困る。おいしいけれど、ぱっと食べてわかるほどすべての味が違うものなのかなあ。何しろ銘柄豚の数は今や爆発的に増えてしまっている。二〇〇五年時点で二五五という数字もあるが、判然としない。洋服のブランドにも似ていて、これとはっきり決まった定義もなく、生産者が良い味を求めてコストを掛けて工夫して育て、業者や販売店の間でその味が認められれば、一般豚よりも高い値で取引され、お客さんが買えば定着する。それらすべての味の違いを当てるなんて、ソムリエ級の嗅覚味覚がないかぎり、難しいと思うのだ。

「銘柄豚の大半は、育てやすい三元交雑豚のLWDに、特徴のある餌をやったり、飼育方法を変えることで独自の味を出しています。でも中ヨークは、黒豚やアグー豚、梅山豚などのように純血種豚ですから、それはもう味の違いも明確です」

へえ、そういうものなのかなあ。

二〇〇四年、JA全農ちばを事務局とし、七戸の農家が集まって、「千葉ヨーク振興協議会」が発足した。中ヨークシャーに千葉県産のサツマイモ、ベニアズマの規格外品を食べさせて肥育し、「ダイヤモンドポーク」という銘柄をつけた。さらりとした味わいの、真白い脂身をダイヤモンドになぞらえたのだそうだ。このダイヤモンドポークを千葉県の誇る銘柄豚に育てようとしているのだ。東総食肉センターは、JA全農ちばとともに、ダイヤモンドポークの販売ルートを開拓しているところなのだった。

味の違いは餌なのか種なのか。三頭違う品種にして同じ飼料を食べさせて同じ飼育環境で育てても、味の違いは出るんだろうか。正確な実験データにするには少なすぎる頭数だけれど、自分で味わって判断してみるのはおもしろそうだ。

中ヨークの写真をみると、鼻が短くしゃくれていて、ひょうきんな顔をしている。面長のLWDとは全然違う顔だ。豚の顔にもいろいろあるんだなあ。うん、この顔ならば個体識別しやすそうだし、私の画力でも描きわけが可能だ。一頭はLWD、一頭は中ヨークシャーにしてみよう。ぜひ子豚を分けてくださりそうな農家さんをご紹介くださいと、小川さんにお願いした。

成長が遅い、でも美味い中ヨーク

中ヨークシャーは、イギリスのヨークシャー州原産である。埼玉種畜牧場のサイト内にある「サイボク豚博物館」http://www.saiboku.co.jp/museum/index.html によると、大ヨークシャーと小ヨークシャーの交配、およびヨークシャー州を中心に飼育されていた白色系の豚との改良によって一八八五年に成立した品種、なんだそうだ。

日本には明治三九年にイギリスからバークシャー種とともに輸入され、昭和三〇年代には全国の飼養頭数の八割を超えていたという。けれども昭和三六年にランドレースが輸入されて以後、[illegible]種が入ってきたことと、養豚の形態が、農家が野菜や米を作る片手間に、[illegible]くとともに、「庭先養豚」から、専業となって大規模に飼う「多頭飼育」にと移り[illegible]中ヨークシャーは、成長が遅いのだ。しかもあまり大きくならない。残飯や畑でとれる野菜のくずなどをやっているぶんにはいいけれど、飼料を購入して育てるとなると、長い日数をかければそれだけ餌代がかさんでしまう。それに肉は重量単価で値段がつくので、格付け協会が定める重量ギリギリまで大きい方がいい。というわけで、今では試験場などの、ごく限られたところだけでしか姿を見ることが出来ない「天然記念物的存在」なのだとまで書いてある。今では本家のイギリスですら見かけなくなっているとも聞く。

一方で三元豚は、雑種豚とも経済豚とも言われている。三種類の品種を掛け合わせた雑種だ。三種類を一体どうやって掛け合わせるのかと思ったら、まず二種類の品種を掛け合わせて雑種第一世代、F1（first filial generation の略、ハイブリッドとも呼ばれる）を作り、そこに三種類目の豚を掛け合わせるのだ。二手間かかる。えーとつまり五種類の豚を管理しなければならなくなるのだから、面倒くさそうだ。

しかしこのような雑種にすることによって、それぞれの品種のいいところが組み合わさり、さらに病気に強い丈夫な豚ができるのだという。えぇーホントかなあ。という顔をすると、説明してくれる人はたいてい「ちょっとたとえは悪いんだけどさ」と遠慮しながらアフリカ系とコーカソイドなどの人種違いの結婚における子どもの話をする。

異人種間の子どもの方が優れているでしょと。いやあ、それは国際結婚が比較的少ない日本人の幻想なのではないかと思うのだが。複数の人種を先祖に持つ知り合いを一人ずつ思い出してみても、特に体が丈夫でも秀でているとも思えない。そんなこと言ったら、アメリカ人やオーストラリア人が単一民族に近い国の人より優れているということになりはしないか。こう言っちゃ何だが、どちらも肥満大国だ。いや、遺伝子は関係ないとは思うけど。

しかし三元雑種豚は、日本やアメリカだけでなく、世界各国で取り入れられている。席巻しすぎて中ヨークのような純血種がいなくなりそうなのだというから、効果は絶大なのだろう。

日本で現在最も一般的な掛け合わせパターンは、子豚を安定してたくさん生む、つまり繁殖性の優れたランドレース種（L）と繁殖性に加えて産肉性、つまりは手早くふくふくと肉をつけて太ってくれる大ヨークシャー種（W）を掛け合わせた雑種第一世代豚（LW）を子取り母豚とし、さらに止雄豚としてサシが入るなど、肉質の優れたデュロック種を掛け合わせたLWDである。写真を見ると、鼻がすらりと長い。

[illegible]どの豚、芝浦の屠畜場などでたくさん見てきた。というかネパールでの黒い豚以外の豚しか見ていないと言っても良い。やっぱり一般的なんだなあ。

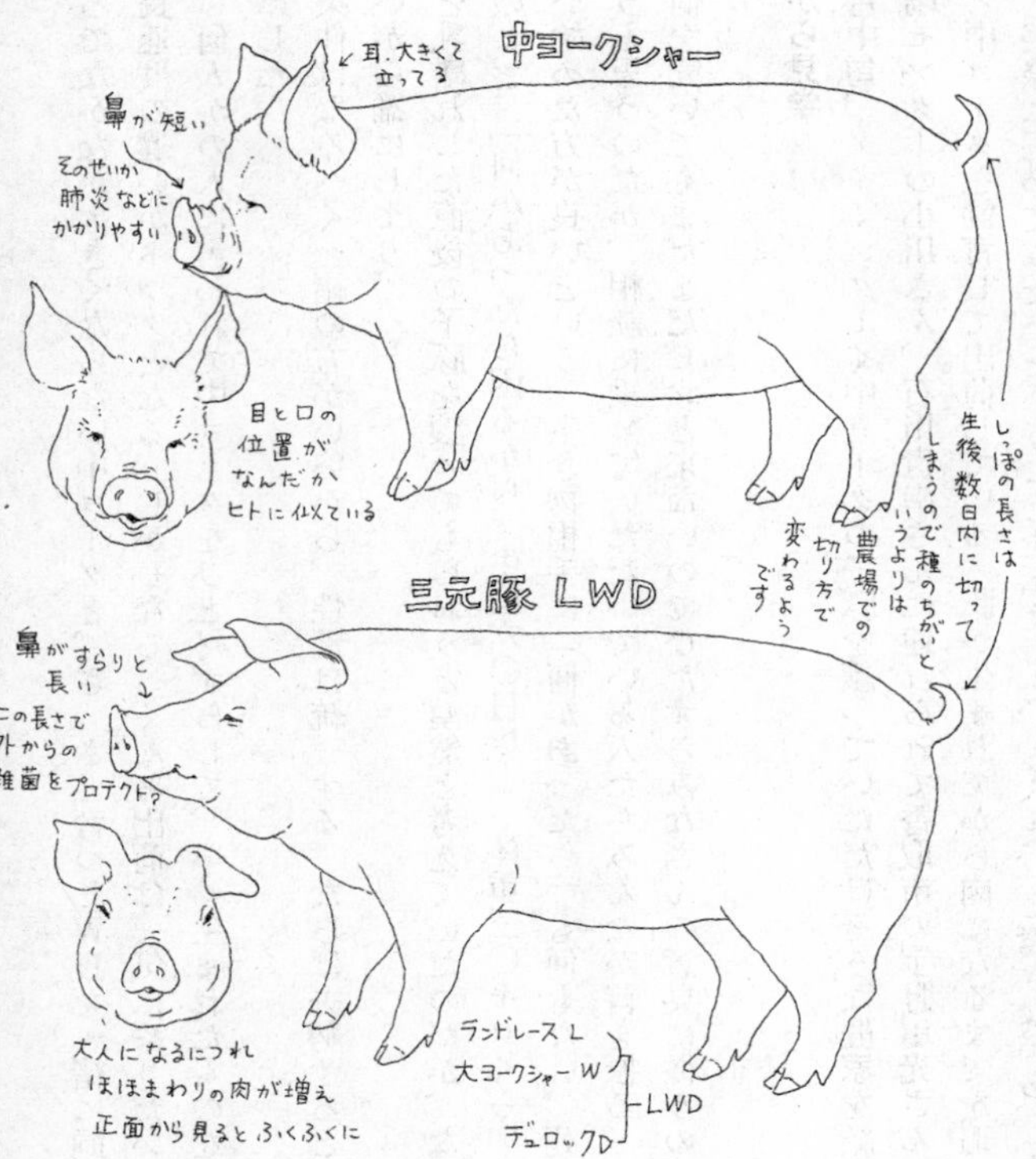

中ヨークシャー
耳、大きくて立ってる
鼻が短い
そのせいか肺炎などにかかりやすい
目と口の位置がなんだかヒトに似ている
しっぽの長さは生後数日内に切ってしまうので種のちがいというよりは農場での切り方で変わるようです
三元豚 LWD
鼻がすらりと長い
この長さで外からの雑菌をプロテクト？
大人になるにつれほほまわりの肉が増え正面から見るとふくふくに
ランドレース L
大ヨークシャー W
デュロック D
LWD

ところでなかなか大きくならない中ヨークと、さっさと育つLWDを一緒に飼うとなると、成長速度の違いがネックとなる。しかしなるべくなら出荷は一気にやりたい。それならばと、何人かの人に言われて中ヨークをひと月ずらして、早く生まれたものを合流させることにした。

他の条件はなるべく一緒の方がいいから、性別は統一する。ならば去勢するところも見てみたいから雄にしよう。

それと乳離れした直後の子豚を譲ってもらおうと漠然と考えていたのだが、なかなか難しいとのこと。「何かあったら困るから」生後六〇日以上、体重三〇キロくらいになってから飼い始めた方が良いという。生き物相手に「何かあったら」も何もない、死ぬ時は死ぬだろうと思うのだが、相談に乗っていただいている人たちみんなが首を振る。こちらとしては何を聞いてもまだまだピンと来ないのでひたすらみなさんの意見に従うのみである。

受精から見学

一〇月中旬、タイミングよく中ヨークの子豚を譲っていただけそうな農家を紹介され、東総食肉センターの小川さん、石川貴幸さんに連れられて香取市の宇野重光さんを訪ねた。LWDと中ヨークを飼育して出荷している。豚が生まれてから肉になるまでを追いかけたいこと、実際に飼ってみたいということを伝えると、うへえ、と驚きながら、「中ヨークはよ、飼うのが難しいぞ」と眉を寄せる。難しいも簡単も、豚自体を飼ったことがないのだから、何とも返しようがない。

産子数は一〇頭程度とちょっと少なめで、しかも、そのうち順調に育って出荷となるのは約半分なのだという。病気にもかかりやすいし、特定の病気に罹患しなくても「ヒネる」といってなかなか大きくなってくれないという。肉がおいしいから、ＬＷＤのおよそ三倍という高い値段で売ることができるが、それでも採算をとるのはむずかしいという。

「縄文時代からいきなり連れて来ちまったようなものなんだよ。飼われていた当時に流行ってなかった新しい病気がいっぱいあるんだから」

これまたわかったようなわかんないような、たとえだ。ううむ。しかも受精を見学して、その豚の出産に立ち会い、そこから子どもをいただきたいと言うと、ほとんど悲鳴に近いうめきを上げて、黙ってしまった。

「ええっ受精も見るのか……で、いつから飼うんだ」

「は、あのう四月からこっちに住むつもりです……」

だんだん声が小さくなる。無茶を言っているんだろうなあ。どこらへんが無茶なのかがわかればいいのだが、それすらわからない……。宇野さんは壁に貼ってあるカレンダーをにらんでいる。養豚カレンダーと書いてあるとおり、毎日の日付に二つの日にちが付記してある。もし今日種付けをしたら、次の発情が来る日と、出産の予定日が書いてあるのだ。

発情周期は二一日、妊娠期間は約一一四日だがいちいち計算していては面倒くさい。これはなかなか便利だ。この時期に生まれる子どもがほしいということなら、いつ交配を見ればいいのかもわかる。豚の発情周期は二一日だ。交配させて二一日経っても外陰部が赤くなるなどの発情の兆候を見せなければ、妊娠したと判断するのだという。わあ、今日交配するとちょうどいい……。

昨日（交配を）かけちゃったんだよなーといいながら、細い棒を取り上げ、宇野さんは豚舎に歩いて行く。すいません、と謝りながら長靴をお借りしてついて行く。細い棒で豚の腰からお尻あたりをちょいちょいと撫でるように触ると、独房から豚が出て来てゆっくりと通路を歩き出す。繁殖用の雌は大きい。肉豚の二倍近くある。そんな大きな豚が従順に宇野さんの言うことをきいて歩く。すごい。

少し広めの雄種豚の房を開けると中に雌を入れる。少しぐるぐる様子を見るように歩いたと思ったら、雄が雌の腰に前脚をかけた。数回腰の位置を直したかと思うと後は、二頭とも静止してしまった。静寂が訪れる。ん、もっとがしゅがしゅした動きはないのかな？

「あの、これで交配してるんですか」

「そうだよ」

「え、そのう、いついくんですか」

「だーから、人間とは違うんだよっ」顔を赤くして困る宇野さんに聞きすがると、一〇分、豚によってはもっと長く静止したまま射精し続けるのだという。ヒトの場合は陰茎部への摩擦が射精を導くのであるが、豚の場合は圧迫、つまり膣が陰茎を圧迫することによって、射精となる。だから膣内のしかるべき場所に陰茎が収まれば、後は動く必要がないのだ。へえええええ、そんなに違うものなんだ。いやしかし雌はさぞかし重いだろうなあ。

しばらくしてから何となく二頭とももぞりと動き出し、たしんと雄が雌から降りた。降りた瞬間、雄の腹に蛇の様な細長いらせん状のものがしゅるんと引っこんでいった。あれが性器に違いない。う～んもう少し見てみたかったが、豚にもう一度お願いするわけにはいかない。残念。

ゴールド・チャンプ・ミスティ・アライ、農林水産大臣賞受賞豚

一ヵ月後、無事に妊娠したでしょうかと電話をかけた。

「ああ、ダメだったんだ。でもあの前日にかけたのはついたから、それの子どもを……」

「あ、じゃあ、あの雌豚にはもう一度かけたんですか」

「いや、あれはずっとつきが悪かったから、送っちゃった」

「え？」

「だから……」

「ああっ、屠畜場に持ってっちゃったんですね？」

「……そう」

なるほど。そういう可能性があるとはなあ。屠畜場を取材した時にあれだけ「大貫」と呼ばれる種豚、経産豚が持ち込まれるのを見てきたのに。まるで思い及ばなかった。皮も硬くてそれほど美味しそうでもないから、加工用に回されるのがほとんどと聞いたけれど、それでもれっきとした食用肉である。

そういや乳房を切り取ってくださったのでミルクがしたたる風変わりな肉をソテーにして食べたこともあったなあ。あの時は生前の豚のことをまったく考えなかった。そして今は一カ月前に生きて受精していた豚が無根拠に生き続けているのがあたりまえで、屠畜場に送られて死んだことなんてまるで想定していなくて、驚いている。

学習能力、ゼロだ。我ながら呆れるが、まだまだ元気に歩いていた豚がもういないというのは、何だかとても不思議な感じがするのだ。あれ、しかしそんなことを言ったら普通に出荷する肉豚は、まだまだ元気なんてもんじゃない。若くて健康でとても元気ではないか。そうでなければ美味い肉にならない。

妊娠しにくくなった繁殖用の雌豚を屠畜場に送るのは、考えてみればごく当然のことである。精子を出さなくなった雄種豚も同じだ。農家は豚を愛玩動物として飼っているわけではないし、米を作りながら庭先で趣味半分に飼っているのとも違う。

それだけではない。いつまでも成長しない、体重の増えない肉豚を殺す場合もある。農家によってする[illegible]さまざまだが、経営成績を上げるのに推奨されている。「淘汰」と言う。[illegible]を長く飼っていれば、それだけ餌代がかかるし、処理しなければならない糞尿もど[illegible]どん排出する。コストをきちんと管理しなければ、経営としての養豚は成り立たない[illegible]た。

この[illegible]とこの母から生まれた子豚をトレース、という計画は、いきなり座礁である。宇野さんはものすごく言い辛そうにしていて、何やらこちらの方が申し訳なかった。豚舎を案内していただいた時、私が豚を見て「かわいい！」と歓声を上げるたびに、苦々しそうに「かわいいって思ったらダメなんだよ、ペットじゃないんだから、割りきらないと」としきりにおっしゃっていた。

これからこの女は豚を飼ってほんとうに出荷できるのだろうかと大いに訝っているに違いない。これればかりはいくら大丈夫ですから、と言ってもだめだろう。第一自分が来年手塩にかけた豚をほんとうに出荷できるのかどうか、一〇〇パーセントの自信があるわけではない。その時になってみないとわからない。だからこそやってみたいのであるが。

けれどもそういう宇野さんだって、何もかもを割り切っているとは、思いにくい。心からかわいがった豚もいるようなのだ。事務所に一頭の種豚の写真が飾ってある。平成八年度と九年度に農林水産大臣賞を受賞した、ゴールド・チャンプ・ミスティ・アライ。な、長い名前だ。「彼」の写真を見上げる宇野さんの眼は、深い愛情に満ちている。「こいつだけは送らなかった……」

最期まで看取ったんですねと、たずねると、宇野さんは黙ったまま写真を見上げてかすかにうなずいたのであった。

ついに物件決定

木枯らしが吹く頃、ようやく豚を飼ってもいいという物件が出たという。ああ、よかった。この際もう住めれば何でも構わない。そんな気持で貸家を見に行くことにした。

そこはバイパス道路から約一キロ離れた旧国道沿いの、居酒屋だった。東隣は畑で、その隣はガソリンスタンド、西隣は飼料会社の倉庫だ。ただし向かいは裏口であるが、住宅である。う——ん。臭いは大丈夫なのだろうか。この家の紹介に絡んでくださった方が、それは心配ないという。しかし用心するに越したことはない。糞尿処理には十分に気をつけよう。といっても一体三頭の豚からどれだけの糞尿が出るのかもわからない。本をめくればキロ数、リッター数は出てくるけれど、それが夏場にどれくらいの臭いを発するか、わからないのだ。映画『ブタがいた教室』では、人間のトイレに持って行って流していたなあ。ここだって居酒屋だったということは、家の脇に付いてる合併浄化槽はそれなりの糞尿を処理できるスペックを持っているはずだ。三頭で体重三〇〇キロとして、約六人分の糞尿、もう少し多いとして八人分としたって、それくらいはいけるのではないか。

道路に面したところは詰めれば六台は停めることができる駐車スペースとなっていて、それから平屋の店舗がある。入ってすぐのところは土間、ここだけで八畳以上ある。さらに座敷が八畳一つ、一〇畳二つ、一四畳一つ、土間続きの厨房がまた一〇畳以上ある。

何もかもが広すぎる。そしてなぜだか、さまざまな大型家電などの粗大ゴミが厨房にみっしり詰まっている。誰も住んでいなかったのになぜゴミだけが溢れているのだろう。一〇年くらいほったらかしとのことだが、中の窓はサッシで、一応網戸などもついている。傾いたところはない。これよりも全然古いぼろ木造住宅に住んだこともあるので、粗大ゴミの始末さえすればまあ大丈夫だろう。

敷金礼金がない代わりに、粗大ごみの始末はこちらでしてほしいとのこと。……ずいぶんな量なのになあ。しかし贅沢は言っていられない。住む場所を決めないと何しろ落ち着かない。自分一人ならいいけれど、豚三頭をお迎えするのだ。もうここに決めてしまえ。

問題は一点、風呂がないということだ。これまで何回か豚舎の取材をしてきたが、やはりどうしても臭う。だんだん慣れてしまって私自身はどうとも思わないのであるが、人と会う時には気をつけねばならない。

近所に知り合いの家があるから風呂を借りにいけばいいと、家を探してきてくださった加瀬さんは言うけれど、小屋を掃除してすぐに身体を洗うことができないのはきつい。それに豚を飼うからといって、原稿の締め切りが少なくなるわけではない。むしろ経費をひねり出すのに仕事を増やしている状況なのだから、生活が不規則になること間違いない。気分転換に深夜にシャワーや風呂に入ることができるようにしなければ。工事現場につける簡易シャワーのレンタルなどを探していたら、地元のガス屋さんが格安で給湯とシャワーのついた、中古のバランス風呂釜をつけてくださることとなった。ありがたい。

入居は四月から。五月半ばには豚を迎えられるように、駐車場のスペースに豚小屋を建設しなければならない。アスファルトの上に、低予算でどんな豚小屋をどうやって建てたらいいのか、まだ見当もつかないのであった。

システム化された交配・人工授精

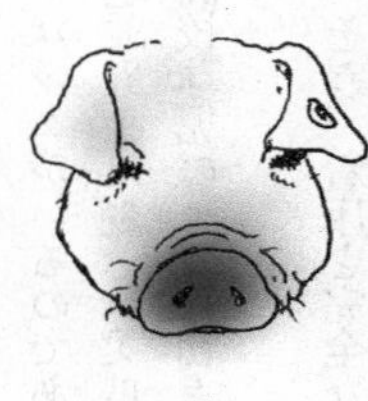

秀

熊みたいな種豚がぞろぞろ

中ヨークの種付けからちょうど一ヵ月後、ＬＷＤの提供先である農家を紹介してもらった。昭和畜産の椎名貫太郎さんだ。母豚五七〇頭前後、年間およそ一万一〇〇〇頭を出荷している。農家は大抵忙しそうにしているのであるが、椎名さんは特にいつも忙しそうで、はじめてお会いした時も、「はい、話は聞いてるよ。いいよ、交配でも何でも見てって」と言い残して重機を運転してあわただしく豚舎の奥へと去っていってしまった。交配の現場を仕切るのは、キャリア一四年になるベテラン従業員の田村さんだ。よろしくお願いしまーすと、ご挨拶して豚舎に入る。豚舎は真ん中が通路になっていて、向かって左側が、幅二・五メートル、奥行き三メートルくらいに仕切られた中に、一頭ずつ種豚であるデュロックがいる。全部で二五頭。

みんな巨大だ。豚ってこんなに大きかったか。先月見た中ヨークの種雄よりも全然大きい気がする。二〇〇キロ超えてるなあ。踏まれたら骨折するだろうなあ。それに、黒くて(こげ茶のもいる)、なんか、なんか、熊みたいなのだ。毛もゴワゴワだし、牙なんかグルンと一回り丸まってるのもいる。

そう、いつも屠畜場で見ている肉豚は去勢したものだから、睾丸もなけりゃ牙もないのであるが、こいつらは違う。軟式野球のボールよりも大きい、ご立派な玉を二つ、尻の間にたふんたふんと垂れ下げて揺らしながら歩いている。

しかしよく観察していると、見た目は怖いのだが、柵の外にいる人間に飛びかかろうとか、暴れようとする輩はいない。獰猛な犬よりも全然おとなしいではないか。目もやさしそうだよ。頭をちょこっと触ってみたけれど、怒らない。いい子だ。毛は見た目通り、タワシの毛よりも硬く太い。

豚舎の右側には入口に近い所に六頭、これまた黒や茶色のデュロックがいるのであるが、こいつらは左側のに比べて大きさも四分の三くらいと小さい。毛並もまだ幾分か柔らかみがあって、顔もあどけない。そう、若いのだ。歳は一歳前後。高校球児のような初々しさがある。

なんと、比べたら左側のは中年のおっさんだ。

若雄からは人工授精用の精子を採取しているという。そう、着床を完全なものにするために、ＬＷＤの場合は実際に交配させた翌日の朝と晩に人工授精もするのだ。左側のおっさんの精子と、右側の高校球児みたいな青年の精子が、混ざり合うというわけか。誰が父親かなどというこだわりは、ない。そこが純血種と違う。これは骨格もいいから繁殖用に回そう、ということはありえない。生まれた子豚はすべて、肉になる。それしかないのだ。

各農家によって、飼い方、やり方が少しずつ違うのであるが、ここではある程度人工授精用の精子をとった後、実際の交配用に「格上げ」されるのであった。

「え、じゃあこっちの人工授精用の若豚たちは、まだ雌豚と実際の交配をした経験がない、つまり童貞ってことですか??」

「まあそうですけど。なんか、自分、女の人とこういう話をしたことないんで……」

田村さんは困惑している。すいません。しかし申し訳ないがおもしろすぎて、気を遣っている余裕はなくなってしまった。

「密飼い」はイライラが募ります

しかしなぜだろう。屠畜の取材をしている間は、捌かれる豚を見て、擬人化することは殺人を連想させるとしてご法度だったし、しようとも思わなかったというのに、農家の取材をはじめた途端に、私は豚たちの生き様を人間に重ね、思いきり擬人化してしまっている。

もちろん私だけではない。農家で作業にあたっている人たち自身も、後からご登場願う獣医も、業者も、みんな豚を擬人化したり、人を擬豚化して冗談を言い合う。

たとえば飼育面積に対して大量の豚をぎゅうぎゅうに詰め込んで飼うことを「密飼い」と言うのだが、私の中学時代はとにかく子どもが多くて一クラス四五人超えていてねえ、と言うと、さらりと「密飼いですか」なんて返ってくる。で、実際にその中学ではいじめが多発したのであるが、まさに豚も密飼いするとイライラが募った強い豚が弱い豚への攻撃を激化させるのだから、一緒だよねえ、わははははは、となる。ああ、なんておおらかなんだろう。

廊下に白い跳び箱のような台が置いてある。これが偽牝台といって、青年豚たちが雌代わりに乗っかる台なんだそうである。

「こいつらもねえ、一度実際の雌に乗ると、もう台には乗らなくなるんですよー。やっぱり本物の方がいいんすかねえ」

ここではある程度人工授精用に絞る経験を積んで、少々台に飽きが来た頃に、実際の雌との交配用へと「昇格（?）」する。他の農家では人工授精用の精子を購入しているところも多いという。人工授精用の精子を採取する会社を何軒かの農家で共同経営して、自家消費以外に余った精子を販売しているところもあった。

そうなると人工授精用精子採取豚は、ずうっと童貞のまま台に乗って暮らすのであろうなあ。そちらを取材させてもらった時にたずねたら、台の方が好きで、実際の雌には試してみたけど、うまく乗れないのもいると言われた。豚それぞれ好き好きなのだろうか。それも人間と一緒ですねえ、とはさすがに言えなかったが。

四頭同時に交配は進む

交配の話に戻す。右側奥に雌豚がいる。L＝ランドレースとW＝大ヨークを掛け合わせた雑種第一世代、二元豚だ。大きめの房に五、六頭ずつのグループでいる。全部でおよそ六〇頭はいたか。生後六ヵ月の状態で購入してきて、妊娠可能な状態に調整していく。つまりホルモン剤を使って、一回に交配させる雌の群れの発情周期を同じ日に合わせる。

もともと同腹、つまり同じ母豚から生まれた雌をグループ買いしてくるので、大まかな周期は合っているのだそうだ。妊娠しやすい状態になるのは、二、三日だけ。尻尾の下にある陰部がピンク色に腫れてくるのでわかる。少しでも発情が足りなかったり、すでに終わりにさしかかったりしていると、雌豚は頑として雄を受け付けない。

まず奥の房から開けて、雌豚を雄の個室に一頭ずつ入れていく。全部あてがうのかと思ったら雄四頭分まで。田村さんは三〇センチくらいの長さの塩ビ管を持っていて、ペシペシと豚を軽く叩いて誘導していく。とことこと雄の房に入ってゆく雌豚。

雄と雌は相手を認識してうろうろしながら間合いを計る。前述のように発情が足りなかったり、単に気に入らない場合もあるのか、乗りかかろうとする雄を拒否して絶叫する雌もいる。すると、「チェンジ」である。

雌を房からさっさと出してもとの向かいの房に戻し、別の雌を雄の房に誘導する。悪乗りするわけではないのだが、どうしても個室風俗店を連想してしまう。こちらの場合は雌の意向の方が強いのだけど。

さて、四頭同時にコトは進むので、コッチは順調だがコッチはどうだと、忙しく目配りしなければならない。雌を壁に追い詰めたあげくに後ろ前に乗っちゃう雄とか、すべって片脚しか乗れない雄も出てくる。そのたびに作業員が柵を越えて、房に入って介添えしてやるのだ。腰の高さが違うペアだと、段差があるところに誘導してやったり。

きっちり乗ってからも、後ろ脚だけで立つ雄が不安定になって糞を踏んで滑らないように、おがくずを足元に撒いてやる。そして腰の位置を決めていよいよ、という段になっても、まだほったらかしにはできない。雌のしっぽが邪魔になって、うまく性器を挿入できずもぞもぞする雄のために、雌のしっぽを横に振り分けてやって、さらに雄の性器を摑んで雌の陰部に入れてやるところまで介添えする。過保護極まりない。いや、もしかしたら時間をかければ彼らとて自力で結合できるのかもしれない。しかしそんなことをしていたら、二五頭の豚を半日で掛け合わせることなど到底できないだろう。

ワインオープナーか？

ところで豚の陰茎の形状には衝撃を受けて大騒ぎしてしまった。まずびっくりするほど細い。身体の大きさから予想するならば、缶ビールくらいの太さくらいかと漠然と思っていたのだ。馬の陰茎が巨大という話がよく俗なたとえ話に登場するので、なんとなく重ね合わせていたのだろうか。

しかし豚と馬は違うのだった。たしかにいつもは毛皮に覆われたところに引っ込んでいて、その毛皮に覆われた外観は缶ビールくらいの太さはありそうだ。しかし、乗っかった時点でちょろりとピンク色の本体が顔を見せる。それがお腹の陰になってとても見えにくいのであるが、太さは大人の人差し指もないくらいで、しかも螺旋状にくるくるに渦巻いている。ワインオープナーのようなのだ。これが雌の子宮にぴたりと収まる形なのだそうだ。想像だにしなかった形であった。

しかるべき位置に収まれば、あとは一〇分ほど動かずに射精し続けるのは前に書いたとおり。雌は重そうだ。位置が悪くてずれたのか、交配しているところから尿のようにじゃばじゃばと液体を漏らしているのがいたが、あれが精液なのだという。大量なのだ。さらに中ヨークの時には気がつかなかったが、射精が終わったあたりで膠様物（こうようぶつ）という、透明でぶよぶよしたゼラチン状のものを出す。雄が出しているのだそうだ。出した精液が陰部から逆流してこぼれないように、栓をするためのものだという。

ビワの実くらいの膠様物が床に落ちていたので手を伸ばしてさわってみた。こういうゲル状の基礎化粧品、あるよなあ。豚の胎盤もプラセンタと言って基礎化粧品や美容剤になっているのだから、これも何かに使えないものか。ブリブリした感じ、頬のリフトアップなどに効かないかなあ。写真を撮ろうともぞもぞしていると、奥に行っていた雄豚が戻って来て鼻を近づけたかと思うとはぐはぐと膠様物を食べてしまった。ああっ。

交配が終わった雌は、マジックで印をつけて房に戻す。雄豚の房にそれぞれ付いている黒板には、交配した日を書き入れる。雌の発情期は厳密だが、雄は毎日精子を出すことが可能だとのこと。ただし毎日出せばどうしても薄くなってしまうため、週に一度にしているのだとか。

二五頭の雄豚全員に交配させるのに、二人がかりで約二時間かかったか。相当効率を重視したやり方のように思えたが、二人とも晩秋だというのに汗びっしょりだ。重労働である。しかしこの方法では、翌日の人工授精がなかったとしても、この雌にどの雄をつけたのかなんて、記録するのは困難を極める。雌のいる房が個体ではなくて腹単位での管理なのだから。そりゃまあそうでもないと、大量の豚を出荷し続けることはできないのだろう。

三元豚は、父不明。ああ、それだけで父と母が明確な純血種より強く、やさぐれた風来坊が生まれる感じがするのは私だけだろうか。

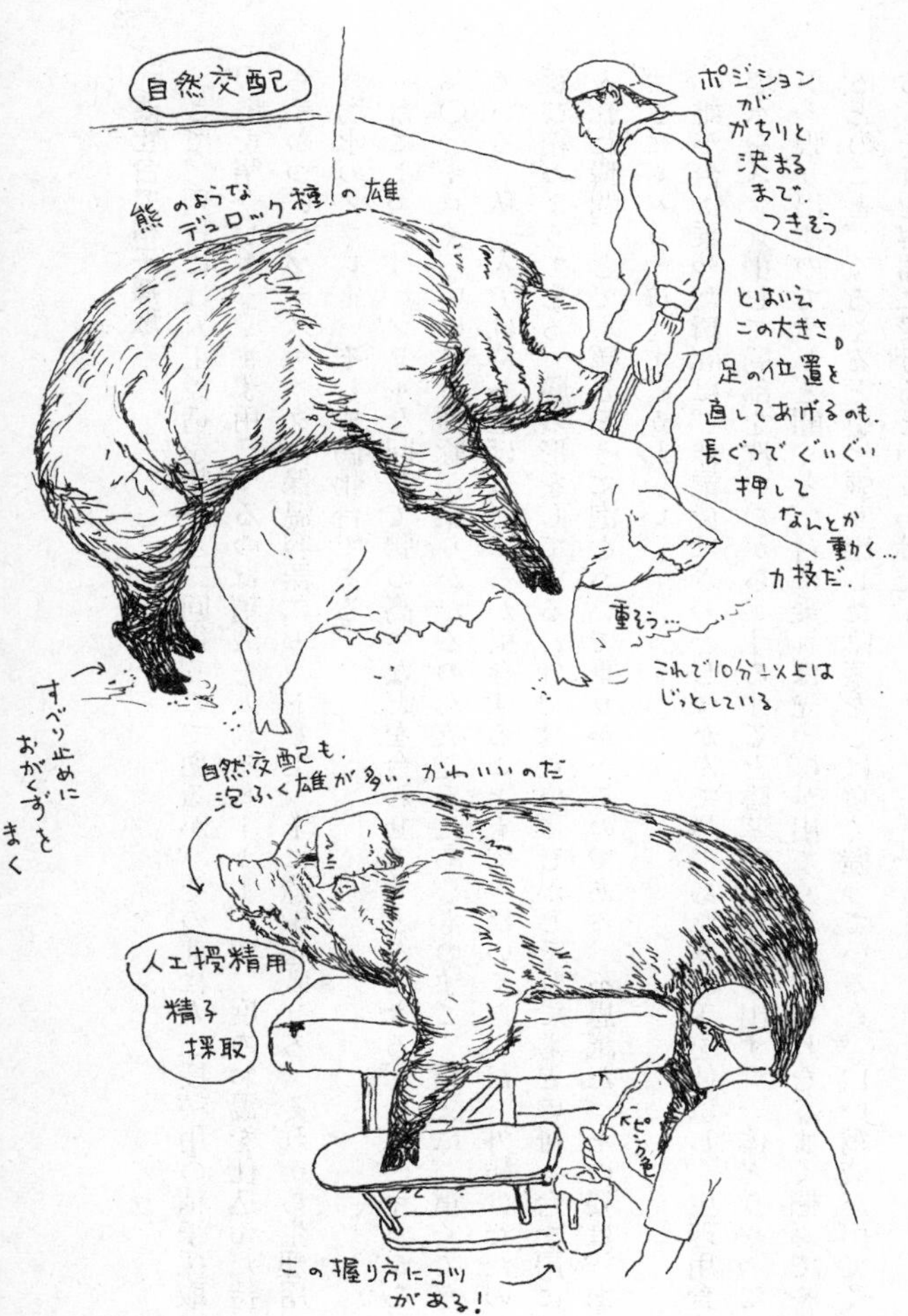
自然交配
熊のようなデュロック種の雄
ポジションがかちりと決まるまでつきそう
とはいえこの大きさ。足の位置を直してあげるのも、長ぐつでぐいぐい押してなんとか動かく…力技だ。
重そう…
これで10分以上はじっとしている
すべり止めにおがくずをまく
自然交配も、泡ふく雄が多い。かわいいのだ
人工授精用 精子採取
ピンク色
この握り方にコツがある！

偽牝台で精子採取

さて、翌日には人工授精を朝夕と二回行うのであるが、その前に人工授精用の精子採取現場を紹介しよう。まず用意するのは精液を入れるビーカー。四二度のお湯を仕込んだ持ち手のついたプラスチックの保温容器にセットして、上に濾紙を載せる。それから生理用食塩水のスプレー。そして偽牝台である。

台によってはハンドルを回して腰の高さなどを合わせることができる。一二〇キロから二〇〇キロくらいはある種豚が乗りかかるのを支えるため、ものすごく頑丈に、重くできている。私一人では持ち上げるどころか引きずることもできないくらいだ。外観はただの跳び箱のようである。豚の形をしているわけではない。しかしそれでもどの雄も台を房に入れた瞬間、とても嬉しそうに泡をふいて乗りかかるのである。不思議だ。その姿は、あまりにもバカっぽくて、かわいい。

雄が台に乗った瞬間に、作業員はさっとしゃがんで腰のあたりに手を伸ばし、生理用食塩水をスプレーして局部を洗いながら、するすると陰茎を引っ張り出す。一体どうやって引っ張り出すのですかと聞くと、台に乗れば先っぽが出てくるのでそれをうまく摑んでやるとのこと。くるくると引っ張り出した陰茎をしばらく握っていると、白い精液が出てくる。それを容器に受けるというわけだ。

たまたまこの精液採取を見た時には、新人作業員のIさんがいて、実に興味深かった。田村さんがやればするすると簡単に精液を出すのに、Iさんがやるとなかなかうまくいかない。そのたびに田村さんが「その豚はもっと先の方を握って」とか「その豚はもっとギュッと」「あんまり握らないように」などと指令を出す。それぞれの雄豚のくせがあるのだそうだ。螺旋状の陰茎の曲がり具合にうまいこと指をからませて、握ってやる。それだけのことと言えばそれまでだが、奥が深い。田村さんによれば、豚も二年くらいすると、だんだん手の刺激に慣れて精子を出す量が減ってきたりするそうだ。また豚によっては三〇分以上出し続けるのもいるし、色も個体によって違うとか。ともあれ、膠様物が出てきたら終わりのしるしだ。一頭が出す精液の量は、平均で二〇〇シーシーほどだ。

これを三頭分とって、混ぜる。わざと混ぜてしまうのだ。その方が精子の動きが活発になるからなのだ。は？　嘘でしょう？　違う個体の精液を混ぜるなんて。ところが顕微鏡で見せてもらうと、ほんとうに単体の精子よりも、複数の個体の精子を混ぜた方がむよむよむよと元気に活動しているのだ。競争力が増すのか。しかし組み合わせによってはむしろ元気を失う場合があるとのことで、毎回顕微鏡で確認しながら行うのだそうだ。ちなみに兄弟にあたる雄豚同士の精液は混ぜないとのこと。

この精子を四〇度に湯煎で温めたブドウ糖やクエン酸などの液体で五倍に希釈し、一〇〇シーシーのプラスチックの容器に詰めて、保管する。保管庫の温度は一七・三度。温度計で厳密に測りながら作業しているのは、少しでも精子の活動を弱めないようにするためだろう。採取してから五、六日中に使わねばならないそうだ。

現在では実際に交配せずに、人工授精だけで繁殖を行う養豚農家が主流になりつつある。牛の場合は豚よりもずっと早くから、人工授精で繁殖している。それがいつ頃からなのかは調査中なのでまだわからないが、以前に牛の博物館館長の講演で、伝書鳩を飛ばして牛の精子を運んでいたという話を聞いた。伝書鳩が盛んに利用されたのは一九六〇年代だ。たしかに交配の手間を考えると効率は良いのだろう。さみしい気もするけれど、それを言ったらどこからが気の毒で、どこまでがいいのか、それを一体誰が決めるのか。畜産のことを知りはじめたばかりの私には、まだ何も断言できない。

基本的に「父は不明」

ともあれ、これで私の三元豚の父は「不明だけど一頭」から、「不明にして複数」になってしまった。やさぐれにも程がある、というか。しかも豚は一回の排卵時におよそ二〇個の卵子を放出し、精子との結合によって二〇の受精卵となる。妊娠期間の過程でいくつか脱落して実際に生き残って生まれるのは十数頭なのであるが、上記の方法だと、そのそれぞれが誰の精子と結合してるのかもわからない。

ひと腹の中で、父の違う豚が並んでいることもあるのだ。驚愕、どころの騒ぎではない。

ヒトに置き換えると気が遠くなりそうだ。第一ヒトの排卵数は基本は一つなので、比べる方がおかしいのだ。この父と母の間に生まれました、などという甘い話を三元豚に持ち込んだ私がいかに阿呆であったか、今ははっきり解った。嗚呼。

しかし良く考えてみると、排卵数が複数ならば、豚の先祖である野生獣、猪だって交配可能日に二頭の雄と交配することも十分ありうる。つまり父不明／複数は豚の場合「不自然」というわけではない。単に私が豚という一産で何頭も孕む多胎動物への認識自体が甘かったということだ。

さて、人工授精である。交配翌日の朝晩二回行う。精液の入った容器を四〇度のお湯につけて温めてから、容器の先に五〇センチくらいの細い管をつける。管の先は螺旋状の形をしている。これを雌豚の膣に差し入れるのだ。角度さえ間違えなければ、するすると入るようにみえる。管の半分くらい差し入れたら容器をぎゅうっと握って、中の精子を注入する。半分くらいはこぼれてしまう。こぼれる量を計算しての分量なのだろう。

その間三分くらいだろうか。自然交配に比べたらずっと短時間で済む。雌豚にしてみると上にのしかかっている雄もいないし、異物挿入されて気持いいようにも、不快で強引に振り払いたいわけでもないようで、管が入ったままごく普通にふらふら歩きまわるので、その後を容器を持ったまま作業員がついて歩きながら注入、となる。

着床したかどうかは、三週間後に羊水がたまった頃、超音波スキャナで判定する。二一日後に、陰部の色が変わるかどうかで判断する農家もある。スキャナの仕組みは人間が受診するものとほぼ一緒だ。マイクのような棒の半球状になった先端にゼリーをつけて当該場所に当てる。画像を映すマシンは、首から提げられるくらいコンパクトだ。

効率重視はいつから?

私は、妊娠検診ではなく、乳癌の術前確認のために、何度もこの超音波によるスキャニングをしてもらった。で、何度も「ほら、これが癌ね」と画像をライブで見せられながら説明してもらうのだが、ムンクの絵のようなくねくねの縞模様に、不確定な黒い粒がちらりと映るだけ。さっぱりわからない。あれでよく癌だとわかるものだと感心していた。

妊娠スキャンは、後でくわしく紹介する三頭目の提供農家の松ヶ谷裕さんのところで見せていただいた。雌豚の右側にしゃがみ、後ろ脚の付け根というか下腹あたりから左肩に向けて、つまり対角線上になるように棒を当てる。「ほら、これですよ」と見せられた画像は、やっぱり黒い粒があるかないかの、縞模様なのであった。正直に言って自分の乳癌を見た時と、そんなに変わらないような……。

うーむ。言われてみれば黒いものが何粒かありますけど。これが胎児なのですか。間違うことはないのですかとたずねると、「あってほしいと思ってしまうとダメ。そういうふうに見えてしまう。無心で見ることができる人がいいんだ」とのこと。

おかしいと思ったら一日置いてからもう一度見るようにしているそうだ。これで妊娠も発情もしていないことがわかれば、その雌豚は順調な発情周期を迎えていないということになる。

タイの山岳地帯で見た高床式の家の下で放し飼いされていた豚や、キューバの村はずれでぼろぼろの箱に囲われていた豚を思い出してしまう。ところ変われば豚変わるというか。しかし日本の養豚農家だって、昔からこのようなキチキチにコストパフォーマンスを考えた方法で交配していたわけではないのだった。一体いつ頃からこのような飼い方に変わっていったのだろうか。

分娩の現場で

激減する養豚農家、膨れ上がる飼養頭数

三元豚、ＬＷＤの、何種類もの精子を入れる交配方法には衝撃を受けた。出荷する肉豚を安定供給するには、確実な妊娠が望ましいのはよくわかる。

しかし旭畜産の加瀬さんによると、三〇年前（一九七九年）頃でも、まだまだのどかな交配方法が残っていたという。すでに繁殖用の種雄豚を所有する農家も出てきていたはずだが、田畑の片手間に軒先で二、三頭の雌豚を飼っている農家もまだ多かったので、卸業者が種豚を飼っていたんだそうだ。

農家から頼まれると業者はトラックに種豚を乗せて農家に出かける。ベテランの雄になると小屋から出て誘導されなくても自分でトラックに乗り、農家に到着すると自分でトラックから降り、勝手に豚舎に入っていって、ちゃんと乗っかるべき雌（発情しているからわかるのだろう）に自主的に乗っかり、終わるとまたトコトコとトラックまで戻って乗り込んだのだとか。

交配料は当時で一万円。生まれた雄の子豚で返してもらうこともあったとか。当時千葉でよく飼われていたのは中ヨークだ。種雄にする豚は、交配が上手にできるのがいい。それも子豚の時に体格などで判断して、だいたいの目星をつけて、去勢しないで残してもらったのだそうだ。現在の卸業者は子豚に触れる機会もほとんどないのではないだろうか。

昔はどこの農家でも豚を飼っていたと、みんな口をそろえて言うけれど、実際のところはどうなのだろう。政府統計を見ると、一九六一年の全国の豚飼養農家戸数は、九〇万七八〇〇戸。飼養頭数は二六〇万四〇〇〇頭。一戸当たりの飼養頭数は、なんと二・九頭、私が飼う豚の頭数、三頭にも満たない。何かの間違いなのではと、何度も見直してしまった。ほんとうに軒先でちょこっと飼って、畑で出た野菜くずや自宅の残飯を食べさせるためだけに飼っていた人が多かったのだ。

これが一〇年後の七一年には、飼養戸数は半分以下になって、三九万八三〇〇戸となるのに対し、飼養頭数は六九〇万四〇〇〇頭と二・七倍に増加し、一戸当たりの飼養頭数は一七・三頭となる。さらに一〇年後、八一年には飼養戸数一二万六七〇〇戸。飼養頭数一〇〇六万五〇〇〇頭。一戸当たりの飼養頭数は七九・四頭。うなぎのぼりだ。これでもまだ少なく、現在見学させてもらっている農家の母豚数にすら達していない。

その頃私は神奈川県鎌倉市に住む中学生だ。当時の暮らしを思い返してみる。今より不便だと思うことは、パソコンと携帯電話がないことか。肉はごちそうという感覚はもう和牛だけにしか残っていなくて、豚肉はブロイラーの鶏肉よりは高いけど、ごく普通に、いつでもどこでも買えるものだった。

また肉は、肉屋の量り売りよりも、スーパーマーケットで小分けにパックされたものを買うのがすでに一般的になっていた。町にスーパーができる前の肉屋には、毎日夕方になると行列ができたというが、私はその時期を知らない。冷凍食品もたくさんあったし、ファストフードのフライドチキンやハンバーガーも、学校帰りの学生が食べるものになっていた。

私の家では食品添加物の入った食事を避けようと、生協から食料品を購入していた。今の暮らしとほとんど変わらない。肉にまつわる何かが激変したなという実感は、まるでない。なのに養豚の現場は劇的な変化と言ってもいいくらい、変容していくのである。

養豚農場主は国立大学教授の三分の一しかいない

九一年には飼養戸数三万六〇〇〇戸、飼養頭数一一三三万五〇〇〇頭、一戸当たり三一四・九頭。飼養戸数の桁が一つ減り、一戸当たりの飼養頭数は三桁に突入だ。二〇〇一年には飼養戸数一万八〇〇戸、飼養頭数九七八万八〇〇〇頭。一戸当たり九〇六・三頭。

そして、最新の二〇〇九年には、飼養戸数は六八九〇戸、飼養頭数九八九万九〇〇〇頭、一戸当たり一四三六頭……。一戸当たりの飼養頭数はなんと一九六一年から四九五倍にも膨れ上がったのだ。一九八一年からでは一八倍……。

何よりショックなのは、飼養戸数だ。今、日本で豚を飼養している農家は、七〇〇〇戸を切ってしまったのだ。軒先で田畑の片手間に飼っていた農家を、同じ職種とみなして数えるのに無理があるのか。いやでも、豚を飼って肉として売っていたことには変わりないのだし。

ちなみに〇八年の肉用牛飼養戸数を見ると、八万四〇〇〇戸。は？　肉牛農家は一〇倍以上いるのである。もちろん牛農家とて激減はしている。八一年には三五万二八〇〇戸だったのだ。ところが一戸当たりの飼養頭数は、六・五頭から三七・八頭と、五・八倍の増加と、豚に比べれば緩い。牛の方が一頭あたりの値段が高いためなのだろうか、それほど大規模化していないのだ。

ついでに文部科学省が発表している二〇一〇年度の国立大学の教授数を見てみた。二万一七〇四名。これまた案外多い。養豚農場主は、国立大学教授の三分の一なのだ。〇九年、千葉にいる間でも、近隣で廃業した養豚農家の話がいくつも伝わってくる。これからも飼養戸数は減っていくことはあっても、増えることはなさそうなのだった。

一戸当たりの飼養頭数がどんどん増えていることと、養豚農家がどんどん廃業していること。どうとらえればいいのだろう。

多頭飼育は輸入飼料とともに

『豚肉を極める』（石川楨三、グラフ社、二〇〇四）には、豚の多頭飼育黎明期に活躍した曽我達夫の業績が紹介されている。とても興味深い。

彼は大正一四年、豚を扱う商家の三代目として生まれる。一九五〇年代、彼が豚肉卸の仕事を手伝いはじめた頃は、豚の飼養期間一〇ヵ月から一年で、残飯を食べさせて育てるのが一般的だった。

ところが一部の農家に、購入した餌を与えて育て、採算を取ることを試みる者が出てきた。興味を持った曽我は、養豚を企業化することを考え、自分でためしに豚を飼い、残飯をやらずに購入飼料だけをやって、出荷できるまでに太らせるために、どれだけの餌を食べさせればよいのかを算出する。頭のいい人はいつの時代にもいるものである。

ためしに五〇頭の豚を飼ってみたところ、糞がたくさん出て驚く。一つの房にたくさんの豚を飼えば、糞まみれになってしまう。今ではあたりまえのことだが、当時の豚はほとんど個室住まいだったから、驚くのだ。

こうして問題点を一つずつ試行錯誤していき、一九六〇年、曽我は養豚会社を設立する。

飼養頭数五〇〇頭からのスタートだ。企業養豚を成立させた条件は以下の五つだったという。一、日本の国際収支が黒字化し、養豚飼料を自由に輸入できるようになったこと。二、豚肉消費の増加。三、デンマーク式豚舎が日本に紹介され、糞掃除が簡便化し、労働生産性が上がった。四、豚舎を作るのにコンクリートやビニール管など、安くて丈夫な新素材ができた。五、抗生物質など動物用医薬品の開発が進み、低価格で入手可能となった。

輸入飼料ありきで、豚の多頭飼育ははじまっていたのか。現在の大規模養豚の問題点の基本のすべてが、ここにあるように思える。

曽我は海外自由渡航解禁になるとすぐにアメリカの養豚農家を視察し、一九六五年には多頭繁殖の確立をめざして種豚センターを設立する。豚専門の浄化槽も試作している。一定規模数の豚を飼うことで、アメリカで行われているように、肉用豚を掛け合わせの雑種強勢にすることも、可能となった。

養豚農家の飼養戸数の減少理由はたくさん考えられる。当初の大部分は残飯をやるなどして、稲作の片手間に、言葉は悪いが、いい加減に養豚をやっていた人たちが、廃業していったものだろう。しかしここ十数年は、宅地化による周辺住民の苦情が増え、豚価格は低迷、飼料高騰、糞尿処理に対する法律の施行、感染力の高い疾病の流行といった理由が、それなりに資本を入れて、専業化、多頭飼養している養豚家たちの経営を圧迫し、廃業させているように思える。

去勢豚三頭に名を提供してくれた方々

時代の変遷で飼い方や交配方法が変わっても、豚の妊娠期間は変わらない。一一四日前後である。

二月中旬、中ヨークの出産予定日に宇野さんの農場を訪れた。「昨日生まれちゃったよ」と、残念そうな宇野さん。私が見た交配の豚ではないけれど、一日前につけたのだから、時間の経過は感じられる。あの頃についた受精卵が育って身体を作って出てきたわけだ。

白衣に長靴の他にキャップとマスクもつけて、繁殖棟に入った。出産する母豚が入っている柵は、ぎゅうぎゅうに狭い。寝がえりをうったりして赤ちゃん豚を押しつぶさないようにするためだ。白熱灯で温められた下で、赤ちゃんたちはお母さんのおっぱいにしがみついている。正直に言って、あまりかわいくない。人間も文鳥も犬も生まれたてを見た時の感想は同じだ。

まだ胎児の風貌が抜けないためか、ちょっと半魚類のようで怖いのだ。これが一週間くらい経つとすごくかわいくなるのだが。抱っこさせてもらう。ちっちゃい……。赤ちゃん豚の平均体重は一・四キログラム。片手でも持てるくらい軽い。壊してしまいそうだ。それでもちゃんと脚先は二つに割れて蹄がついている。

かわいい。ああ、人間の赤ちゃんの手に爪が生えてるのも感動するんだよなあ。お腹を見ると、へその緒がしぼんで真っ黒になったまま二〇センチほどついている。自然に取れるのを待つのだろう。へその緒だけが、出産時の生臭さを引きずっているのも人間と同じだった。

彼の名前は伸だ。もう決めてあった。実は去勢雄を三頭飼うと決めた時点で、顔を合わせた男性、近所の古書店主から打ち合わせで会う編集者まで、とにかく片っ端から名前を提供しませんかと声を掛けまくっていった。

「なんで俺の名前を豚に貸さなきゃいけねえんだよ」にやりと笑いながら傲然と言い放ったのは、長らく屠畜場に勤務して牛を捌いてきた末に小説家となった佐川光晴さんだった。さすが人と家畜の境界線をきちんとお持ちである。こんな面白い返しをしたのは彼だけで、去勢した上に食べると説明すると、ほとんどの男性は恐怖に顔をゆがめ、絶句するか下を向いて「ムリッす」と小さくつぶやくのであった。

そんな中で、まったく動じずにどうぞと言った方、順番に三名、伸二、夢明、秀明、の名前をお借りすることにしたのだった。ただ、飼って実際に呼んでみるとユメアキ、ヒデアキは、実に呼びにくいので、夢ちゃん、秀ちゃんと短くして呼ぶこととなった。伸二は比較的呼びやすかったので、そのまま呼んだり伸ちゃんと呼ぶこととなる。これからの記述でずっとちゃんづけするのもどうかと思うので、伸、夢、秀、と表記したい。

分娩本番

三月一一日、LWDの出産予定日になり、私は昭和畜産に向かった。朝九時。分娩舎は、左右に四〇ずつ、分娩枠に仕切られた母豚が収まっている。今日出産予定の豚はそのうちの一七頭だ。出産予定の豚たちには、二四時間前に子宮口を開く薬を注射してある。分娩舎のドアを開けて奥に進んでいく。分娩の担当Yさんは女性だ。巨大な種雄を制御しなければならない交配と違って、分娩は力仕事ではないし、こまやかな配慮が必要なためか、どこの農家でも女性が担当することが多い。Yさんは一足先に来ていて、出勤前、つまり夜中に分娩を済ませてしまった豚をチェックしている。

まず目に入ったのは、下半身がちぎれてなくなって死んでいる赤ちゃん豚だった。え？

「ああ、夜のうちに猫が入ってきて食べちゃうの。それと初産の母豚は初めて出てきた子豚に神経質になって驚いて噛み殺したり、食べちゃうこともあるの」

え、えええええ⁇　Yさんはすでに分娩を済ませた母豚のおっぱいにまとわりつく赤ちゃんを見ながら、死んでしまっているのを取り出し、数をチェックするため通路に並べていたのだ。死んだ状態で出てきて黒っぽい膜に包まれたままのもいる。

生命誕生の瞬間を見に来たはずなのに、いきなり死体と対面である。死体が気になって赤ちゃんが目に入らない。いや、これから生まれるのもまだいるのだ。気を取り直してこ

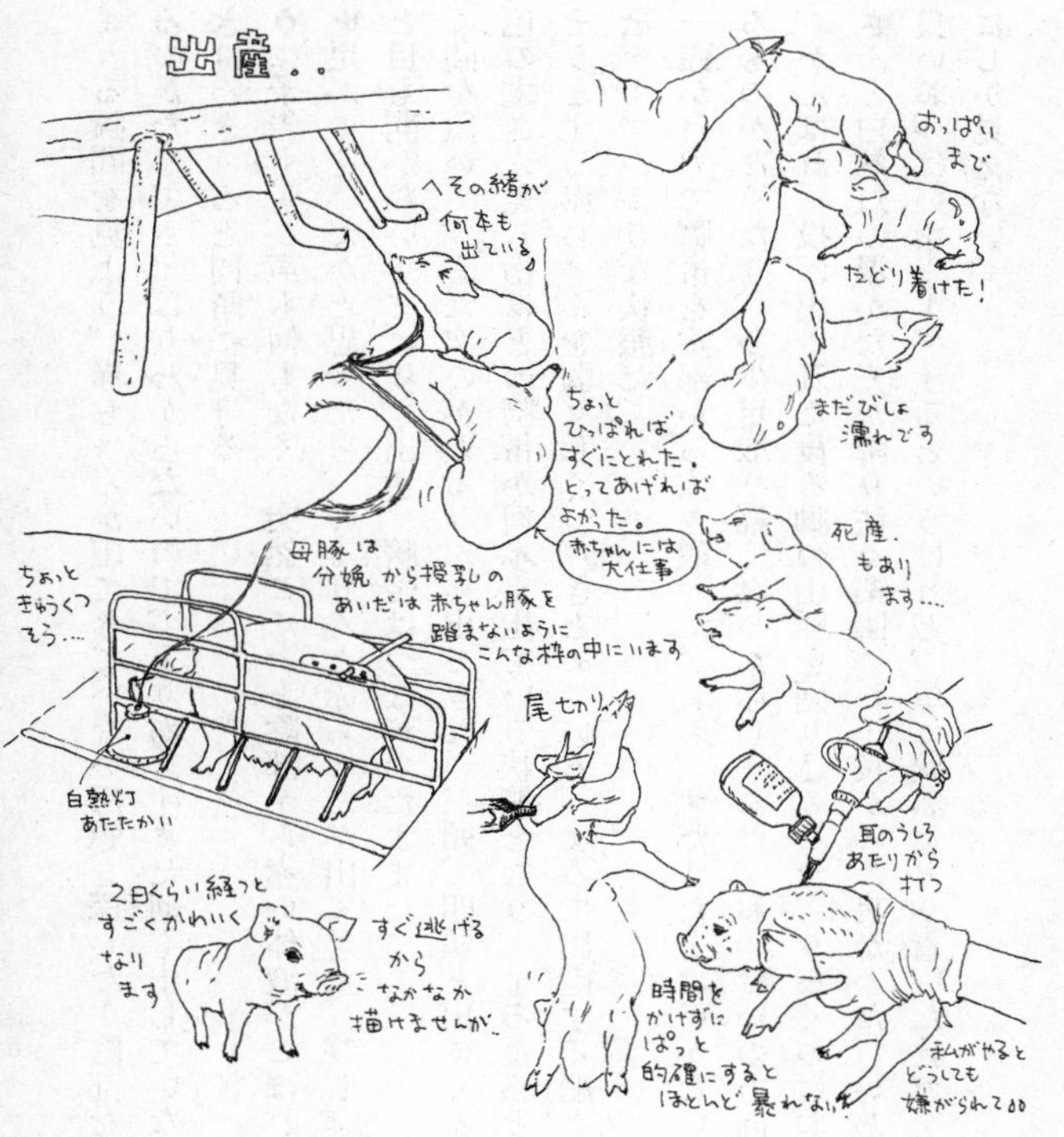
出産..
へその緒が
何本も
出ている
ちょっと
ひっぱれば
すぐにとれた。
とってあげれば
よかった。
赤ちゃんには
大仕事
おっぱいまで
たどり着けた！
まだびしょ
濡れです
死産
もあり
ます…
ちょっと
きゅうくつ
そう…
母豚は
分娩から授乳の
あいだは赤ちゃん豚を
踏まないように
こんな枠の中にいます
白熱灯
あたたかい
尾切り
耳のうしろ
あたりから
打つ
2日くらい経つと
すごくかわいく
なり
ます
すぐ逃げる
から
なかなか
描けませんが
時間を
かけずに
ぱっと
的確にすると
ほとんど暴れない
私がやると
どうしても
嫌がられて。。

れから生まれる瞬間を見よう。赤ちゃんが出てきていない母豚を探した。陰部を見てもいつ生まれるのかなんてさっぱりわからないので、とりあえずまだ何も出していない豚三頭くらいをきょろきょろと同時に見守る。

ほんとうに予告も叫び声も何もなく、突然ごぽっと陰部から赤い体液がこぼれて、にょきっと細い足がのぞいたかと思ったら、つるりんと赤ちゃんが出てきた。びしょびしょで、よたよたと目も開かないままに歩き出す。臍帯はつながったままだ。

しばらく間を置いて、また次のがぬるりんと出てきた。三頭、四頭と出てくると、陰部から赤褐色の太さ人差し指ほどの臍帯が何本も出ている状態となり、よろよろとあちこちに歩きだそうとする赤ちゃんを弱々しくつなぎとめている。まるで出港する船と見送る人をつなぐ紙テープのような状態だ。

やっと一頭が自力で臍帯を陰部から抜き取った。おお。すたすたとはいかないけれど、縛り付けるものがなくなり、多少足取り軽くなった赤ちゃんは、おっぱいの方向へと歩き出す。が、がんばれ。投げ出された後ろ脚の山脈を回り込み、たどり着くのはおっぱいの上にさんさんと白熱灯の温かな光が降り注ぐ楽園。わー良かった良かった。いちばん強いのが出の良いおっぱいをキープするというけれど、単に偶然たどり着いた乳首をくわえているようにしか見えない。

一〇頭誕生

三〇分以上かかって出てきた赤ちゃんは、全部で一〇頭だった。少ない時は八頭、多くて一三頭くらいか。頭数が多いほど、赤ちゃんは鳥のひなのように小さくてか弱く、頭数が少ない方が、足腰がしっかりした大きめのが出てくるようだ。

ひと腹から何頭も生まれる動物の場合、どうしてもそうなるのだろうけれど、生まれた瞬間から、ああこの豚は死ぬなというのがいる。私でもわかるのだ。生きて生まれたけれども、弱い。出てきたところで力尽きてうずくまっている。見ているうちに、どんどん弱っていく。手を出すべきかどうか迷っているうちに、動かなくなり、さらにしばらくすると青黒くなっていく。

Yさんは見回りながらさまよっている赤ちゃんをみつけると、ひょいと持ち上げて母豚の乳房につけてやる。赤ちゃんは、生まれてからいかに早くおっぱいが吸えるかで、育ち方が違うのだという。とはいえ、一七頭の出産を一人でみているYさんは、それぞれの出産につきそって赤ちゃんを取り上げていくわけにはいかない。それに一頭目が生まれた母豚には、子宮が収縮する薬を打って残りの出産を促進させるという作業もある。

また、出産が終わると、後産といって剝がれた胎盤が出てくるのであるが、九頭生まれて、次がなかなか出てこない、でも胎盤も出てこない、という状態になると、母体の中にまだ赤ちゃんが残っているのかどうか、手を中に入れて探るという作業もある。

これはなかなか強烈だ。ビニールの長手袋をして、二〇〇キロ近くある母豚の陰部から手を入れて子宮の中を探る。二の腕まですっぽり入ってしまう。もし母豚が不快になって立ち上がったりすれば、骨折する危険もある。Yさんは踊るようにするりとなめらかに腕を入れ、すみやかに探って腕を抜く。探ってみて何もいなければ、胎盤が出てくるのを待つ。

胎盤は、何というか、まあ、内臓だ。ぐにょぐにょして赤黒い。人間の世界では自分から出てきた胎盤を食べるのが一部で流行っているようで、私の知り合いも食べたと言っていた。しかし豚の胎盤は食用にはなっていない。たしかにあまりおいしそうには見えない。ただし栄養は満点であるし、プラセンタの原料になるので出荷している農場もある。

死んでいく赤ちゃんや排泄物につい目が行ってしまったけれど、九割以上の赤ちゃん豚は、元気に母豚のお腹にたどり着き、乳首をくわえて気持良さそうにおっぱいを吸っている。臍帯もいつのまにかお腹から二〇センチくらいのところで切れ、だんだん乾いて黒ずみ干からびてきた。うまく乾かないのは、根元をたこ糸で縛ってやると血液がいかなくなって、だんだん干からびていく。

生まれたてはびしょびしょに濡れていても、三〇分ほど白熱灯の下にいるうちに乾いて、パリパリの茶色いグラシン紙のような薄い膜となり、全身からカサカサと剝がれおちていった後には、ツヤツヤの白い毛におおわれた桃色の身体が出てくる。かわいい。前に中ヨークを見た時はこの状態でもちょっとどうかと思ったが、びしゃびしゃに濡れた状態から見ていると、何とかかわいく見える。

薬剤注射、しっぽ切り、犬歯切り

さて次は、生まれてから数時間経過したものから、生まれた子の数（死産も）や性別などを記録して、薬を打っていく。首に一本、内腿に一本、そして口から飲ませる液体の薬がある。下痢止め、抗生剤、貧血防止の鉄剤だ。

ボトルの薬剤をしこんだ水鉄砲のような注射器なので、連続して打てる。ひと腹ごとに消毒する。やらせてもらったのだがこれが結構難しい。赤ちゃんを片手で掴んで空中で固定するのだけれど、指をうまく使わないと、じたばたと暴れるのだ。そんな状態で首に注射針を刺すのは実に怖い。小さいからすぐに脊椎に当たりそうになるのだ。首はさすがに無理だと思い、腿の注射の方を手伝わせてもらおうとしたのだが、これもまた骨に当たる。痛がってキイーッと啼かれるとよけいに怖くなる。殺してしまいそうだ。

何度もためらうのでどうしても遅くなる。Yさんの仕事のリズムを壊してしまうのは申し訳なく、口に差し込んで水薬を喉の奥にチュッと入れて無理やり飲ませるのをやらせてもらうことにした。これなら針で刺さないので怖くない。

片手で赤ちゃんを掴み、指を使って喉をうまく反らせて口を開けさせ、薬をチュッと入れたら嚥下させるために口を閉めて下あごから喉を軽くさする。嫌がって啼く時もあるけど、大丈夫だ。撫でさするとちょっとだけ気持良さそうな表情をするのでほっとする。

しかし次から次へと注入しなければならないから、あんまり気持を入れている時間はない。次にしっぽを切る。尾齧りといって、豚舎で群れになった時に喧嘩して齧り合ったところから細菌感染することがあるからだ。後ろ脚を摑み、しっぽを指でつまみ、電熱ニッパーで、ゆっくりと焼き切る。

これは楽だ。直径八ミリ程度の軟骨の塊みたいなものだ。手に不思議な感触は残るもののそれほど痛くないのか、赤ちゃんも啼かない。あんまりさっさと切っていたので、傷口が十分に焼けないからもっとゆっくり、と注意される。

次は耳を切ってしるしをつける。ただしここの農場では三元豚にはつけない。母豚になるLWの豚だけ、しるしをつける。二つの耳に切り込みをいれた位置で、二桁の数字が入る。それでわかるようになっているらしい。

さらにまだある、犬歯切りだ。これも農場によってやらないところもある。上下四本の犬歯の先をニッパーで切る。大きくなった時に、喧嘩したり作業員を噛んだりするので危ないからだ。

いずれ詳しく書くが、私は自分の豚とじゃれ遊ぶようになったため、実によく彼らに噛まれた。長靴に穴が開いたし、作業服はびりびりに破られたし、胸に歯型までついた。意外だったが、豚はよく噛むのだ。三頭とも犬歯は切ってあったが、それでもかなり痛かった。もしこの時期に犬歯を切ってもらっていなかったら出血していただろう。

犬歯切りは、片手で首を掴み、指をうまくつかって、口を大きく開かせ、親指を口の中にうまく入れて固定する。下手に入れると錐のように鋭い犬歯が容赦なく親指に刺さる。血も出る。豚も啼く。犬歯は先っぽだけ切ればいいそうなのだが、唇をよけて歯をとらえる時、つい根元から挟みたくなる。しかしあまり太いとうまくぱちんと切れず、残した歯が割れて、化膿してしまうので注意しなければならない。

これ全部を約一七〇頭の赤ちゃんにほどこしていくのだ。はじめのうちは赤ちゃん豚を掴むのも殺してしまいそうで恐ろしかったけれど、いつのまにか躊躇なく掴めるようになっていた。そしてだんだん豚を掴む手は疲れ、こわばり、少しでも小さい赤ちゃんの番になるとホッとした。ニッパーを動かす中指の腹にはいつのまにか豆ができて剝けた。

生まれることと死ぬことと

作業が終わって豚舎を辞してからも、身体全体が強張ったままで、視点も定まらず、しばらく誰ともまともに口がきけなかった。あまりにもたくさんの豚が生まれて、そして、生まれていくそばから死んでいく豚がいたことが、どうしても頭から離れない。

これまでに屠畜されていく豚を何千頭、ひょっとしたら一万頭は見たかもしれない。人の手によって死んでいく豚を見て、ひどいショックを受けたことはなかった。むしろどんどん機械的に捌かれていく豚を見て、ショックを受け、口もきけなくなっている人を冷ややかに見ていた。屠畜場に来る豚は、元気に肉として育った豚で、生体検査も合格した上で、つぶされる。人が決めたとはいえ、肉豚としての生の目的をまっとうに果たしたものたちだ。そこに余計な感情を差し挟むのは、ナンセンスだと思っていた。

しかし生まれるそばから死んでいく豚に対面することで、何かが変わった。もし私があの時濡れた赤ちゃんを摑んで母豚の乳房につけてやったら、生きたのだろうか。それで助けてやっていればショックを受けなかったのだろうか。違う。そうではない。今自分が圧倒されているのは、生まれることの、死と隣り合わせの、文字通り紙一重の、どうしようもないはかなさだ。

屠畜からたどっていたものが、やっと一つにつながったのではというメールを知り合いからもらって、ようやく涙が出てきた。分娩取材から二日が経っていた。

いざ廃墟の住人に

ペーパードライバーとマニュアルの軽トラ

千葉に移住する日が刻々と近づいていた。住むところは廃墟に限りなく近いけれども、決まっているのだからいいとする。実はもう一つ大きな問題があった。足である。車の運転にまったく自信がない。自動車免許は持っている。一度更新を怠ったのでゴールドは取れてしまったが、無事故無違反のまま二〇年が経過している。というのも免許を取得し、自動車学校を卒業して、たった一度きりしか運転をしていないのだ。

もともと運転は上手ではなく、教習所の授業でも合格がもらえず十数時間もオーバーしていたし、ずっと教官からどなられっぱなしだった。しかも右と左の区別がつかない。無線教習では右折と言われて左折するという始末。それでも何とか免許取得し、父の車で近所に出かけ、びくびくのろのろ走っていて、上り坂のトンネルの中で大型トラックに追い越された。

それ以来誰に何を言われようとも、絶対車の運転はしないことに決めていた。アメリカ取材では車の運転ができないために、交通機関がなく、取材を断念したところすらある。

そんなわけで、はじめのうちは車なしで暮らせないかと思った。家からおよそ一キロのところに食料品も売っているカインズホームという大きいホームセンターがあるため、自分の生存に関するものは一応徒歩でも揃う。しかもその前には東京に直結する高速バスの停留所がある。車がなくても自転車だけでその気になれば暮らせなくはない。

しかし、養豚農家への取材はどうするのか。豚舎は市街地にない。必ず山の中にあるのだ。車でないと行けないのではないか。しかし中古とはいえ車を買うのも大変な出費。どんなに安くても二〇万円くらいはかかってしまう。唸っていたら、千葉県食肉公社の内藤さんから、「うちに誰も乗ってないボロボロの軽トラがあるから使ってもいいよ」という申し出をいただいた。

ああ、それなら豚や餌を運ぶのにもいいなあ。それに軽トラは、ベンツもパジェロもポルシェもプリウスも、まったく興味のない私が、生涯一度でいいから乗ってみたい唯一の車種。かっこいいじゃないか、軽トラ。ぱあああっと乗り気になって、それならぜひぜひと返事をしてしまったら、なんとその軽トラはマニュアル車だという。えーっオートマじゃないの……。

迷った末に、引っ越しをする前に、自動車教習所でマニュアル車のペーパードライバー教習を受けに行くことにした。荷台に豚を載せて軽トラを乗りさばく自分を思い描くと、どんな苦労でも乗りきれそうな力が湧いてくるのだから、不思議だ。

日暮里にあるというから申し込んだ自動車教習所は、なんと練習するには埼玉県の河川敷にある練習所に通う必要があり、豚の出産などを取材しに千葉に通いつつ、東京で仕事をし、埼玉に車の練習に行くという日々が続いた。

けれども、どんなやる気をもってしても、マニュアル車の運転は難しかった。普通の人ならば何回か繰り返せば難なくできるようになることが、まったくできない。手足と目線を同時にバラバラに動かすことができない。反射神経が各所で分断されているとしか思えない。

一時間まるまる坂道発進をやり続けさせてもらったが、どうしてもできない。旭市のあちこちの坂道が頭をよぎる。いや、坂道でなくても交差点で右折待ちをしていていざ発進、という時にもつまずいて、四方向すべての車からクラクションを鳴らされるのではないか。何よりゆとりがなくて巻き込み確認を怠って、人をひいてしまったらどうしよう。

悩んだ末に、オートマチック教習に切り替えてみた。すると、ものすごく上手、というレベルではないものの、何とかかんとか運転することができ、目線にもゆとりができたので、路上運転教習に切り替えることができた。

ここまでくればひと安心だ。千葉で運転するのは一抹どころか十抹くらいの不安は残るし、ただで回してもらえるはずだった車もなくなってしまったのだけど、しかしそれでもとりあえずオートマチック車ならばどうにか乗れる、というところまではこぎつけられたことを喜ぼう。

旭畜産の加瀬さんをはじめとする何人かに手伝っていただき、まず家の中に溢れた冷蔵庫や棚などの粗大ゴミを、台として使えるものは残して外に積み上げ、土間に水をかけて掃除した。長い間廃墟だったようで、玄関の前の植え込みにはゴム靴が何足も捨ててあったり、大きなアンテナ、コンクリのがれき、ビールの幟、それから以前に居酒屋だったために牡蠣やサザエ、ホタテにつぶ貝などの貝殻が大量に地中に埋まり、転がっていた。さすがに毎日暮らすには荒み過ぎた光景である。

あとから聞いたところによると、誰も本気で私が一人でそこに住むのだとは思っていなかったらしい。豚だけ飼って、近所にアパートを借りるのだと思っていたようだ。しかし東京にも仕事場を残している状態で、もう一つ賃貸物件を増やす予算は、ない。

廃屋に近い物件に住むのはこれがはじめてではない。以前にも一年ほどほったらかしになった家に居抜きで住んだことがあったので、ある程度の覚悟はしていたし自信もあった。しかし前の家は持ち主が住んでいた普通の物件だったけれど、こちらは賃貸で、さまざま

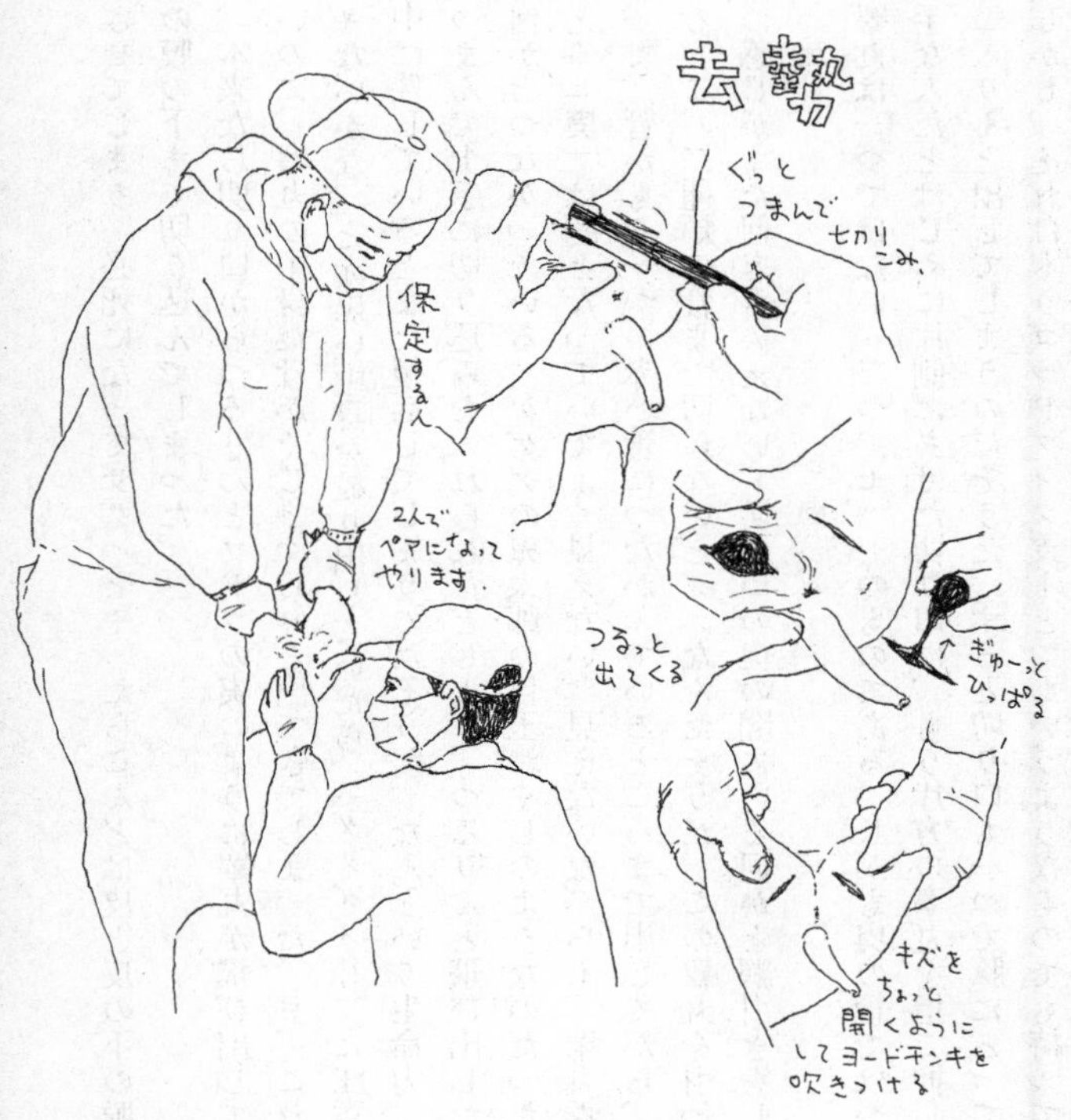
去勢
ぐっと
つまんで
セカリこみ。
保定するさん
2人でペアになってやります。
つるっと出てくる
ぎゅーっとひっぱる
キズをちょっと開くようにしてヨードチンキを吹きつける

い思いをさせてしまう。必死になってザクっとやったらこんどは皮と皮の下の膜だけでなく、睾丸の膜の下まで切り込んでしまった。

するると、本来なら切り口からつるりんとブドウの実のように睾丸が飛び出してこなければならないのに、睾丸の中身だけがぐじゅぐじゅと出てきてしまった。ま、これはこれでいいんじゃないかな、と赤黒い中身を絞り出していたら、「ダメダメ!!」と注意された。少しでも中に残しているとまた復活してしまうのだそうだ。なんという生命力。

正しくつまんで上手に切り込みを入れられたとしよう。つるりんと飛び出した睾丸は、管で奥の何かとつながっている。ゲゲゲの鬼太郎の目玉おやじのようなのだった。切り込みから見える「奥」は闇となっていてよく見えない。見えないながらも、睾丸をぎゅうっと引っ張って、管がもう一つの赤い管につながっているところまで出してから、剃刀でぷつりと切る。この二種類の管まで切らないとダメなんだそうだ。この睾丸を引っ張り出している時の感じがまた何ともいえない。切り口の奥の闇にいる何かと綱引きをしているようなのだった。

そして睾丸は一つではない。二つでセットのものである。しかも奥の管ではつながっている。上手な人だとはじめに片側にあけた切り口に、もう片方の睾丸を指で押し寄せて移動させてつるりんと出してしまうのだそうだ。すると切り口も一つで豚にとっての負担も少ない。しかし、それはもうゴッドフィンガーとでもいうようなものでも持っていない限り、そう簡単にできそうにない。

おとなしくもう片側も切り込みを入れてつるりんと睾丸を出し、引き切って一頭分終了、慣れた人だと一分もかからない作業だ。開いたままの傷口には、ヨードチンキのスプレーを突っ込んで、中の闇に向かってブシュブシュッと吹きつける。そして母豚のもとに戻す。え、傷口は縫わないんですかという言葉は飲み込んだ。

去勢なんかへっちゃら♪な子豚たち

そりゃどう見たって一頭ずつちくちく縫ってる時間はないだろう。この日の去勢作業は母豚二六頭分の雄子豚だったから、低く見積もっても一〇〇頭はいる。そんなにたくさんの子豚の傷なんぞ縫ってられないだろう。

しかも子豚たちも驚くほどタフなのだ。ほとんどの子豚が、固定される時から去勢されているまでの間、キイキイ啼いているくせに、消毒してほいっと豚舎に置いた瞬間に、痛がる様子もなく、すくっと立って何事もなかったかのようにてちてちと、母豚のおっぱいに向かって歩き出すのである。

あまりにもビックリしたのでずっと見守っていたら、たまに、一〇頭に一頭くらいの割合で、その場にくずおれるようにしゃがみ込んで震えているのがいる。いかにも酷いことされた後のショック状態隠しきれず、という感じで、そうそう普通こうなるでしょう、あれだけ叫んだのだから、などとうなずきながら見守っていると、どっこいしゃがみ込んだ子豚たちも、二分とたたないうちにすくっと立ちあがって、てちてちと歩いておっぱいへと向かう。あの生まれたてのヨロヨロした、死と紙一重な風情はもうどこにもない。不思議だ。

ちなみに切り取った睾丸は、にんにく醬油につけて食べるとおいしいという。私もぜひ食べてみたかったのだが、こちらの農場では食べる人はいないようで、話をしたら嫌がられてしまった。私が去勢したのはひと腹分の、五頭程度。この中のどれかを夢として譲っていただけるといいのだが。

三頭目のデュロックは雌に

さてなかなか決まらなかった三頭目である。黒豚だと、肉にした時に味の違いがよくわかるのではないかと思って探してもらっていたのだが、千葉県内で黒豚をやっている人が少なくて、なかなか見つからない。それならばデュロックはどうだろう。種付けや交配で見たデュロックの雄は、真っ黒い毛におおわれていた。黒豚ではないけど、黒けりゃ区別もつけやすい。

ところが今度はデュロックの去勢が見つからない。そうなのだ。たいていの農家がLWDを作るための種雄としてデュロックを飼育しているため、去勢をしないのだった。もうどんどん日にちが迫っている。

雌なら見つかったけどという連絡が入ったのは、四月にはいってからだったか。千葉県食肉公社の宮内伸和さんに連れられて、農場に向かった。

「三月の一〇日前後生まれでしょ。デュロックは一頭しか生まれなかったんだよ」と言いながらも、ご提供を快諾くださったのは、松ヶ谷さん。母豚一〇〇〇頭をかかえる大規模農家だ。まず豚を見せてもらう。デュロックは肉質がよい品種なのであるが、繁殖性が低いという。たしかにひと腹から一頭しか生まれなかったのは少ないなあ。通常同腹で囲いに入れるのだろうけれど、一頭だけなので同じ頃に生まれたLWDの子豚たちと一緒にしていた。耳にオレンジ色のタグをつけているから何とかわかるが、色が薄くてLWDと区別がつかない。いや、顔つきは鼻筋の通ったLWDよりも、へちゃむくれなのであるから、区別はつくか。

こんなものなのかなあ。もっと大幅に違うこげ茶の毛並みを想像していたのだが。しかも、しかもこのデュロックは雌なのであった。雌かあー。去勢でそろえたかったのだがなあ。でももう時間もないからしかたない。去勢と雌を混ぜて飼おう。どこの農家も肉豚は去勢と雌と一緒に飼っているし。あまり変わりはないに違いない。問題は名前が秀明と決まっていたことだ。名前提供者には誠に申し訳ないが、秀と呼べばいいや、もう。

松ヶ谷さんは柵をまたいでデュロックを抱き上げ、外に出た。地面にとすんと立たせると、鼻で地面をぐいぐい擦りながら土を食べだした。

「いまこいつ、はじめて外に出たからパニック状態なんですよ。生まれてからずっと豚舎の中だったから」

「あの、すごくたくさん土食べちゃってますけど、いいんですか？　お腹壊しませんか」と尋ねると、「いいんですよ。豚は土を食べるものなんですよ、もともと」という。撫でてみたいし、写真もとりたいのだけれど、デュロックの秀はこちらをまったく気にせず、延々と土を食べ続けている。マイペースなやつだなあ。

偶然かもしれないけれど、秀はこの時の印象のまま、常にわき目もふらず、傍にいる人間をほとんど気にすることなくひたすらもくもくと食べ続け、食べない時はひたすら眠り続け、いちばん巨大化していった。普段の動作も緩慢で、私にじゃれたり甘えたりすることも大変少なかった。

旭までやって来た友人たちのうち、三頭と実際に遊んでくれた人はみな、この秀の印象だけが欠落したまま帰って行った。これも「気性」と形容していいのだろうか。種によるものなのかどうかわからないけれども、まさに食べられるために生まれてきたような、食肉動物としてはきわめてすぐれた？　気性だったと思う。


漕いで漕いで漕いでも次の信号に着かない道を自転車で

松ヶ谷さんは、豚を飼うという私の話を聞いて興味を持たれたようで、豚小屋を作るなら相談にのるよと言ってくださった。

そうなのだ。家を整備したらすぐに豚小屋を何とかしなければならない。三軒の農家さんたちと話をして、豚を我が家に迎えるのは五月末ということになった。それまでに豚小屋を建設しなければならない。どういう小屋がいいのか。大家さんから小屋はどう作ってもかまわないと言われているが、豚を食べ終わったら、豚小屋は壊して更地にして返さねばならない。じゃあ仮組みみたいなものでいいのかというと、豚は力持ちなので下手なものを作ると壊されるぞ、といろんな人が脅す。

四月に入り、風呂取り付け工事を終えて、廃屋に入居した。まだ豚はいないので東京に泊まることもできる。リサイクルショップで冷蔵庫、電子レンジ、ファクス電話、洗濯機を買い、残りの日用品は、加瀬さんから使っていない自転車をお借りして、ホームセンターに通ってそろえた。

旭市に本格的に拠点を移すとなると、インターネットの接続環境を整えねばならない。私が住む三川地区は、旧飯岡町に属していて合併により旭市となった場所だ。それの何が問題かというと、なんと旧旭市までしか光ファイバーを敷設できないというのだ。一応ADSLはあるのだが、割り当てが非常に少なくて、申し込んでみたけれど空いていないとのこと。こ、これが地方というものなのか。生まれてからずっと東京近郊を離れたことがなかったので、あっけにとられた。

ここ千葉県も東京近郊のはずだが、成田から東側に入ると東京通勤圏のイメージは失せ、特に旭市はすぐ隣が銚子市で、黒潮が迫っていることもあって暖かく、植生もソテツまでは群生していないものの、妙に南国のようで、宮崎県あたりに引っ込んだような気がしてしまうのだった。

はじめのうちは漫画喫茶まで自転車を飛ばして行っていたが、これがタクシーで二九〇〇円かかる離れっぷりなのだ。漫画喫茶に着いた頃にはクタクタである。東京でも自転車を使っていたが、あんなものはすぐに信号で止まるし、漕いでいるなどというレベルではない。漕いで漕いで足が疲れてくるまで漕いだって、次の信号まで着かない道を行くのだ。

しかもこの地では自転車で移動しているのは一部の老人と高校生以下の子どもと農業研修という名目で働きに来ている外国人労働者という、見事に社会的弱者だけ。だからというわけでもあるまいが、自転車が走るための道が整っていない。アスファルトを破って草がボウボウ生え、じゃらじゃらと砂利が敷き詰められ、スピードを出して漕いでいてちょっと気を許すと砂利に車輪をとられて転倒しそうになる。そしてトラックはもちろん、普通の自家用車も運転が荒い。携帯電話で通話しながらは、あたりまえ、パンを食べながら運転する人も多いので、いつひっかけられるかわからない。

ある日、松ヶ谷さんのところに小屋の相談をしようと、名刺の住所をたよりに自転車で五万分の一の地図で縦に二ページ分走り、田んぼと菜の花畑のど真ん中で迷子になった。力も尽きた。松ヶ谷さんにお電話したところ、名刺は事務所の住所であり、農場は別の場所だった。松ヶ谷さんは呆れ果てながらも、自転車を積むためにトラックを出してピックアップしに来てくださった。田舎を舐めていたのだろうか。さすがに自転車は無理、かなあ。

毎日毎日自転車で走り回り、帰りには両肩に下げられるだけホームセンターから日用品を買って帰る日々。すだれも脚立も自転車で買って運んだ。おかげで毎晩原稿も書けずにぶっ倒れるように寝てしまう。

幸いにしてイーモバイルが利用圏内であることがわかったので申し込み、漫画喫茶に通わずとも済むようにはなった。しかしやっぱりオートマチックの安い中古車を探そう。このままでは豚が来る前に車にひっかけられて死んでしまう。そんな時、東総食肉センターの小川さんから朗報が入った。車を安く借りる方法があるという。

豚舎建設

豚のため、千葉県民になりました

車について東総食肉センターの小川さんが教えてくださったのは、潮来(いたこ)自動車販売のワンコインリースというシステムだった。

は、イタコ？　イタコって言えばあの恐山におられる方々じゃないんですか？

「あ、東京の人は珍しいみたいですね。茨城の地名ですよ。茨城と千葉に展開している中古車販売の会社なんですよ。126号線沿いにイタコって看板があったと思うんですけど。中古車を一日五〇〇円で貸してくれるサービスがあるみたいですよ。半年だけの千葉滞在ならば、中古車を買ってまた売るよりも安く済むんじゃないですか」

なるほど。さっそく調べてみると、中古車の下取りをしていて低年式にして多走行で、

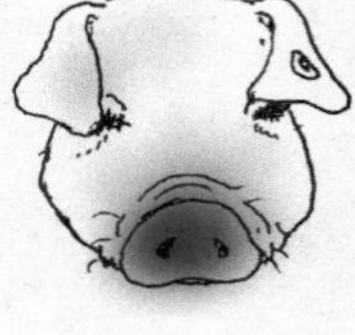

もはや商品にならないのだけれど、車検はまだあるし、ちゃんと動く、という車を一日五〇〇円でリースするというものなのだった。現在リース可能な車の中にちょうどオートマチック車のスズキエブリイバンが出ていた。

ああこれなら子豚を運んでも餌を運んでも大丈夫そうだ。さっそく申し込もうと電話をかけたところ、実に面倒くさいことが発覚した。一口に言えば、リースというのは、レンタカーと違うのだ。名義が会社ではなく借りる本人のものとなる。その名義変更とやらに四万円弱の費用と時間がかかるのだった。

レンタカーのように申し込めばすぐに乗れる、というわけにはいかないのだ。さらに車庫証明なるものが必要になるとのこと。こちとら免許はあれども車を所有したことがないので何が何やらさっぱりわからないが、これまた日にちとお金がかかるものらしい……。しかしよく読めば千葉県の場合、軽自動車に限れば車庫証明がなくても大丈夫とのこと。エブリイバンは軽自動車だ。やった、軽自動車万歳!!

いや待て。ということはつまり、千葉県民にならねばならないってことなんじゃないのか⁇　あわてて東京都荒川区の車庫証明について調べると、軽自動車でも必要であった。……やはり。私の住民票の住所は西日暮里駅徒歩三分。そこから二キロ圏内に車庫を確保するなんて、できるわけない!!

たかだか豚を半年飼うだけのために何をやってるんだろうか。家族に呆れられながら、結局他に方法もなく、荒川区役所に転出届を出し、千葉県旭市に転入した。

こうして私は豚のために血縁も地縁もなく、住みたいと憧れたことすらない千葉県民になった。しかし旭市には千葉県立東部図書館があり、ここの蔵書がすばらしいのは救いだった。県立中央図書館と西部図書館と連携して本を回してくださるので、仕事で必要な本も、文京区立図書館のように翌日すぐにとはいかなくても、一週間も待たずに簡単に手に取って読むことができた。

資料をたくさん必要とする連載を抱えていたため、ほんとうに助かった。結局すべての手続きを終えて、正式に申し込み、最終的に車が来たのは四月も末になってからのことだった。

お湯を沸かすにも一〇メートル歩く家

それにしても我が廃屋の間取りは、つくづくと奇妙だった。引き戸の玄関を開けると八畳以上もある土間になっていて、一段上がりがまちが付いた三方に、板の間が付いた一四畳の大部屋、一〇畳の部屋二つに八畳の部屋が一つの四つの座敷があった。残りの一方には五席ほどのカウンターを挟んで一二畳くらいあるコンクリ土間の厨房が二部屋。

シンクは奥の厨房に、皿を三〇枚くらい一気に洗えそうなものが三つ並んでいる。ガス台からもカウンターからも遠い。広大すぎる。ごろごろ寝ながらお茶を飲もうと思っても、畳の部屋を出てからサンダルを履いて厨房の果てまで、一〇メートル以上歩かねばならない。遠いなんてものではない。火をつけていることを忘れようものならば、大変なことになる。

しかもガス台は、業務用で火口の直径が三〇センチくらいあり、ミルクパンが載らないときている。電気湯沸かしポットをすぐに買った。とりあえず台所の機能をカウンターに面した、手前の土間の方に集結させようと、唐突につきだしている水道の下に、家の裏に捨ててあった、オストメイト（人工肛門・膀胱保有者）用の汚物流しのような、深さが三〇センチくらいある不思議な形の陶器を引っぱりこんで、ブロックで固定してシンクを作った。横には洗った皿を置く台も粗大ゴミから適当に引っ張り出して取り付けた。食器棚と調理台に冷蔵庫も置いて、動線も何もあったものではないが、台所完成。

奥の土間にはむき出しで風呂が取り付けてある。一応シャワーと追い炊き機能付き。すのこを敷いて、まあ何とか入ることはできるが、二〇畳以上のがらんがらんの空間なので、とてつもなく寒い。風呂周りを囲わなければならない、でもどうやって？　やることはとにかく泉のように湧いてくる。

三頭の豚が一日にどれくらいの糞尿をするのか？

家の中と同時に豚小屋をどうにかしなければならない。豚小屋は、家と公道の間に広がる駐車スペースに作ろうと思っていた。アスファルトで固まっているので、どう考えても基礎工事などは私ではできない。外注するしかないのだが、どういう豚小屋がいいんだろうか。デュロックのもらい先である、松ヶ谷さんにご相談した。

「内澤さんが一人で飼うんですよね?」

「はい……」

「それならなるべく手がかからない方法を考えた方がいいよ。餌はまあ不断給餌にするとして、問題は糞尿をどうするかだ」

「はあ」

三頭の豚が一日にどれくらいの糞尿をするのか。数値的には調べればすぐにわかる。母豚一〇〇頭の農家で一年間に出る糞尿量は、およそ二〇〇〇トン。出荷頭数を年間二〇〇〇頭、枝肉が一頭あたり七〇キロとして出荷枝肉量が一四〇トン、ということは、枝肉の一四倍の糞尿が出るという計算になるんだという(『どうする!? 養豚汚水ふん尿処理対策ブック』監修/羽賀清典、チクサン出版社、二〇〇四年)。

はあ……。ちなみに豚は三キロ食べて一キロ太る。一頭あたり七〇キロの枝肉を作るのに一一五キロの生体重にするとして、三四五キロの餌を食べて、九八〇キロの糞尿を出すということだ。うううううう。ちなみに人間の一四倍も糞尿を出すとのこと。燃費がいいんだか悪いんだか、よくわからなくなってきた。三キロ食べて一キロと聞いた時はなん

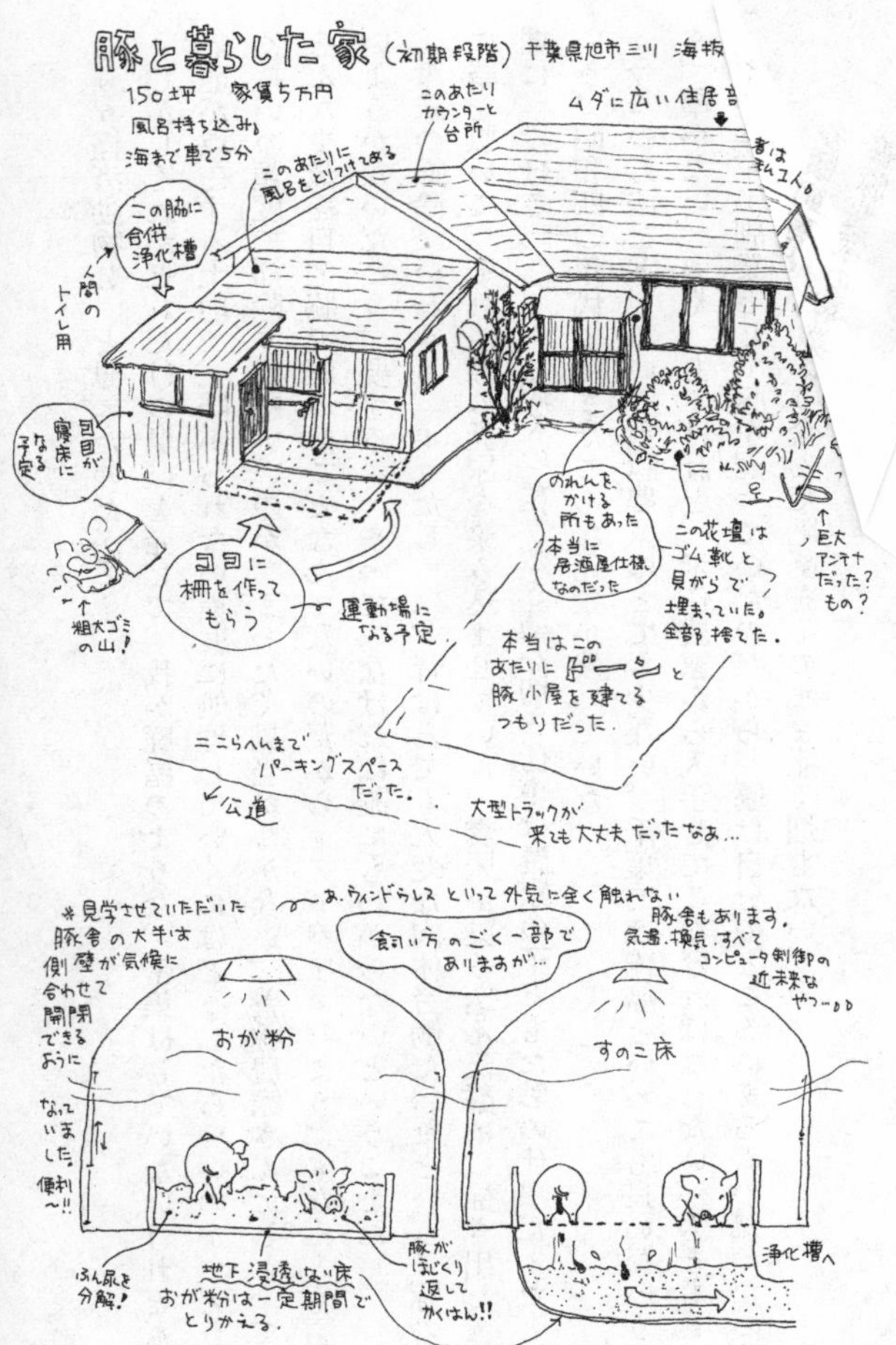
豚と暮らした家（初期段階）千葉県旭市三川 海抜
150坪 家賃5万円
風呂持ち込み。
海まで車で5分
このあたりカウンターと台所
ムダに広い住居部
このあたりに風呂をとりつけてある
この脇に合併浄化槽
人間のトイレ用
豚が寝床になる予定
ここに柵を作ってもらう
運動場になる予定
粗大ゴミの山！
のれんをかける所もあった
本当に居酒屋仕様なのだった
この花壇はゴム靴と貝がらで埋まっていた。全部捨てた。
巨大アンテナだった？もの？
本当はこのあたりにプールと豚小屋を建てるつもりだった。
ここらへんまでパーキングスペースだった。
公道
大型トラックが来ても大丈夫だったなあ…
＊見学させていただいた豚舎の大半は側壁が気候に合わせて開閉できるようになっていました。便利～!!
あ、ウィンドウレス といって外気に全く触れない豚舎もあります。気温、換気、すべてコンピュータ制御の近未来なやつ…
飼い方のごく一部でありますが…
おが粉
すのこ床
ふん尿を分解！
地下浸透しない床
おが粉は一定期間でとりかえる。
豚がほじくり返してかくはん!!
浄化槽へ

ちゅう経済動物!!　と思ったのだが……。

しかしそれがどれだけの臭いを発して、我が廃屋のような、密集はしていないけれども宅地が点在する土地で、嫌がられない程度に処理していくにはどうしたらいいのか。どれくらいの頻度で掃除すればいいのか。まったく見当がつかない。養豚農家さんにしたってそんな少数を自宅脇で飼ったことなんてないのだから、アドバイスしようにもなんとも言いようがないだろう。要するに、やってみなければ誰にもわからないということだ。

糞尿の掃除、いわゆる「ボロだし」は、昔はとても大変な肉体労働だったという。豚舎に藁を敷いて、それに豚の糞尿を染み込ませていた。糞尿が染み込んだ藁は、掃き出して畑に「投げる」。つまり撒くのだ。敷き藁を切る仕事は農家の子どもたちの仕事だったという。昭和四〇年代にはまだこんな光景が残っていた。

今この方法をとっている養豚農家はとても少ない。千葉では皆無といっても良いだろう。まず藁がない。いや、あるけれど、米作農家から入手してこなければならない。もともとは米作農家が副業として豚を飼っていたのだから、藁は自分のところにあるものだったの[illegible]て糞尿をたっぷり含んだ肥藁をそのまま撒く畑もない。

[illegible]りの飼養頭数が多くなったことと、また農家の高齢化に伴

い作業の省力化などを背景として、豚の糞尿は、今までのやり方では適切に循環しなくなる。「野積み、素掘り」といって、そのまま地面に積み上げたり穴を掘って埋めたりという状態で放置されるようになり、水質汚染や悪臭被害などが広がった。豚を飼っているところは臭い、というイメージは、これらの野積みや素掘りが原因で、強くなってしまったのだろうか。

そこで平成一一年、「家畜排せつ物の管理の適正化及び利用の促進に関する法律」（以下「家畜排せつ物法」）が施行される。これによって豚の糞尿は、床をコンクリートなどの「不浸透材料」で作った施設で管理しなければならなくなった。放っておいても土に還ってくれなくなってしまった。

現在の大規模養豚農家での糞尿処理方法は、いろいろあるのだが、私が見たところでは、豚舎の床を網にして、糞尿を地下に落とし、そのまま併設した浄化槽に自動的に運ぶ方式を、採用している農家が多かった。浄化処理施設の設置と、管理のための経費は莫大な金額がかかるが、効果は確実とのこと。自治体によっても違うだろうけれど、家畜排せつ物法の施行から一定期間、このような浄化処理施設の建設に補助金が出たことも大きいだろう。

もちろんたかだか三頭の豚を飼うのにこの法律は適用されない。飼養頭数が牛および馬は一〇頭未満、豚は一〇〇頭未満、鶏は二〇〇〇羽未満は適用除外と定められている。

だからそんなものは犬猫と変わらないとばかりに、旭畜産の加瀬さんは、アスファルトの駐車場の上に囲いだけ作って、糞はしゃくって廃屋のトイレに流し、尿は垂れ流しにして夜中に放水して公道との間にある溝に落とすので十分、と言うのである。

しかしそれはさすがに、どうなんだろう。たしかに違法ではない。通報されても居直ることは可能だろうが、あまりいい飼い方とは言えない。松ヶ谷さんに話したら、とんでもない、何を言われるかわからないぞ、と血相を変えて否定された。それだけ糞尿処理は農家さんたちにとって切実に悩ましい問題なのだ。全国の養豚農家が糞尿処理と匂いの問題に悩み、周囲の抗議をうけ、より人のいない山奥へと豚舎を移転させるか、廃業に追い込まれてきたのだ。

おが粉豚舎という光明

う――――と長考した末、松ヶ谷さんは、

「その駐車場のスペースはかなり広いんだよな。ならもうおが粉豚舎でいくしかないだろう」

はあ。〝おが粉〟ってのは、おがくずのことでしょうか……。

「そうだよ。三〇センチ、いや四〇センチくらいおが粉を敷いた上で飼うんだ。一頭あたり一定の広さは必要だが、えーと（計算中）……うん、そこで十分とれるよ。三頭だろ？

大丈夫。糞尿をしてもおが粉が分解しちまうから、半年くらいなら糞尿掃除の手間がまったくかからない。させっぱなしでいいよ」

ほんとうですか⁉

脳天にぱああっと光が差し込んで来るような心地がした。実はこの糞尿の処理がとにかく憂鬱だったのだ。臭いのが嫌なんじゃない。そんなものはアジア八カ国のトイレ事情をルポして、トイレ中にウジがわいてる所だって入ってきたのであるから何ともない。

問題は、毎日朝晩かかさず掃除しなければならなくなるということだ。地方取材などはなるべく控えて、海外取材も我慢して延期するとしても、仕事の都合などで、どう考えても東京に行かねばならない日はある。毎日べったり豚と一緒にいるのは相当な困難が伴う。

代わりに世話をしてくれる人をきちんと確保することはずっと考えていて、東総食肉センターの小川さんや卸業者の加瀬さん、千葉県食肉公社の内藤さんと、みなさんに相談していたが、みんな「そんなの大丈夫、みんな手伝ってくれるから」と笑って取り合ってくれない。

加瀬さんに至っては、いきつけのスナックの女の子にやらせればいいと豪語する。いや、加瀬さんはそこでの上客だろうけれど、私は何の関係もないし。それより糞尿の処理を普通の女の子がするだろうか。するわけないと思うんだよなあ。

それに、みんな笑いながら「あいつにやらせればいいよ」と言うのだが、自分がやるよとは誰も言わないのだった。まあそんなものだろう。誰も豚の糞尿なんて触りたくもない。どうしようかなあと思いつつ、車の免許と廃屋の掃除にかまけていて先延ばしにしていたのだった。しかしおが粉ならそれらの手間をすべて解決してくれそうじゃないか。

調べれば調べるほどおが粉豚舎はおもしろそうだった。ちょうど千葉に来る直前にイラストを担当した『東京見便録』（文／斉藤政喜、文藝春秋、二〇〇九）を上梓したばかりだったのだが、そこでバイオトイレの取材をしていたのだ。

公園や被災地に設置する水を使わないトイレで、おがくずが下に仕込んであり、トイレを使う時にスイッチをいれてスクリューでおがくずを攪拌させながら排泄する。すると満遍なく水分がおがくずに吸収され、ヒーターで暖めつつ発酵させることで、糞尿を分解させるのだ。実際に世田谷区の公園に設置されているトイレに行ってみたが、公衆トイレにありがちな糞尿の臭いもまったくない。生ゴミも処理できるとのことだった。おが粉豚舎とまったく同じ原理だ。

おが粉豚舎の場合、豚が勝手に掘り返してくれるので、スクリューはいらない。それに豚の体温があるからなのか、ヒーターで暖める必要もないのだそうだ。つまりおが粉を単にどーんと敷いておけばいいと。コンポスト（堆肥）の上で豚を飼うようなものだ。もちろんある一定期間糞尿を入れれば、おが粉は交換しなければならない。糞尿をたっぷり分解させたおが粉は、ほぼ堆肥といってもいい状態だが、倉庫において一定期間掘り返し、より完全な堆肥に仕上げて出荷する。

台風が来たらどうする？

ただしこのおが粉には弱点があった。水だ。バイオトイレの取材でも、被災地利用の場合に利用者が殺到して許容量を超えると、尿の水分が下にたまり、ぐちゃぐちゃになって、おが粉の中のバクテリアが死んでしまうともう再生がきかないんだそうだ。

おが粉豚舎とて同じだ。尿の量が処理可能量を越えれば、ただの汚泥と化す。しかしそれはある程度の広さを確保できるのだし、たった三頭の豚なんだから埋まるほどおが粉をやりゃいい話だ。

「それよりさ、雨が問題。吹き込んだりしたら一発でダメになるから、おが粉の床より一メートルずつ広く屋根をとってやらないと。あと風通し良くしないと豚はとにかく暑いのに弱いからな。屋根もないとダメ。焼けちまうぞ」

はあ。豚、結構過保護だな……。しかしそれだけの屋根が飛ばされないように柱を作るとなると、どうなるんだ。しかもたった半年で取り壊さねばならない小屋だというのに、なんとその間に台風がくるのだ。ああ、台風……。

たしかに我が廃屋は、東側が畑でほとんど吹きっさらしのように風が通る。この勢いではやられますわなあ。でもたった一、二回の台風のために、鉄骨の屋根か。一体いくらかかるのかなあ……。

旭畜産の加瀬さんの遠縁で、S工務店の社長と酒席を設け、豚舎の相談に乗っていただいた。加瀬さんによれば安くやってくれるだろうとのこと。何度も豚舎や食肉公社の工事も請け負ったことがあるとのことだった。

ふーん何々、おねえさん、本書いてるんだ、先生なんだ、それで豚を飼うの。はあ――。すごいねえ。うんうんわかった。やってみるよ。うちも今工事が集中してるから、できるかどうか専務にきいてみないとはっきりわからないけど、何とかするよ。うん。安くやってやる。

一一〇万も払えるかっ！

社長は上機嫌で帰っていき、これで安心なんだろうと勝手に思っていたら、いくら待っても連絡がない。電話をかけてみたら「は？ どなたですか」と言われて、ひっくり返った。酒の席でのことはすべて忘れる人だったのだ。驚愕したが、このあたりでは珍しいことではないらしい。千葉を舐めていた。違う国に住んでいるようだ。

慌ててもう一度会ってお話しする。ふーん、おねえさん、先生なんだ。本書いてるんだ、へーえ。と再び感心している。それ、この前も言ってたじゃん、とぶっ倒れそうになったが、社長は至って真面目なのだった。

ぶつぶつ言いながら、じゃあ図面を引いてみますよ、と言ってから数日後、立派な図面と見積書が、できあがってきた。嫌な予感が走った。開けてみると、どう見ても立派すぎる御殿のような設計図ができている。恐ろしさに震える指をおさえつつ、見積書を開けると一一〇万円と書いてある。

は？　頭が真っ白になった。

「いやね、ほら、ここから台風がきたらあおられるっぺよ。何たって屋根と柱だけだもん、壁がねえから丈夫にしねえとってやってったら、こんなになっちまったんだよなあ……」

「いや、こんなお金、どこにもないですから。半年後に壊すからなるべく安くとお話ししたじゃないですか」

「うーん。そうだけどなあ……出版社から引っ張れないの??」

「だーかーら、引っ張れないって言ってんじゃないですか!!!　未曾有の大不況ですよ、社長。社長の周りで本読んでる人がどれだけいますか、いないでしょう？　いないってことは本が売れてないってことなんですよ!!」

叫んでみたら、とてつもなく虚しくなってきた。そうなのだ。誰にも頼まれもしないのに、こんな金と手間をかけて、何をやってるんだろうか、私は。しかし今ここでやめるわけにはいかないのだ。もはや突き進むしかない。

「じゃあ、いくら出せるのよ」

っ」

「だってはじめにちゃんと、そういうふうにお伝えしたじゃないですか。ねえ、加瀬さん

「そりゃあ……無理だよ」

「この十分の一」

もう糞尿のことは後で考える

加瀬さんをにらみつけると、ずっと沈黙していた加瀬さんはすくっと立ち上がって、廃屋のカウンターを抜け、台所を抜けて奥の風呂が取り付けてある土間に行く。風呂の他に洗濯機を備え付けたところだ。

窓を開けると、不思議なことに二メートル四方の物置とつながっている。中はぐっちゃぐちゃにゴミが詰まっている。どうせ使わないから、手をつけなかったのだ。なぜこの物置が窓で家とつながっているのかは、片づけてみてから判明するのだが、この時点ではわからない。

加瀬さんは物置を見渡して、窓のとなりについた勝手口のドアから外に出て、物置を外側からも眺める。

「この物置小屋からこっちに同じ広さの柵をつけて、それで飼おう」

「ああ、それならまあ安くできるか」

「おが粉はどうすればいいんですか」

「物置小屋に入れればいいっぺよ。そこで寝るよ。柵で囲うところを運動場にすればいい。子豚のうちは物置小屋でだけ飼えるさ」

え――と、それだと運動場に出したら、糞尿をどうにかしなくちゃいけなくなるわけか……糞は掃き出すとして、尿だよね尿……。

「だーから、ホースで流しちまえばわかんねって……」

あーもう頭がぐるぐるしてきた。しかし一一〇万なんてお金を、半年だけの小屋に出すなんてことはありえない。もうこの方法で行くしかない。糞尿のことは後から考えるしかない。頭を抱えながら、私は豚舎建設計画に、ゴーサインを出したのであった。

お迎え前夜

どうにか運転中

自動車の運転は、予想よりも大変であった。旭市の道路は、車の通行量も少ないが、不器用な私としては、交通標識の判読と運転だけで、もう精一杯。加えて土地勘がないために、一本道を間違えばまったく知らない見たこともない場所に連れて行かれてしまう。

徒歩や自転車ならば、間違えたらくるりと向きを変えて戻ればいい。ところが自動車は、そういうわけにはいかない。一つ道を曲がり損ねて、だいたいこっちだろうと、次の道を曲がり、直進していくと、道がどんどん細くなり、農道となり、気がつくと田んぼのあぜ道のような細道に入り込み、公道に戻れなくなって立ち往生し、こわごわ何十メートルもバックで戻る。

そんなことの連続だった。毎日運転から帰るとくたくたに疲れ、床に吸い込まれるように眠った。これでは自転車で走り回って、疲れて眠くなるのと大差がなく、原稿を書くことができない。どうしたものか。

それでも建材などの買い物は、格段に楽になった。これまで自転車では買えなかったコンパネやブロック、レンガなども、すいすいと車に積み込める。すばらしい。ホームセンターもカインズホーム以外に、少し離れたところにあるところを覗くこともできる。

ただしホームセンターの広大な駐車場は、常に建物の近くは異様に混雑している。みんな一歩でも歩く距離を少なくするために、出入口のそばに車を駐車したがるのだ。旭市民のそのこだわりは異様に思えるほど強く、出入口付近の駐車スペースが空いてなければ、空くまで待つのだという。

車庫入れの技術もない私は誰も駐車したがらない、前後左右がガラ空きの端っこに車を停めることしかできない。ブロックを五個も六個も入れて、変な方向に車輪を取られがちなカートをしっかり押しながら、ホームセンターのレジから駐車場の端っこまで進める。車にブロックを移してからまた延々と歩いてカートを返しに行った。

凶暴なのか？　神経質なのか？

豚たちを我が廃屋に引き取るのは体重が三〇キロになったあたり、五月二六日に決まった。その頃は、ちょうど母豚の初乳からもらった免疫が低下してくる時期で、病気にかかりやすいのでどうだろうか、という意見もあったが、いちいちみなさんの話を聞いていると、どんどん豚が大きくなってしまうので、もうそれでいいですと押し切った。

三頭のもらい先の農家の場所はそれぞれ離れているし、みなさんお忙しいので、わざわざ日にちを合わせる必要もないかと思ったのだが、一頭ずつバラバラに小屋に入れるのは良くないという。

「タイトルマッチは一回ですませないとな」農家だけでなく、業者さんから近所のスナックのマスターやお客さんまで、みんながそうそうと頷く。なんで農家でもないのに、そんなこと知ってるんですかと聞くと、農業高校出身で豚を飼ったことがあるという。旭市には実にそういう人が多い。

松ヶ谷さんに至っては、高校一年生で親から子豚一六頭もらって自分で飼いはじめ、出荷して利益を出し、四回目には、子豚どころかエサも自分で買えるようになっていたという。

ともあれ、一つの囲いの中に何頭か豚を入れれば、必ず喧嘩をして序列を決めるのだそうだ。ボスが決まれば下っ端も決まるというわけだ。結構激しい喧嘩になるそうで、豚の体力を消耗させることにもなる。

時には死闘になることもあるようなのだ。え、豚ってそんなに兇暴なの……。いやでもまだ子豚だし、喧嘩ぐらいさせた方がたくましく育ってくれないかしらと思ったのだが、農家は、豚にかけるストレスや負担をとにかく嫌う。神経質なまでに嫌う。ストレスがかかるとすぐに餌を食べる量が減り、体重が増えないどころか痩せることもあるからなのだという。痩せれば出荷時期が遅れてしまう。豚にとっては住む場所が変わるだけで相当なストレスになるのに、家も同居メンバーも変わるのだから一大事なのだと。

養豚場の豚は、母豚と同居の授乳期間から離乳、肥育と、何度か引っ越しをする。その間もなるべく同腹、つまり一番はじめから一緒の兄弟は離ればなれにしないようにしているという。まあたしかに自分に置き換えてみるとわかる気もする。小学校に上がる時に引っ越しをしたために、幼稚園からのお友達が誰一人いない環境でなかなか馴染むことができなかった。

実にストレスだった。知り合いは一人でもいた方が場に馴染みやすい。でも、人じゃなくて豚なんだよなあ、豚。そこまで神経質ならば、そもそも多頭飼育に向いてないんじゃないのかとも思えてくる。

また、先に小屋に入った豚は、どうしても何かと後から来た豚に対して、有利になる。なるほど、それも何となくわかる。後から入る方が、立場が弱くなってしまう。なるべく立場の強弱をなくして平等にしてやって、喧嘩をさせろというわけだ。みんな豚にやさしいなあ。

吹きっさらしの風呂を何とかして!

ともかく。後一ヵ月で豚が来る前に、物置を豚小屋に改修しなければならない。それと吹きっさらしの風呂も何とかしないと、豚が来たら、シャワーを浴びる回数も増える。

旭市は、太平洋に面した温暖なところだと聞いていた。たしかに野菜などは、良く育つようだ。しかし五月に入ったというのに、夜はひんやりと冷えた。もうすぐ夏だからと我慢したけれど、夜具ばかりは廃屋にあったこたつ布団だけではどうしようもなく、通販で薄掛けの羽毛布団を二枚買って、二枚とも掛けていた。自宅から持って来た一人寝用電熱マットの上から動けないくらい寒い日もあった。

そんな時「内澤さんもう千葉に住んでるの? おもしろそうだからみんなで遊びに行っていい? 何か人手が必要な作業があったら手伝いますよ」という能天気なメールが届いた。辺境冒険作家の高野秀行さんである。高野さんはこれまた旅歩き作家の宮田珠己さんと二人でエンターテインメントノンフィクション、略してエンタメノンフというジャンルを打ち立てた。

二人の作品は、いわゆるノンフィクションの生真面目さや、社会にモノ申す的なところがあまりない。ひとことで言えば、事実は小説より奇怪で奇妙で面白い、をそのまま本にしたようなノンフィクションを書く。そういう作品は実はこの世に結構出ているのだが、ジャンルとして認知されておらずに、書店の棚で迷子になりがちなのだった。ならば名前を作って棚を作らせて置き場所を確保しようと、『本の雑誌』と連携してすぐれたエンタメノンフ作品リストを作って紹介したりしていた。そこで拙著『世界屠畜紀行』を取り上げてくださったのが縁で、会って話すようになっていた。

ゴールデンウィークの後半、リュックを背負った高野さん、宮田さん、そして本の雑誌社の杉江由次さんの三人を、車で飯岡駅まで迎えに行った。車を見た瞬間に、みんないきなりゲラゲラ笑っている。車の運転が下手すぎるのだそうだ。車なのにびくびくしている小動物みたいだという。

「私が運転しましょう」と宮田さんが運転してくださることになった。その後も誰かが東京から来るたびに、このセリフを聞かされ、運転席を明け渡した。

三人には、風呂場の囲いを作っていただいた。半年で壊すのでチャチでいい加減なものでいいけれど、とにかく風呂の湯気が、台所のはずれのカウンターに置いているパソコンにまで及ばないようにしてほしい。それと、風呂に入る時、寒くないようにしてほしい、とお願いした。

すると、何やら三人でごにょごにょ相談して、「ほんとうにいい加減だからね」とプラスチック段ボールとシャワーカーテンで風呂の周りを囲ってくださった。素材が素材なので密閉されたわけではないが、パソコンに湯気が直撃することはなくなり、風呂の周りもそこはかとなく暖かくなった。窓から風呂に入っているのが見える、という惨事もこれで免れた。ありがたい。

どうせこの家で冬を越すわけではないのだ。多少の寒さは我慢だ。もう後少しで夏が来る。三人とも地方特有の巨大なホームセンターが気に入り、特に宮田さんは、眼を虚ろにして楽しい楽しい楽しいと何度もつぶやいていた。

次は屋根の上に観月台を作ろう、などと言いだしたので、それなら豚小屋の屋根とか作ってみないか、と持ちかけたのだが、そういう実用的なものにはあまり興をそそられないようで、軽く無視された。

タダより高いものは……

さて風呂が整ったところで豚小屋だ。まずは物置の中のものを運び出さねばならない。ドアを開けると、ごっちゃりとわけのわからないものが詰まっている。一つずつ取り出しては、分別してゴミ袋に入れていく。厨房を片づけた時には、この物置を使うとは思わなかったので、手前には厨房にあったものがつまっていた。何十本というお銚子、灰皿、取っ手の取れたフライパン、ひびの入ったプラスチックの笊などなど。飲食店を営業していた頃を偲ばせるゴミである。

田舎のゴミ事情は凄いと聞いていたけれど、ほんとうにびっくりした。まずゴミ袋が高い。ゴミをたくさん出す人が負担するという、たしかにある意味公平な制度なのだが、これらのゴミは私が出したものではないので、ちょっと腹立たしい。しかし半年とはいえ、ただでさえ荒んでいる廃屋に暮らすのに、ゴミ山の中で暮らしたくはない。何でもオッケーに思われる私であるが、嫌なものは一応いろいろあるのである。

厨房を片づけた時、燃えるゴミは駐車場の片隅でこっそり燃やしていた。何しろすごい量だったのだ。手伝ってくれた若者たちは、はじめのうちはわあわあと喜んでいたが、埃だらけの神棚を投げ込んだ時には一様に顔が曇り、奥の部屋から出てきた虎に乗った五月人形を運んで来たら、「それはさすがに……」と尻込みされた。

しかし捨てるとしたら、ゴミ袋に入れるために壊さねばならない。壊すくらいなら燃やした方がまだ気が楽だと思ったのだが。ともかくこの住人に置き去りにされた五月人形とともに半年一つ屋根の下で暮らすのはまっぴら御免だ。ええい、あたしが投げ込むわと、燃え盛る炎の中に投げ込んだら化繊でできた髪の毛にボンと火がついた。みんな見ていられなかったようで、逃げ出してしまった。

あの焚き火でずいぶん減らしたつもりだったのに、なぜかゴミは果てしなく湧いてくる。そして焼却炉が東京のそれと違うためなのだろうが、分別が非常に煩雑なのだった。今住んでいる荒川区ならば、ビニール袋やプラスチックなども、紙くずと一緒に捨ててもいいのだが、こちらではプラスチックごみはまた別の袋に入れねばならない。

厨房のゴミを一通り整理すると、私が掃除する以前から、物置にあったものが顔を出した。これがなんと大量のタイルと、大工道具なのだった。どうやらこの家は、居酒屋として営業して潰れた後、その居酒屋と関係があるのかないのかわからないが、親子が住み、その後に、一時期内装職人が住んでいたようなのだ。周りの人の話ではホームセンターを建てる時期に間借りしたのではないかとの話だった。

いずれにしても、なぜ歴代の住人たちは、こんなにたくさんの荷物を置いて、契約を終了させるのだろうか。予想できる答えは一つ、夜逃げだ。まあどうでもいいのだけれど。敷金礼金タダに惹かれたものの、タダほど高いものはないということか。

シロアリ付きのタイルを、一つ積んでは豚のため

山のように積まれたタイルは新品で、大変困ったことに、新品であるがゆえに、一枚ずつ茶色い薄紙が挟まっていた。そしてこの薄紙がべっとりと濡れていた。なぜ？　はっと上を見ると、天井の石膏ボードはマーブル模様のシミがついている。

あ、ま、も、り……。頭がくらくらしてそのままタイルに倒れこみそうになった。ここはおがくずを敷いた豚たちの寝室になるのだ。雨が漏っちゃまずいだろう。

私は決してアウトドア好きでもなく、アメリカ人みたいに何でも自分で作るフロンティア暮らしが素晴らしいと思っているわけでもない。エコロジー精神もそれほど高くない。

お金さえあれば、少しでも快適な住居を選ぶくらいには、ナマケモノでアーバンライフを好む。私はただ豚と水入らずで半年暮らしたいだけだというのに。

禍はそれだけで終わらなかった。締め切った風通しの悪いところに潤沢な水分が落ちてくるとどうなるのか。まったく知らなかったのだが、シロアリが湧くのだった。何百枚というタイル、一枚ずつの間に挟まった湿った紙はシロアリにとって御馳走だったらしく、軽くトラウマになるくらいびっしりむにょむにょと、シロアリが発生していた。

叫び出したいのをこらえ、全身鳥肌になりつつ、雑巾で一枚ずつ湿った穴だらけの紙とシロアリを拭き取り、タイルを外に出して、家の周りに積んでいく。死んで地獄にいったら、賽ノ河原で石を積む子どもを見て、きっとこの時のことを思い出すだろうよ。誰か手伝ってもらう人を探したいけれども、そんな暇があったら自分でやった方が早い。雨漏りを直す作業まであるのだから、ほんとうに待ったなしなのだ。

瀕死の思いですべてのゴミやタイルや道具類を引きずり出し、ようやく床が見えたと思ったら穴があいている。排水穴だ。そして四ヵ所ブロックを積んだ跡がある。水道管らしきものもある。うーむ、ここはどうやら、風呂だったようだ。

そうか。居酒屋を営業中か、つぶした後かわからないが、たぶん親子で住むことになった時に、風呂を後付けしたのだ。壁を一面でも節約するために元の建物にくっつける形で施工したのだろうか。ちなみに親子と断定したのは、家の中の壁にクレヨンで子どもの落書がすさまじくあったのと、クレヨンしんちゃんのシールがあちこちにベタベタ貼ってあり、保育園の団扇が出てきたためだ。

それにしても親子でどれだけの期間この住みにくい家に住み、夜逃げしたのだろう。どうでもいいことながらついつい考えてしまう。

さてこの穴も何とかしなければならない。おがくずが落ちてしまう。穴にスチロールを押し込んでから、セメントをこねて塗り付けることにした。木工仕事くらいは、父親の日曜大工を手伝ったこともあるから、何とか見当もつくけれど、さすがにセメントは。

ホームセンターに行って売り場にしゃがみ込み、袋に書いてある取り扱い方法を真剣に読みくらべ、速乾セメントを購入した。人間やる気になれば何でもできるものだ。まさか豚を飼うのにセメントをこねるとは思いもしなかったのだが。

速乾セメントの用途は主にひび割れた部分の補修で、雨が降っている最中でもできると書いてある。お、つまりは雨漏りにも効くのだな。しめしめと、天井のシミで黒くなった石膏ボードのつなぎ目などにセメントを塗り付けた。これでうまくいくといいのだが。

物置小屋に扉付きの鉄柵を取り付ける作業は、一日であっという間に終わった。さすが外注は早いし楽だ。工場で作ってきた柵を、アスファルトに打ち込んで固定し、溶接する。さすがプロの仕事は違う。しかし溶接もできるようになったら、いろいろ便利だなあと、あらぬ妄想が湧く。

後から知るのであるが、養豚農家さんたちは実に大工仕事に長けている。ちょっとくらいの豚舎の補修にお金をかけるのがもったいないからだ。百姓とは百の仕事ができるからなんだとか、物の本で読んだ時には何だかウンチク臭い言葉だと思ったが、心の底から納得した。あの言葉は正しい。

それから窓が少ないので、二方向にチェーンソーで穴をあけてもらった。暑くてもだめ、寒くてもだめ、風があってもなくてもだめ、なのが豚舎なのである。たかが豚、されど豚、なのである。

ともあれこれで運動場ができた。豚は何でも鼻で壊すからと、家の壁面を痛めないようにと工務店の社長自らコンパネを貼ってくださり、物置小屋の出入口からおがくずがこぼれないようにと、ここにも四〇センチほどの板をつけた。

給餌器と給水器も付いた！

給餌器と給水器は松ヶ谷さんが持って来てくださった。これが案外重いのだ。一人では引きずることも難しい。ちょうど水道工事に来た人に手伝って貰って、給餌器を小屋の中に引っ張り込み、おがくずを入れた時にちょうどいいようにブロックを積んだ上に載せて、壁に固定した。いや、してもらった。

水道屋さんが何度も「これは女の人は無理だよ。専門の道具もいるし……」と呻くので、泣きついた。水道屋さんの車の中は、イラストに描き起こしたいくらいびっしりとドリルや六角レンチやネジまわしなどが、各サイズごとに美しく並べてあった。たしかに私の手持ちの電動ドリル一本では話にならない。

給餌器と給水器を取り付けたところで、水を引かねばならない。給餌器は水を飲みながら餌を食べることができるようになっている。粉末の餌を食べると喉が渇くためだ。餌に水を混ぜればいいけれど、そうすると今度は餌が傷みやすくなる。

食べる時に混ぜるのがいちばんということだ。なるほどよく考えたものだ。もちろんリキッドと呼ばれる、ドロドロの液体状になった餌もあるが、管理が難しいし、その餌を常に流すパイプなどの器具を取り付けねばならない。

そしてその器具が故障しやすいとのことで、大規模農家でもリキッドは主流というわけではないようだ。言うまでもなく、そういう器具は大きな豚舎に設置するものとして設計されているわけで、まず私の飼い方で扱うことは、できない。普通ならば「手振り」つまり毎回手で餌をやってもおかしくない頭数なのに不断給餌ができる器を借りられるだけでもありがたい。

給餌器と給水器、どちらも水が出るところはレバーになっていて、豚が鼻で押すと水が出て、鼻をひっ込めれば水が止まるようになっている。室内の水道からホースで水を引き、差し込めばいいのかと思っていたのだが、管の先はネジが内側に切ってある。ホースがさ

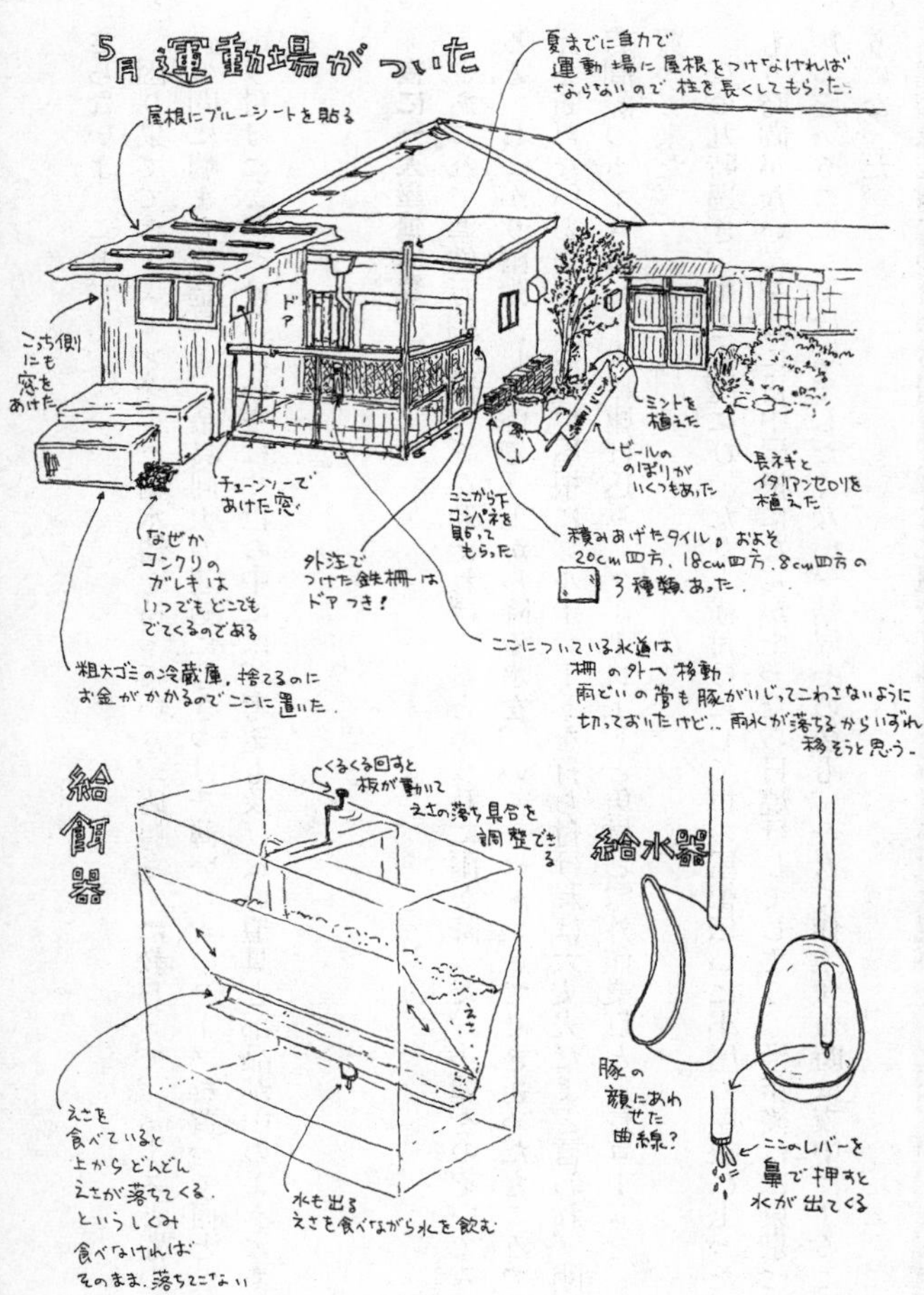
5月 運動場がついた
夏までに自力で
運動場に屋根をつけなければ
ならないので 柱を長くしてもらった。
屋根にブルーシートを貼る
ドア
こっち側
にも
窓を
あけた
ミントを
植えた
ビールの
のぼりが
いくつもあった
長ネギと
イタリアンセロリを
植えた
チェーンソーで
あけた窓
ここから下
コンパネを
貼って
もらった
積みあげたタイル。おおそ
20cm四方、18cm四方、8cm四方の
3種類あった。
なぜか
コンクリの
ガレキは
いつでもどこでも
でてくるのである
外注で
つけた鉄柵は
ドアつき!
ここについている水道は
柵の外へ移動。
雨どいの管も豚がいじってこわさないように
切っておいたけど… 雨水が落ちるからいずれ
移そうと思う。
粗大ゴミの冷蔵庫。捨てるのに
お金がかかるのでここに置いた。
給餌器
くるくる回すと
板が動いて
えさの落ち具合を
調整できる
えさ
えさを
食べていると
上からどんどん
えさが落ちてくる。
というしくみ
食べなければ
そのまま。落ちてこない
水も出る
えさを食べながら水を飲む
給水器
豚の
顔にあわ
せた
曲線?
ここのレバーを
鼻で押すと
水が出てくる

さらないよ、これ。

困り果ててホームセンターに給水器を持っていき、店員さんに教わって、ホースと器の管の間に噛ませる金具と、金具同士の連結に巻きつける薄いゴムのテープを買って何とか取り付けにこぎつけた。いやはや世の中には、考えも及ばない道具と部品が山のようにある。

夜に一人屋根に登って

さあこれで準備万端、後は豚を迎えればよしという時に雨が降った。小屋をのぞいてみると、しっかり雨漏りしている。上から降る水を、いくらセメントでせき止めたところで、元を断たないとダメなのだ。屋根にブルーシートを打ち付ければ大丈夫だよと言われ、閉店間際のホームセンターに駆け込み、ブルーシートと角材と屋外作業灯と延長コードを、買って来た。

夜の九時過ぎ、車を小屋にぴったりと横付けにして車の屋根伝いに小屋の屋根に上った。もう時間がない。それに日中屋根になんか上ったら日焼けしてしまう。半年後には東京に戻るというのにシミは増やしたくない。結局その後も、一人で作業する時は夜中にするようになった。

屋根は夜露でつるつる滑り、さらに風でブルーシートが吹き飛びそうになる中、これで落ちて死んだら嗤い物だと苦笑いしながら、くるくる丸めたブルーシートを少しずつ広げ、角材で押さえ打ち付けた。面白いものでブルーシートに直接釘を打っても入らないのに、木材を当てて釘を打つと、固定できた。

よし、これで今度こそ大丈夫。豚と対面するまでにこんなに苦労するとは思わなかったけれど、ようやくようやく、豚たちに逢えるところまでこぎつけたのだった。

そして豚がやって来た

元気そうなやつで！

ようやく豚たちを迎える日がやって来た。東京からミシマ社の三島邦弘さんと、千葉在住の家畜史研究者である後藤秀和さんが手伝いに駆けつけ、午前中に松ヶ谷さんがトラックでおが粉を持って来てくださった。

ブルーシートにおが粉をあけて、バケツで小屋に入れていく。深さ三〇センチ以上敷いただろうか。自分でも寝転がりたいくらい、ふかふかした素敵な寝床になった。後からデュロックを連れてくるからと、松ヶ谷さんは農場に戻って行った。

中ヨークの仲の親元である、宇野さんの農場は、車で四〇分ほどかかり、私には遠すぎて、まだ運転に自信がなかった。そのため、中ヨークの買い付けをしている、東総食肉センターの営業部員である石川さんに、運搬をお願いした。

三元豚の夢を昭和畜産から運ぶのが、私の仕事だ。一頭くらいは、自分で連れて来たかったのだ。加瀬さんから犬を運ぶケージを借りて、後藤さんと一緒に昭和畜産に向かう。加瀬さんは、ケージと一緒に犬用の糞尿シートをつけてくださった。

豚を慣れない場所に連れ出して、緊張させると、糞尿をしきりにするというのだ。我が廃屋から昭和畜産までの道のりは一〇分程度だが、旭市のど真ん中を突き抜ける。駅前のにぎやかな通りを豚をのせて走ることを思うとちょっと楽しくなる。

昭和畜産に着き、従業員の田村さんにご挨拶する。いつも忙しそうである。「あー豚ね。あの日のあたりに生まれたのは……」と、案内されたのは、ウィンドウレス豚舎。文字通り窓のない、温湿度完全自動制御の、宇宙船みたいな制御盤がついている豚舎である。中にはいると薄暗い豚房に豚たちが二腹ぶんだろうか、二十数頭ひしめいている。

「このあたりのはずなんだけど……どれにします？」自分で去勢させてもらったやつをもらいたかったんだが、もはやどれがどれだか、わからなくなっていた。ああ、こんなふうに混ざっていくんだなあ。牛でもなく純血種でもない三元豚は、たいていの場合、群管理なのである。

「うーん。元気そうなやつで！」自分で捕まえてみたかったが、結構大きくて持ち上げる自信がない。田村さんに適当にピックアップしてもらい、ケージに入れてもらった。これで出産から完全にトレースできた豚はゼロ、となった。

当座の飼料も袋詰めにしていただいて、車に積み込み、農場を辞した。帰り道、後ろの席で後藤さんが何だか声をあげていたけれど、私の運転技術では豚を気遣うゆとりもなく、事故を起こさないで帰りつくのがやっとであった。夢はびびってビリビリとシートでないところに糞尿をもらし続けていたようだ。しかしまあそんなものは後で掃除すればいいだけのこと。

三頭のご対面

我が廃屋には、すでに石川さんが運転してきたトラックが到着していた。荷台には中ヨークの伸がいた。ありゃ、でかい。夢より二回りは巨大だ。むすーっとして怒っているようにも見える。この日は快晴で、日差しが強かったため、加瀬さんが水をかけて、段ボールで日陰を作ってくださっていた。

ケージに入れられた夢を見ると、しょんぼりと伏し目がちにうつむいている。伸とくらべるとひょろひょろして小さいし。元気がないなんてもんじゃない。強いはずの三元豚だが、何百頭もいれば強弱があるだろう。

のび太みたいなのが来ちゃったのかなあ。田村さん忙しそうだったし、いちばん捕まえやすいのを摑んで引っ張りだしたのかなあ。まあしょうがないけど……。

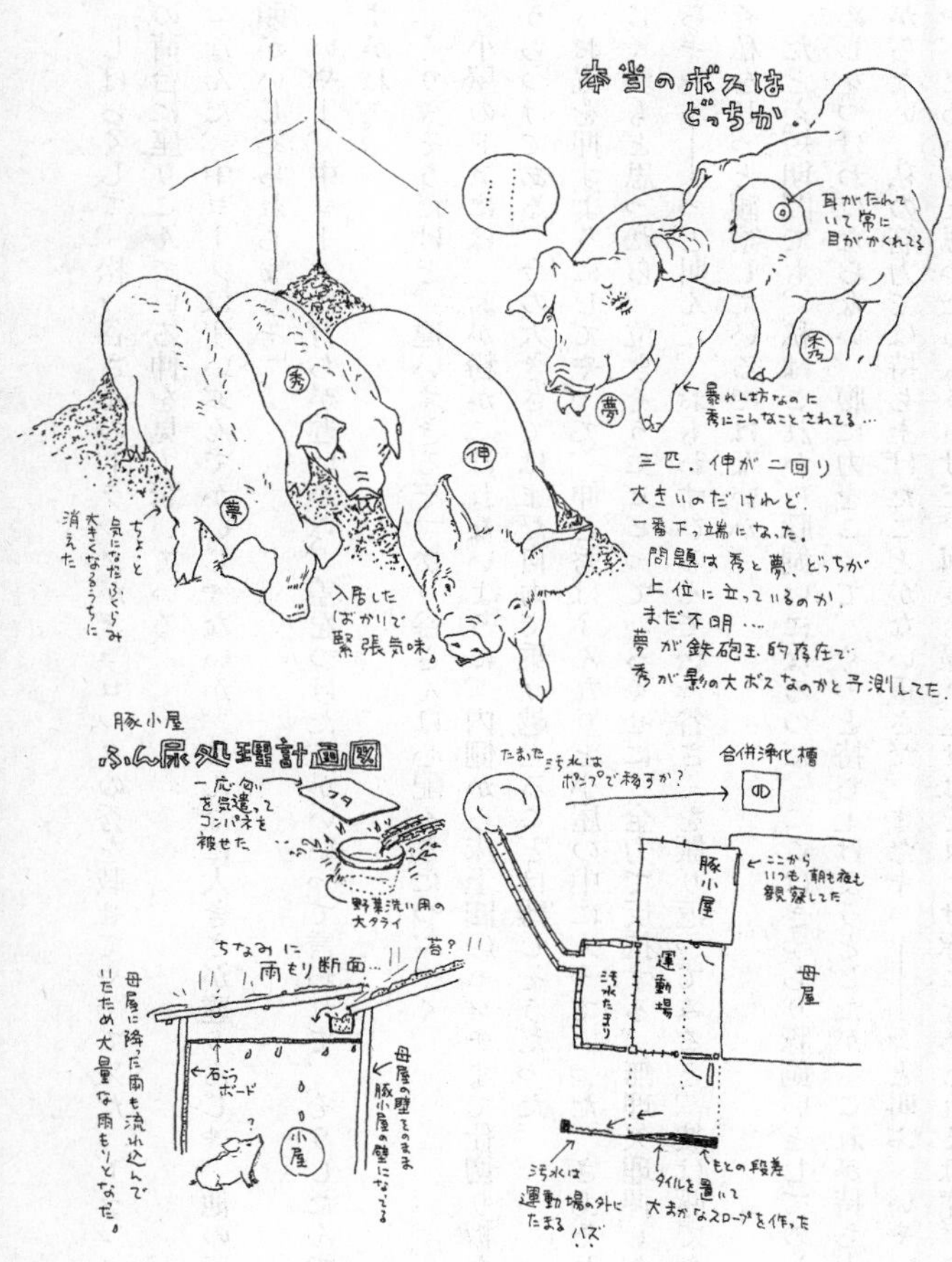
本当のボスはどっちか。
耳がたれていて常に目がかくれてる
暴れん坊なのに秀にこんなことされてる…
三匹、伸が二回り大きいのだけれど、一番下っ端になった。
問題は秀と夢、どっちが上位に立っているのか、まだ不明…
夢が鉄砲玉的存在で秀が影の大ボスなのかと予測してた。
ちょっと気になったふくらみ大きくなるうちに消えた
入居したばかりで緊張気味。
豚小屋
ふん尿処理計画図
一応匂いを気遣ってコンパネを被せた
フタ
野菜洗い用の大タライ
たまった汚水はポンプで移すか？
合併浄化槽
ここからいつも、朝も夜も観察してた
豚小屋
運動場
汚水たまり
母屋
ちなみに雨もり断面…
苔？!!
石こうボード
小屋
母屋の壁をそのまま豚小屋の壁になってる
母屋に降った雨も流れ込んでいたため、大量な雨もりとなった。
汚水は運動場の外にたまるハズ
タイルを置いて大まかなスロープを作った
もとの段差

しばらくして、松ヶ谷さんのトラックがデュロックの秀を載せてやって来た。トラックの荷台に座りこんでいる伸を見て驚いている。

「なんだ、中ヨークはずいぶんでかいじゃないか。こんなに大きさが違うんじゃ、他の二頭がいじめられちまうぞ」

いやー、中ヨークは育ちが遅いから、差をつけた方がいいって言われて、そうしたんですがねえ。

「そりゃそうだけど、違いすぎるぞ」松ヶ谷さんは心配そうにつぶやく。

小屋のドアには、おが粉がこぼれないように、内側から床上四〇センチまで仕切り板をうちつけてある。今の大きさではまだ自力で乗り越えることは難しそうだった。さあそれお尻を押すようにしてやって、伸と秀はすんなりと小屋の中に入っていった。さあそれじゃ夢もと思ったら、泣きそうにビビっているくせに、全力で反抗する。無理矢理押したらキョ――っと叫んだ。おもわずひるんで松ヶ谷さんを振り返ってみると、彼は豚でなく私をじっと観察しているではないか。

たとえ短期間でも、私はこれから豚飼いになるのだ。ここはきっちり豚飼いとしてのしめしをつけねばならない。腹に力をこめて、ぐっと持ち上げようとしたが、これが持ち上がらない。私の筋力では持ち上げたことがない重さだ。またキョ――ッと叫ぶ。いやいや、だめかもと思ったらもう負けだ。何度も繰り返せばそれだけ豚になめられるはず。あと一回で決めよう。気合いだ。どりゃーっ。キョーーーッ。どさっ。は、入った……。

餌を給餌器に入れて、ドアを閉めたとたん、この中に豚がいるのが嘘のような気がしてきた。家の中に入って風呂場に回りこみ、窓を開ける。三頭が一斉にこっちを見る。いるよ、豚がいる。ああ、とうとう来たんだなあ。

外に戻ると皆さんが帰り支度をしている。帰り際に松ヶ谷さんが、

「あのさあ、あの三元豚……前脚の関節が腫れてるようにみえたぞ。病気だと大変だぞ。早く言ってとり替えてもらった方がいいかもよ」

は、い……。しかしそれは言いにくい。いろいろご厚意でいただいているわけだし。それにあの衛生管理体制の中で、一度農場の外にでてしまった豚を出戻りさせることが、可能とは思えない。すでに別の農場の豚と接触しているのだから、新たな病原菌をお持ち帰りすることになってしまう。たしかに夢の前脚は細くて関節が膨れて見えるけれども。

蚊、蜘蛛、蓑虫、とにかく大量の虫たち

あと何か手伝うことはありますかと、後藤さんたちに聞かれ、あわてて窓に網を張らねばならないことを思い出した。何しろすさまじい量の蚊なのだ。裏手の合併浄化槽で、無尽蔵に湧いている。

蚊だけでなく、ここはとにかくすべての虫が大量にいる。毛虫なんか人差し指くらいに

育ったのが這いずりまわり、植木には蓑虫が何百匹単位でぶら下がる。蜘蛛に至っては、タランチュラのように大きいのが綿帽子のような卵をかかえて家中を徘徊している。

蚊に話を戻す。蚊が媒介する病気に注意しなければならないのは、母豚や種豚だけだ。肉豚の場合は基本的にはあまりかまわないらしい。しかしまだみんな子豚であることもあって皮膚が薄い。蚊に刺されたら痒そうだ。

ホームセンターで網を買って来て打ち付けていただいて、二人を送り出した時にはもう外は暗く、身体はくたくただった。しかし餌は毎日やるわけではないし、今のところ糞尿もおが粉の上にいるから掃除する手間もない。水もみんなが飲みたい時に出る。

我が廃屋の上水は、井戸水をポンプで汲み上げている。数時間使わないでいると、ポンプの弁が古く劣化しているため、すぐ給水が止まってしまう。毎回人を呼ぶのも悪いので、見よう見まねで呼び水を入れ、ポンプを直していたのだが、三頭が来てからはしょっちゅう水を飲んでくれるため、水が止まることもなくなった。

おもしろすぎて寝られない

というわけで、小屋さえちゃんとできていれば、世話することはない、はずだ。小屋も運動場部分に屋根さえ付ければ、たいした問題もないだろう。ここまでは大変だったけど、案外楽勝なんじゃないかなあ、養豚。

などと思いながら、カウンターでコーヒーを入れ、パソコンに向かったその時。

ドドドドッという音とともに、ギョ――――ッキイイイイッ、という悲鳴が響きわたった。慌てて風呂場に回って灯りをつけ、窓を開ける。ボスを決めるタイトルマッチが始まったのだ。驚いた。みんながいた時はあれだけおとなしくしていたのに。やめなさい、と怒ったところでボスは決めねばならないんだろうから、静観することにした。ああ、この廃屋、広すぎるしメンテナンスも大変だけど、窓一枚で家と豚小屋が直結していて、観察し放題なのは、ほんとうに素敵だ。

狭い小屋の中を、三頭がぐるぐる駆け回る。なんと、秀と夢が結託して大きな伸を攻撃していた。伸の身体の両脇に張り付き、耳の後ろを執拗に噛みついて攻撃している。二回りも身体が大きいのに、伸は半泣きである。耳から血が出てきた。

「やめなさいっ」

静観するつもりだったけれども、思わず怒鳴った。ぴたりと止まり、ふっと三頭がこちらを振り返り見上げる。ナニ寝言言ッテンダコイツ、と言わんばかりな夢は、昼間のしょぼしょぼな顔とはまるで別豚。意地の悪そうなヤンキーの目つきである。秀も凶悪な顔をしている。

こいつらって、豚って、案外馬鹿じゃないのかもしれないぞ。その晩はおもしろくて何度も何度も窓を開けては三頭を眺め続けた。喧嘩が終わった後も、伸は相当怖かったと見えて、夢と秀が眠ってもなかなか寝付こうとしない。窓を開けるたびに顔を上げてびくびくとこちらを眺める。

「伸ちゃん、もう寝なさい」思わずつぶやいた。いや、寝なきゃいけないのは私だよ。時計は一二時を回っている。先は長いのだと自分に言い聞かせ、私はようやく寝室に引き上げた。

雨漏り！　なんで？

豚が来て二、三日は何事もなく過ぎ、ある朝、比較的大きめの雨音で目が覚めた。豚小屋は大丈夫だろうかと、寝巻のまま風呂場に行って、窓を開けた。ゴッと啼いて一斉にこちらを見上げる三頭。天井を見上げると、雨が滴っている。窓から雨も吹き込んでいる。

なあに——。慌てて着がえて、ホームセンターに車を飛ばす。園芸用品売り場に行って、ビニールシートと塩ビの管を見つけ、レジに走る。頭に描く対応策は、地下鉄駅の雨漏り対策だ。雨の滴るあたりを広くビニールシートで覆い、たるみを誘導して、母屋の風呂場の窓に導く。窓の下にはバケツを置く。風呂場は全面コンクリの土間で、排水溝もあるので、バケツから水があふれても問題はない。

ビニールとガムテープを持って豚小屋に入る。いちばんに寄って来るのは伸だ。この豚は三頭の中ではいちばん弱いくせに人懐っこい。いちばんはじめになついて鼻を押し付けてくるようになった。その次に夢がだんだんとなついてくるようになり、秀はまったく寄りつこうともしないで、マイペースにぐるぐる歩いているだけとなる。

それにしても邪魔だ。サンダルにTシャツとジャージで中に入ったら、シャツの裾を引っ張り出そうとするわ、足に噛みつくわ、仕事にならない。すぐに長袖のつなぎと長靴を買った。雨風が吹き込むと、小屋の中は結構冷える。あわてて内側からブルーシートを窓に貼り付ける。

ビニールシートは木ネジで止めた。道具や材料をちょっとでも床に落とそうものなら、すぐに三頭が口に入れてもにゃもにゃと食べだすので、しっかり止めないとダメだ。伸はすでにガムテープを噛んでいる。ああもうっ。

雨はなかなか止まない。風呂場に逃がした雨水はすぐにバケツ一杯溜まった。とりあえずおが粉はびしょぬれにならずに済んでいるけれど、台風が来たらこんな対症療法では追いつかないだろう。ブルーシートをかぶせてあるのだから、雨はシートを留めている釘穴しか下に浸みていく穴はないはずなのに。これだけの雨量で、なぜこんなにたくさん溜まるのだろう。

翌朝晴れると同時に、大きな脚立を加瀬さんからお借りして、もう一度屋根に上った。今度は豚小屋の屋根ではなく、豚小屋に隣接する母屋の屋根の方に上ってみた。母屋の屋根に上ると、とても見晴らしがよい。隣の畑、家の裏手に広がる水田が、一望に見渡せる。

水田の向こうにはホームセンターがあり、山の上には風車が回っている。気持いいなあ。これが作業のためじゃなければねえ。

母屋の屋根と、豚小屋の屋根が交差するところに近づく。母屋の屋根の雨樋に、ちょうど豚小屋の屋根がかぶっていて、隙間はぎりぎり、手を差し込めるくらい。手を入れたらべちょりという感触。うわ、これだ。

雨樋に泥が詰まっていて、雨水が樋を流れずに豚小屋の屋根と壁の隙間へと溢れ出していたのだ。屋根に這いつくばったまま、ていねいに雨樋に溜まった泥を手で掻き出す。しかしよくもまあこんな泥がたくさん、どこから来たんだろうと、母屋の屋根に目をやってぎょっとした。

入居した時から、屋根がちょっと不思議な色をしてるなあ、と思っていたのだ。薄い緑がかった灰色。これがその、なんと屋根材ではなかった。カビなのか苔なのか、よくわからないものなのだった。それが屋根全面に生えていて、ところどころ剝がれては、雨樋に滑り落ちていたのだ。屋根から剝がすと厚みが三センチくらいあり、裏面はふかふかした黒土になっている。

屋根にはびこっているのをほうっておけば、また雨が降った時にふやけて剝がれ、雨樋に滑り落ちるだろう。ええー、屋根まで掃除かよ——。勘弁してよー。叫び出したくなるのをこらえ、苔のようなものを剝がしては投げ捨てた。

数日後の雨の朝、豚小屋に駆け込んで今度こそまるで雨漏りしていないのを確認した。思わずよっしゃーとガッツポーズをとって叫んだ。雨漏りに勝利宣言だ。念のために取りつけたままにしておいたビニールシートをすべて剝がした。

伸と夢は呑気にふにふにと長靴にじゃれついてくる。気がつけばもうすぐ一〇日経つ。三頭とも一回り大きくなったようだ。小屋だけでは手狭になりかけている。運動場に出してやる日が近づいている。運動場に出すまでに、コンクリの床に出るであろう糞尿の処理を考えねばならない。

タイル敷くのもモルタル流すのも一人でやるさ！

いろいろと相談した結果、糞はきっとおが粉が混じるので、自宅のトイレに流すと詰まる。敷地内の側道に溝穴を掘り、掻き取っては埋めることにした。そして運動場床の外側にレンガとコンクリで囲いを作り、床を洗い流す水と尿を、公道に流れ出ないように脇の土になっているところまで誘導するということになった。

脇の土には大穴を掘って、プラスチックの大盥を埋め込む。こうしておいて溜まった水を、ポンプで合併浄化槽に移せば、とりあえず近隣の方々の御迷惑にはなるまい。

まずは床に糞だけがとどまって、尿は糞から囲いの外に流れて溜まるように、運動場の床に傾斜をつけたい。この床張りだけは、三頭が小屋の中だけで暮らしている間にやらないと、だめだ。一度三頭を運動場に放したら、絶対小屋に閉じ込めるのに苦労するはず。暴れる夢の姿が目に浮かぶ。

しかしおよそ二メートル四方はある床に、どれだけのコンクリが必要なのか。すくなくとも速乾のコンクリを買った時のような、一キロ二キロの単位ではない。大袋で買うなら普通のモルタルでないと価格的にもむずかしいし。普通のモルタルは一晩以上養生させねばならないようだ。

うーん。誰か手伝い要員をお願いしたいところだが、天気の兼ね合いもあるし、三頭はどんどん大きくなるし、一刻の猶予も許されない。いーや、もう。一人でやっつけようと、ホームセンターでモルタルの大袋を買って来た。これまで生きてきて、持ったことがない重さ、記録更新である。

これをコンパネにぶちまけ小山を作り、中央に水を入れて練る。大きなスコップで練ろうとしても、モルタルを載せたスコップが重くて、持ち上げられない。園芸用のスコップでちまちま練っては盛りつけるしかない。

やってることは結構楽しいのだ。しかし、その処理総量に対して、圧倒的に筋肉が足りないのが悔しい。少しでも使うモルタルを減らそうと、妙案を思い付いた。先日家の脇に積み上げたタイルだ。こいつを並べて傾斜を作り、そのうえからモルタルをかけるのだ。天才なんじゃないか、私。

すべては計画通りにいった。捏ね物は得意なので、我ながらほれぼれするくらい滑らかにていねいに鏝をかけ、美しい傾斜の床を作り上げた。養生させ、しっかり固めてから、小屋のドアを開けた。はじめのうちは、おそるおそるだったが、すぐに楽しそうに三頭は運動場で遊び、走り回り始めた。

たしったしったしったしっっズシャーッ。あれ、なんと!!

床を滑らかにしすぎたため、コーナリングで滑って転んでしまう。これでは、脚を痛める可能性が高い。歩けなくなると、さまざま面倒臭いはず。自分が想像できるところでは、屠畜場で一般豚のラインに乗せられない可能性が。いやその前に、どうやって連れて行くのかということになるか。

もう一度、床を粗く張り直さねばならない。しかし三頭はもう運動場で遊ぶ楽しさを覚えてしまった。最悪だ。一晩小屋に閉じ込めることができるだろうか。迷っている暇はない。ああ人手が欲しいが時間もない。結局一人でスノコを使って三頭を追い込み小屋に無理矢理入れた。何かの拍子で開いてしまうドアはあてにならないので、スノコを鎖で固定して三頭がドアに近づけないようにした。自由を奪われ、啼き叫ぶ連中の声を聞きながら(といっても、一時間もすると忘れたように寝てしまうのだが)慌てて床を張り直した。今度は鏝を使わずに竹ぼうきで表面を荒らして、蹄が引っかかるようにした。今度は大丈夫、今度安心して三頭が走り回れる床ができた。

養豚の町には豚のお医者さん

さてもう一つ、気になる問題があった。夢の脚だ。どうであってもこのまま飼うつもりになっていたけれど、一応気になる。以前に松ヶ谷さんの農場で紹介された、獣医の早川結子さんに電話をかけてみた。早川さんからいただいた名刺には、株式会社ピグレッツと書いてあり、豚の絵がついている。そう、養豚専門の家畜診療所がこの町には存在するのだ。動物のお医者さんならぬ、豚のお医者さんである。さすが養豚の町。

豚のお医者さんは、流行している豚の病気のワクチン接種などをするだけでなく、飼い方の指導や生産効率アップのための提案、つまりはコンサルティングもしているのだそうだ。なるほどー、いろんな仕事があるものだなあ。三頭はそれぞれの生まれた農場にいる間に、ワクチンの接種を受けているが、オーエスキー病ワクチンは、後一回は接種した方がいい、と言われていた。

豚用品は、飼料もそうだが、このような薬も小売されているわけではない。それにワクチンひと瓶は、薬によるが、一〇頭二〇頭単位の豚に接種できる容量。肥育期に入るまでの飼料は昭和畜産さんからわけていただき、ワクチンについては松ヶ谷さんが、自分の豚に接種する時の余りを内澤さんの三頭に回してあげて、と早川さんに頼んでくださったのだ。ありがたや。

早川さん（はじめのうちは早川先生と呼んでいたが、すぐに友達になったために、早川さんになった）は若くてきれいな女性だ。養豚の取材をしていて、女性と話をすること自体が非常に珍しいので、それだけでうれしかった。うちの豚を、診ていただけませんでしょうかと、ドキドキしながらお願いすると、あっさりと快諾してくださった。

「たしかに両前脚膨れてますねえ。触りますよ。はい、ちょっと触らせてね。……痛がってはいない。浮いてるようでもあるけど、関節にくっついてるようにも思えるし……まだ何とも言えませんが、もう少し様子を見てもいいと思いますよ」

ちょっとほっとした。やっぱりこのまま飼おう。もう情も移ってるし。実際その後大きくなるうちに、夢の両前脚のふくらみは綺麗に消えた。ほんとうによかった。飼い始めて半月も経たないけれど、もう子どもの発育を心配する母親になった気分だった。

日々是養豚

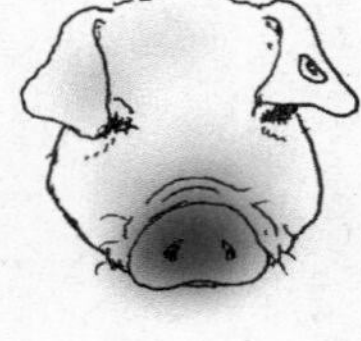

同じ豚なのになんでこんなに違うんだ？

それにしても豚たちはよく寝る。一日のリズムのようなものも特になく、気がつくと起きてごつごつと餌箱に鼻をぶつけるようにして餌を食べ、水を飲み、またごろりと横になる。まさに喰っちゃ寝なのだ。

彼らはときどきハッと気がついたように、ざっかざっかと走り回る。いちばんよく走るのは伸だ。夕方、ホースで水をかけてやると、バウッと啼いて大喜びして小さな運動場を駆け回る。

そのうちに夢がつられて出てきてランニングに参加し、勢い余ってなぜか伸にまたがる。マウンティングである。伸は夢よりもずっと身体が大きいにもかかわらず、哀しそうに従

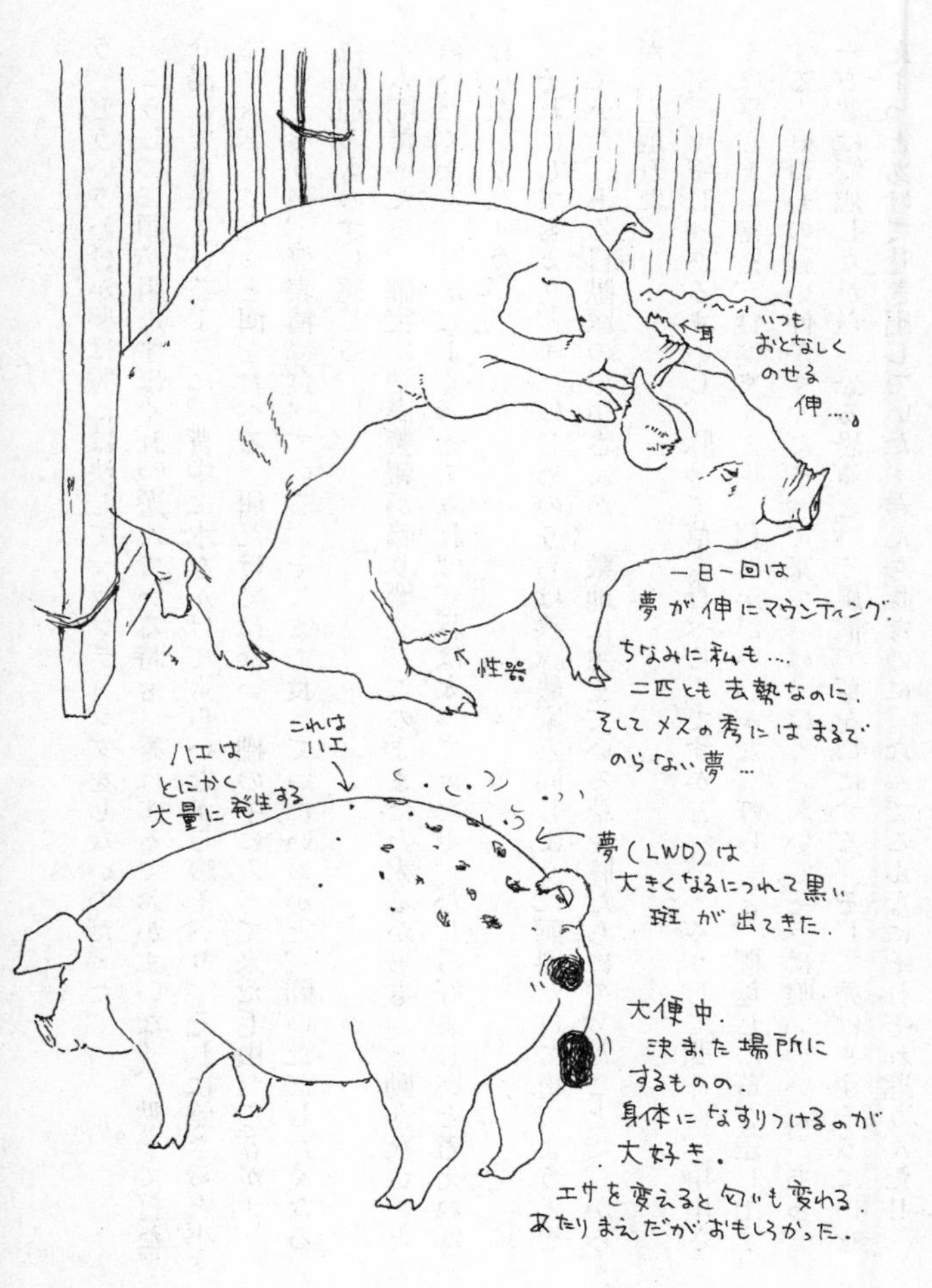

いつも
おとなしく
のせる
伸…。
←耳
一日一回は
夢が伸にマウンティング。
ちなみに私も…
二匹とも去勢なのに。
そしてメスの秀にはまるで
のらない夢…
↖性器
ハエは
とにかく
大量に発生する
これは
ハエ
夢(LWD)は
大きくなるにつれて黒い
斑が出てきた。
大便中。
決また場所に
するものの。
身体になすりつけるのが
大好き。
エサを変えると匂いも変わる。
あたりまえだがおもしろかった。

う。どういうわけか夢は秀には決してマウンティングをしないのだった。

こうして二頭が組んずほぐれつ遊んでいる時も、秀はまるでおかまいなく、黙って打たせ湯にでも来ているように、背中に水をかけてもらいながら寝そべり、それに飽きると小屋にもどって黙々と餌を食べる。餌だけではない。柵の中に入って来た毛虫だろうがナメクジだろうが、無表情に食べている。そこまで食べていたいのかと、問いただしたくなる。鬼気迫るものすら感じる。

人間だったら、確実に肥満警報が鳴り響く。このままだと太るからもっと動きなさいと言いたくなる。しかしよく考えてみれば、豚は太ってナンボ。むしろ好ましいと考えねばならないのだった。

それにしてもカワイイ。はじめのうちは養豚農家と同じように飼料だけで育てようと思っていた。ある日獣医の早川さんが、敷地に生えている草を豚たちにやったことで、ががらと崩れた。

え、ヤギじゃあるまいし、豚って草も食べるんですか⁇ びっくりして聞くと、早川さんは平然と「ええ、食べますよー。葛とかがいいかな。ほら」と、柵越しに草を差し出す。するとと好奇心の強い伸がすぐにやって来て、ぱくぱくとおいしそうに喰いついた。あら。

一方夢は警戒しながら、恐る恐るという風情で草を口にする。そして秀はまずそうに口をえーっとあけて吐き出していた。君たち豚なのに、なんでこんなにそれぞれ違うんだ‼

餌の手やりはおもしろい！

しかし手で餌をやるのは断然おもしろい。三頭の個性の違いがよく把握できる。そもそも豚は、畑で出るくず野菜と家庭から出る残飯で育てるものだったのだ。

できあがりの味を左右するほど食べさせられるわけじゃないのだから、どんどんやっちゃおう。ホームセンターに隣接する食料品売り場で一袋一九円のもやしや痛みかけたバナナ、お客が剝き捨てていったキャベツなどを仕入れては、一日一回やってみた。もちろん残飯も出ればやる。松ヶ谷さんに、刺激のある生姜やネギ、生の大根などはやらない方がいいと教えてもらった。

伸はどんなものでも嫌がらずに、ぱくぱくと食べる。軒先に植えたイタリアンパセリなど、少し匂いのキツイ野菜も、うれしそうに食べる。もともと中ヨーク種は、残飯を食べさせて飼っていたからなんじゃないかと、みなさんに言われた。個体差なのか種の違いなのかはわからない。

秀は対照的に、飼料をとにかく好んだ。給餌器にへばりついていて、いつも額から頭頂にかけて飼料をのっけていた。デュロックは飼料を効率よく食べるように作られているんじゃないかとすら思った。

いろいろ試してみたところ、三頭そろっての大好物は、トウモロコシだった。さすが飼料の主原料の一つだけある。ちょうどこの年は、千葉県食肉公社の有志のみなさんで、畑を借りてトウモロコシを作っていた。公社の浄化槽から出る汚泥を肥料にしたという。売っているものより小ぶりだが、生で齧っても甘くてとてもおいしい。

私に対して食べてくださいと段ボール一箱も、持って来てくださったのだ。ところが試しに豚たちにやったら、三頭とも異常なほど喜びまくって食べる。あんまりにもその姿がかわいいので、毎日三頭に食べさせることにした。

そうなるともう、私がつなぎを着て運動場の掃除をしに出てくるだけで、夢などは、しゅぱっと小屋からとび出してくる。

糞を掻き取りチリトリに受けて、敷地の脇の溝まで運び、投げ捨て、土をかける。戻って来て、コンクリの床に水をかけて溝に入った糞などを流しつつ、割り込んでくる三頭たちに水をかけて、飲ませる。柵外の汚水受けにたまった糞尿混じりの汚水を、スキージで誘導し、大穴に溜める。

夏になって水をかけてやる時間が長くなると、穴に溜まる汚水もすぐに一杯になるため、ひしゃくで汚水を合併浄化槽へ汲み出す作業も日課となる。はじめの頃は糞の量も少なくてそこまで床も汚れなかったし、暑くもなかったので、毎日浄化槽に汲み出さなくても大丈夫だった。

夢と伸は、完全にこの作業の流れを把握して、私がスキージを持って汚水の誘導をはじ

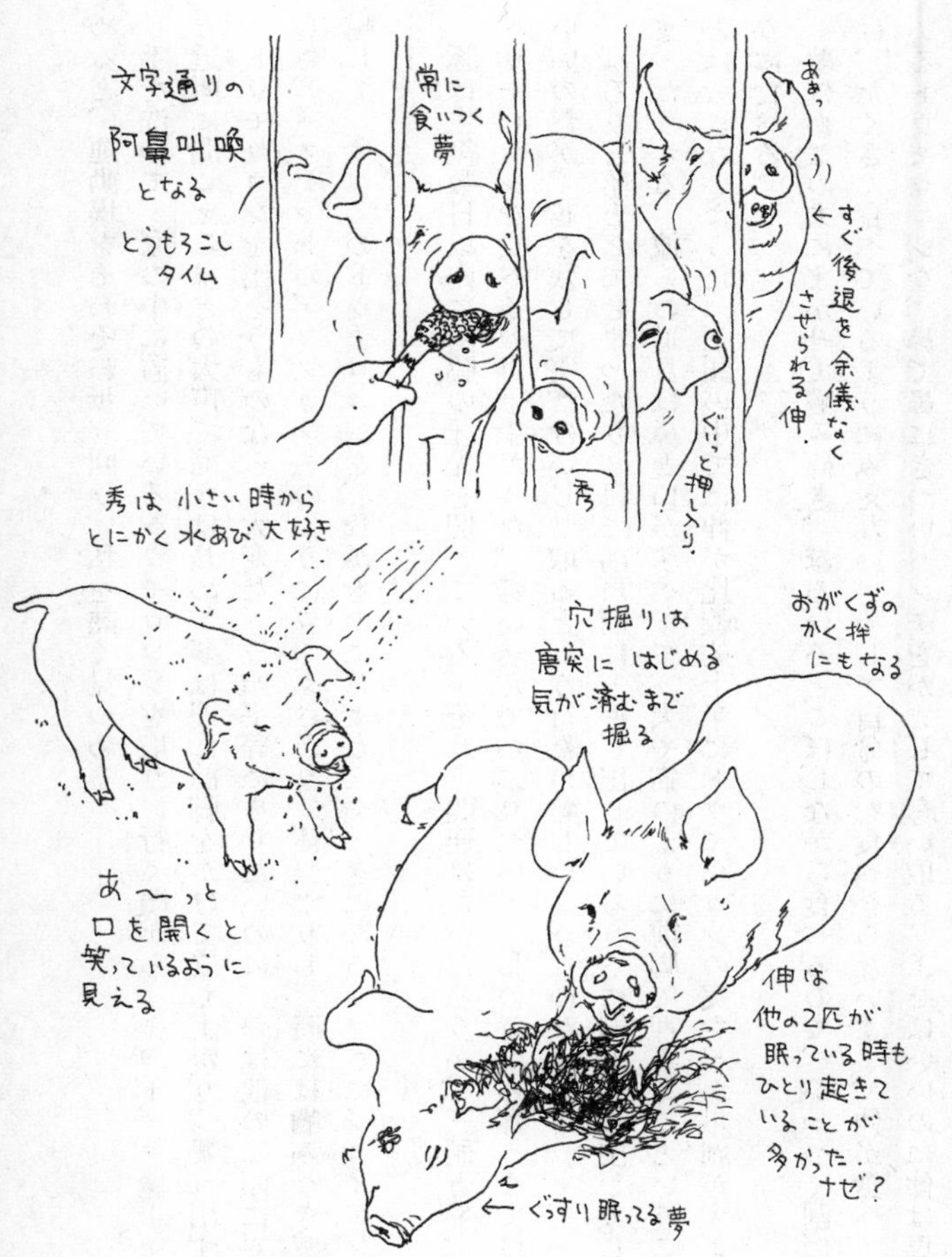
文字通りの
阿鼻叫喚
となる
とうもろこし
タイム
常に
食いつく
夢
あぁっ
←すぐ後退を余儀なくさせられる伸.
ぐいっと押し入り.
秀
秀は 小さい時から
とにかく水あび大好き
あ〜っと
口を開くと
笑っているように
見える
穴掘りは
唐突に はじめる
気が済むまで
掘る
おがくずの
かく拌
にもなる
伸は
他の2匹が
眠っている時も
ひとり起きて
いることが
多かった.
ナゼ?
← ぐっすり眠ってる夢

めると、運動場をそわそわ歩き回り、私を熱く見つめる。

手を洗って、家の中に置いているトウモロコシを取りに行く頃から、キョーッキョーッと近所に聞こえるほどの大声で啼きはじめ、夢は柵に前脚をかけて立ち上がり、暴れ出す。トウモロコシを出そうものなら、大変だ。三頭平等にやりたいのに、夢は他の二頭に対して、バスケットのディフェンスのように立ちふさがり、体当たりし、時には噛みつき威嚇して、すべてのトウモロコシを、我がものにしようとやっきになる。まさにジャイアン……。

豚は生後数日以内に両脇の牙先を切っている。それと関連はないだろうが、三頭とも、トウモロコシを食べるのが下手だった。勢い込んでかぶりついて、私の手から奪うまではいいのだが、芯を残して実だけかじり取るという行為が難しいようなのだ。

ぽろりと落としてしまったり、鼻で前に前にと押し出しているうちに柵の外に出してしまったりする。彼らの道具は鼻と口がすべてで、犬や猫のように前脚で押さえるということはできないようだ。三頭の中では伸が比較的上手にトウモロコシの実を芯から剝がすように食べる。

夢はあごの力にまかせて噛み砕き、ぼろぼろとこぼしながら食べるので、がっつく割には、たくさん食べているようにみえない。そして自分のを食べきらないまま、伸が食べているトウモロコシを、鼻で鼻にきついパンチをかまして奪い取る。よせばいいのに伸は馬鹿正直に反応して、弱いくせにキイキイと啼き叫びながら夢に立ち向かう。トウモロコシは、途中からどこかに飛び去ってしまう。それを拾いながら差し出すと、また二頭がお互いにタックルをかましながら寄ってきて、奪還しようとする。興奮してくると、夢は仲の股座に鼻面を差し込み、仲の腰をひっくり返すという荒技も披露する。二頭が不毛な大喧嘩をしている隙をついて、秀はすっと頭を私につき出し、はぐり、とトウモロコシを咥えた途端に、すすすすすっと後ずさりして小屋の中へと入ってしまう。その間、夢からマークされることもない。

そうして前に前にと転がるトウモロコシを、壁に押し付けるという技を発揮して、ひとりひっそり、ゆっくりと、トウモロコシを齧るのだった。よく食べるだけでなく、喧嘩をほとんどしないのだから、エネルギー消費も三頭中でいちばん低い。人間にもこういう省エネタイプ、いるよなあ。

私の言葉に反応したり感情を表に出すことはあまりなくて鈍重な感じがするのだけれど、この豚はなかなか堅実なのではないか。仲はといえば、夢に絡まれ、無駄に抵抗してエネルギーをすり減らしてばかりいる。他の二頭にくらべて二回りも大きいのに、なかなかそれ以上大きくならない。

三頭が来た当初、いちばんのボスは秀かと思っていた。ボスは給餌器のいちばん近くに寝ると教わっていた。たしかに秀はいつも給餌器の真ん前に陣取っていたのだ。

一つの房内に二〇頭近く飼う場合、給餌器の周りにボス集団が陣取り、いちばん弱い豚は給餌器に近づくことができずに痩せこけてしまうこともあるという。うちにつけた給餌器は幅が七〇センチほどで、一度に二頭しか頭を入れることができない。つまり一頭があぶれてしまう。三頭しかいないんだから、給餌器にまるで近づけない、ということにはならない。外で夢か秀が昼寝している隙に、食べれば良いのだ。大した障害にはならないだろうと思っていた。

ところが伸ともう一頭が、給餌器に頭を入れて飼料を食べていると、もう一頭、つまり夢か秀が近づいて来て、伸の脇腹を鼻でどついて「どけ」と命じるのだ。はじめの頃抵抗していた伸もだんだん慣れてきて、つつかれるとすっとおとなしく後ずさりして、どうぞと席を譲ってしまう。特に夢がひどい。さっき十分食べていたくせに、気まぐれのように伸を押しのける。

同じ目線で見つめ合って

何とかならないのか。このままでは夢の横暴が増すばかり。伸の発育が心配だ。窓や柵の外から見ているだけでは、気持が収まらなくなってきた。そこで蚊取り線香を取りかえるためなど小屋に入った時に、夢を叱ってみることにした。躾である。

伸を鼻でつついて給餌器に割り込もうとする夢に、足をつかって邪魔してみた。まるできかない。抱きついて引っ張ってみる。お、結構重くなってきたな。凄い力ではねとばされた。うぅむ。おが粉の床に座り込んで、もくもくと餌を食べる秀と夢の尻を眺める。すると、伸が私の方に寄って来た。

動物とのつき合いで、目の高さはとても大事だ。グルルルと威嚇する犬と仲良くしようと思ったら、まず、犬と同じ目の高さにしゃがむことにしている。正しいのかどうか知らないが、結構有効だ。それから非科学的かもしれないけれど、なるべく心を開くように、心がける。

自分のコンディションで、できる時とできない時があるけれど、うまくできると、犬は近づいて来てくれる。猫にはあまり効かないけれど、一応この方法は、動物の警戒心を解くことに有効だ。しかし、よく考えなくてもわかるように、これでは動物にあなたと私は対等であると、自ら宣言するようなものだ。

子供の頃飼っていた犬も、私の言うことをまるできかない暴れん坊になり、どちらが主人なのかわからない状態にしてしまった。仲良くすることと、飼うこと、管理することは違うのだ。ましてや相手はペットですらない家畜なのだった。

それは、甘すぎる誘惑だった。しゃがんで同じ目線で伸と見つめあった瞬間、伸の表情が変わったのだ。急に表情が豊かになって、好奇心いっぱいに目を輝かせてこちらに寄って来る。ああ、やっぱりこっちが立って見下ろしている状態は、あんまり好きじゃないんだなあ、君たちは。よしよしおいで。伸は匂いを嗅ぐように、私の隣までやって来た。頭を撫でてみる。伸は目を細めて受け口のあごを上げる。

餌を手でやる行為から、さらに一段、豚に近づいてしまった。どうしよう。でも、なんてかわいくて面白いのだろう。犬よりも表情が豊かなんじゃないだろうか。

どんどん豚との境界が曖昧に

伸はすぐに私に甘えるようになった。長靴を甘噛みするだけでなく、鼻を顔に押し付けてきたり、腿にすり寄って膝枕のように頭を預けて寝そべったりする。お腹を撫でてやると気持良さそうに笑う。いや、豚だから、笑っているようにみえるだけなのだが。伸の目つきは、三頭のうちでもいちばん人間に近い。ビデオを向けると伸にだけ、ピッと人の顔判別機能が動いてしまう。

そのうちに伸は、性器をさすらせるようにまでなった。さすがに自分で触ることを、思い付いたわけではない。ある晩そろそろと窓をあけて小屋を見たら、秀が伸の性器を鼻でふんふんふんふんっと、荒々しくいじっていたのだ。

目を疑った。いじめているのかと思ったが、伸は気持良さそうにお腹を出して、どう見ても「やってもらっている」という風情だった。秀は私の目線に気づくとぱっとやめてしまった。それでも伸はそのままもっとやってほしそうにお腹を出して寝そべっている。

ううむ。動物だって性器を刺激すると気持いいのだろう。それは一応わかるとして、伸は去勢なのである。去勢なのだから男性ホルモンのようなものは出ていても、相当抑制されているだろうに、それでもやっぱり気持いいものなのかなあ。それともあれは秀のマウンティング行為なのだろうか。

いろいろ考えたが、わからない。わからないなりに、自分で試してみたいという気持が、むくむくと持ち上がって来た。豚を擬人化しているつもりは、ない。豚として触ってみたい。しかしそれは、人と動物の境界をある意味踏み越える行為になりはしないか。

生憎この家には豚と私しかいないので、止める人もいない。人にも会わずに、原稿を書きながら、豚ばかり見て暮らしているのだから、どんどん境界が曖昧になっていく。話がかなり飛躍することを承知で書くならば、欧米の田舎の男性は、羊を相手に性行為をすることが結構普通にあったと聞いたことがある。なんとなくわかる気がするのである。ちなみに現在では州や国によっては、獣姦は法律で禁止されているし、罰則もある。動物虐待行為である。

伸が嫌がるならば、やめればいいだけのことである。伸は、私が小屋に入って腰を下ろした瞬間に、横に来て寝そべるようになっていた。お腹をさするついでに下腹の方まで手を伸ばしてみた。

下腹といっても、豚の性器は真ん中に近いところにあり、でべそみたいにみえる。ここからずっと下腹にかけて陰茎が収納されている。伸はちょっと身を縮めたけれど、すぐに撫でさせるようになった。ただし毎回ではない。気が向かない時もたまにある。そういう時はすっと立ち上がってしまう。結構神経質なのだ。その部分を撫でるから、特別気持ちいいのかどうかは、よくわからなかった。

獣医の早川さんに話してみたら、私もぜひやってみたいと言うので、一緒に小屋に入ってしゃがみ、伸が寝そべるのを待って挑戦してもらった。伸は、はっきり拒絶して立ち去った。早川さんは、うちにやってくる人の中でも、かなり三頭がなついている人物であった。やはり私は奴らにとって特別な存在なのだろうか。ちょっと誇らしい気分になった。

豚には豚の基準がある

残念ながら、上には上がいた。八月に遊びに来たヨガインストラクターの友人カウちゃんは、ちょっと変わり者にみられがちな男性だ。感覚が鋭く、身体を導く天才だと私は思っている。

彼は、運動場に入って三頭と遊んでいるうちに、自分も裸になって糞に触れるのも厭わず豚と一緒に水浴びし始めた。ものすごく楽しそうに豚と一緒に遊んでいた。彼には伸だけでなく、夢すらも寝そべって性器を撫でさせた。悔しいけど、負けた……。

豚は自分の糞を鼻でいじる。床にした糞を鼻でピーナッツバターのようにきれいに伸ばして、そのうえに寝そべったりする。きれい好きと言われ、糞尿する場所を決めていて、水浴びの時を選ぶように放尿するのだけれど、身体を糞まみれにするのも大好きなのだった。

豚には豚のきれい／汚いの基準があるのだろう。ただ、糞を伸ばした鼻を顔に近づけられれば、私は避けてしまうし、糞にまみれている時はさすがに抱きついて遊んだりはしない。遊ぶ時もゴム手袋をしている。どうも豚たちは敏感にこちらがそういう「汚い」と思っているのを察知しているのではないかと思わされた。

伸と同じように、夢や秀とも仲良くできたのかというと、まったく違った。秀はまるで私に近づいてくれなくて、顔を撫でることすらできない。運動場でぐうぐうと寝ている時間が長いために、写真に収まっている枚数は人一倍多いのだが、ほとんど触ったこともなく、たまに長靴を齧るだけという具合だった。なつくようになったのは屠畜場に持っていくほんの三週間くらいまえからのことだ。

夢はというと、しゃがんで目線をあわせているうちに、私を下の者として、見下すようになった。大失敗である。伸ならば、つなぎや長靴を甘く加減して噛んでくれる。夢は本気で噛む。噛むだけでなく、引っ張る。長靴からズボンの裾をぐいと引っ張り出して人を転ばそうとしたり、つなぎのファスナーを器用に咥えて、引き下ろす。

私の背後に回って、日焼けを避ける帽子の首元のひらひらを、しゃぶっているなあと思った瞬間に、どーんと後ろに引き倒された。犬のように首を振るので、帽子の紐が首に食い込んだ。なんて兇暴な豚なんだろうか。

またある日は、しゃがんで糞を掻き取っている時に、どしっと背中に乗りかかってきた。マウンティング。完全敗北の瞬間である。その時はまだ支えきれない重さではなかった。けれども、重い。背中に蹄が食い込み、うなじに豚のふんふんという鼻息を感じた時には、気が遠くなった。

さすがに危険だ。このまま一〇〇キロを超える体重になっても同じように遊んでいたら、下手すると圧死する。困ったなあ。

脱走

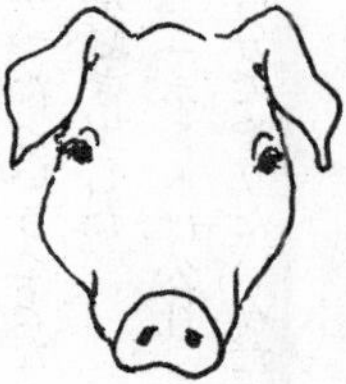

ペットと家畜の境界

「なんで豚に名前をつけたんだよ……」

旭畜産の加瀬さんからちょっと飲みましょうかと言われ、近所の飲み屋でお酒を飲んでいるうちに、だんだん加瀬さんの様子がおかしくなってきた。

豚を飼うならぜひ旭市でと言って、借家の保証人にもなってくださった加瀬さんだ。しかしどうも名前をつけたことに対して、良く思っていないようだ。ペットじゃないんだから、という理由だ。いずれ屠畜場に出荷して、肉にしてしまうものに、余計な愛着を移すのはかわいそうだ、ということらしい。

そんなことは言われなくてもとっくの昔にわかっている。名前は一つのラインだ。食べ物として見るか、ペットとして見るかの境界線。とはいっても、今の農家だって種豚には名前をつけている人は多い。それらの豚は肉として育成して出荷するわけではないが、生殖能力が落ちてしまえば、いずれは屠畜場に連れて行かねばならないのに、だ。

種豚は個室住まいだし、身体も大きいし、大人なので見た目の区別も非常につきやすい。繁殖という仕事を介しての農家と豚とのコミュニケーションも、肉用豚とは比べ物にならないくらい頻繁だろうから、自然に名前もつくだろう。

そうなのだ。今多くの人が厳然と信じているペットと家畜の境界を、私はあえて曖昧にしてみたい。名を呼んで、その動物に固有のキャラクターを認めて、コミュニケーションしたうえで、殺して食べてみたかった。数十年前の欧米の小規模農家でも、今も経済発展が遅れ、辺境といわれる地域の農家でも、ごく普通になされていた（いる）はずのことではないか。

という説明を、事前にいろんな人にしたつもりだった。話をしている時は、たいした反応はなかったのだ。酔っ払ってて、あんまりちゃんと聞いてなかったということなのか。豚を飼い始めて名前を呼ぶようになった途端に、周りの人たちが騒ぎ出した。

加瀬さんは酔っ払って、私のことを「鬼だ鬼だ」と言い始め、「ホントは公社（屠畜をお願いする予定の千葉県食肉公社）に持って行くんじゃなくて、自分でやりたいんだろう」とからんできた。

たしかにそう思っていないわけではないが、まずいきなり練習もなく、ナイフすらロクに持ったことのない私が三頭をやって、内臓を傷つけずに取り出せるわけがないだろう。皮も剝けないに決まってる。それに何より自家屠畜は違法行為だ。原稿に書けなくなるし、そして衛生検査も受けていない肉を、誰かにふるまうこともできないではないか。三頭分でおよそ一五〇キロの肉を一人で食べるのも、保管するのも、大変なコストがかかる。どう考えたって、今の私の状態ではできっこない。

加瀬さんが二〇代の頃、一九八〇年代のはじめまでは、屠畜場の労働形態も、まだ昔ながらのやり方が辛うじて残っていた。卸業者が個別の農家を細かく回ってかき集めた豚を、屠畜場に持ち込み、彼らで豚を割って内臓を取り出すまでをやってしまう。割り屋などとも呼ばれていた。だから加瀬さんは皮剝きこそできないけれど、豚をつぶすことはできるのだった。

何がかわいそうで何がかわいそうでないか

ところで旭市近郊には猪が出没する。田畑を荒らすためだろう、罠を仕掛けて捕まえた後、飼っている農家がいるようなのだ。実際に見に行けなかったが、あまり珍しいことではないらしい。愛玩のために飼うわけではなく、養豚農家から飼料を分けてもらったりして肥育して、つまりおいしくしておいて、つぶして食べる。大人になってからつかまったものは馴れないけれど、ウリボウから飼うとかわいくなっちまって大変なんだよ、なんて豚小屋工事にきた大工さんが話してくれた。

さてこの猪、遺伝子学的にはほとんど豚なのだが、野生獣であって家畜ではない。だから自家屠畜は違法ではない。屠畜場に持っていく必要はないし、屠畜場でも（最近地方によっては猪や鹿専門の処理場を設ける動きが進んでいる）受け付けてくれない。加瀬さんは、たまに農家に頼まれて猪をつぶしてあげたりしているのだった。

そんな土地柄、人柄だというのに、名前に反発されるとは、まるで思いもしなかった。私よりも若い畜産農家の男性にも、いくら昔は小規模に飼っていたからって、つぶす時は隣の農家の豚と取り替えてつぶして食べていましたよ、とも言われた。

飲み屋の女性たちにも「ペットみたいにかわいくなっちゃったらかわいそうじゃなーい？　ちょっと残酷……」と何度も言われた。

一方でこの町は漁港もあり、イルカがよく獲れたので、昔は魚屋にごく普通にイルカの肉が出回っていた。今もたまに売っているという。彼女たちに「イルカ食べるの？」と聞くと、「ああ、大根と煮るのよ」という答えが平然と返って来る。アメリカ人やオーストラリア人が聞いたら飛び上がるだろうに。

周りの反応を聞けば聞くほど、結局は何がかわいそうで何がかわいそうでないか、何を食べて何を食べないかという基準のもとになるものが、わからなくなる。結構いい加減な、

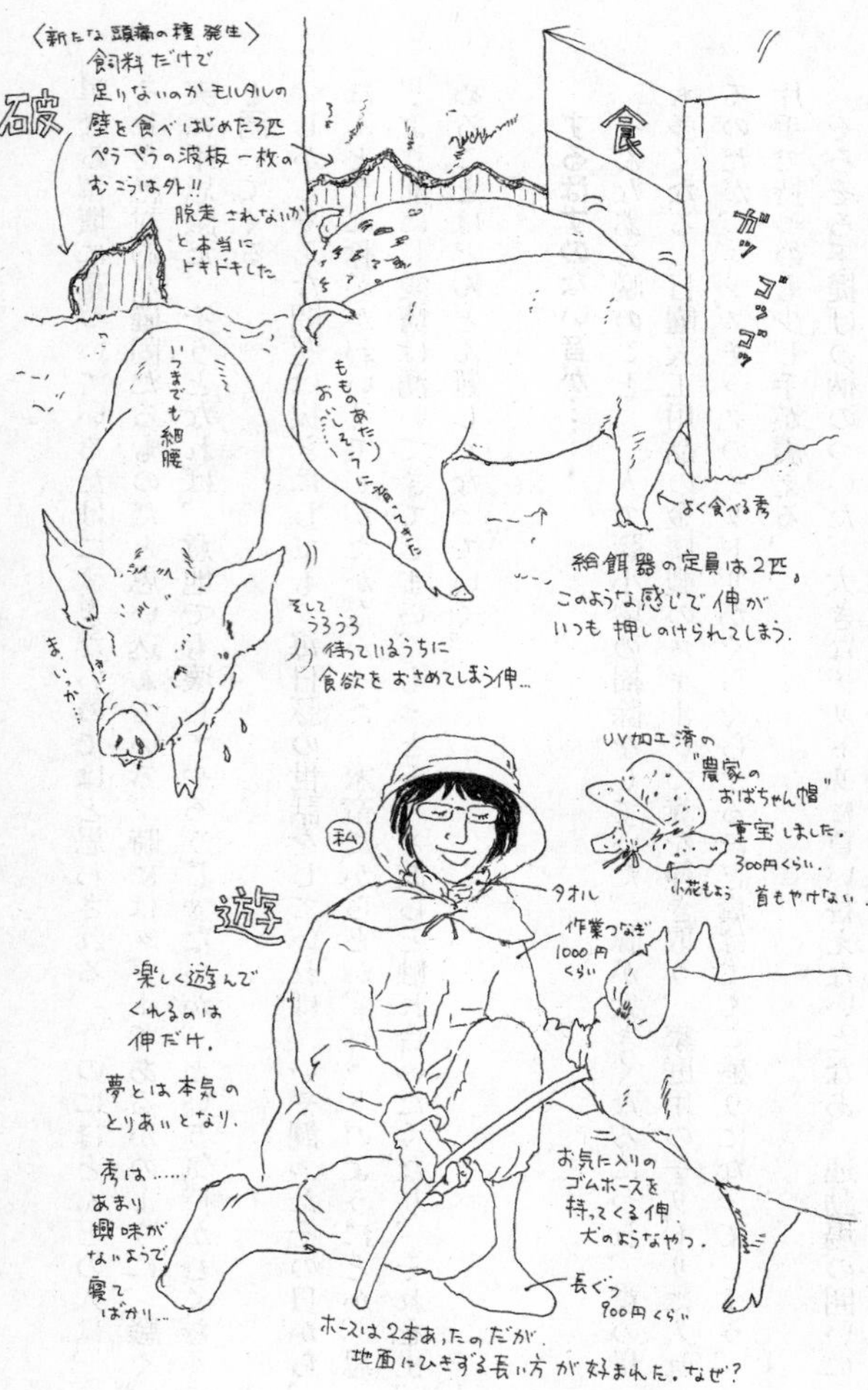
〈新たな頭痛の種発生〉
飼料だけで
足りないのかモルタルの
壁を食べはじめた3匹
ペラペラの波板一枚の
むこうは外!!
脱走されないかと本当に
ドキドキした
破
食
ガツ
ゴツゴツ
いつまでも細腰
もものあたりおいしそうに育ってきた
よく食べる秀
給餌器の定員は2匹。
このような感じで伸が
いつも押しのけられてしまう.
そしてうろうろ
待っているうちに
食欲をおさめてしまう伸…
まいっか…
UV加工済の
"農家のおばちゃん帽"
重宝しました.
300円くらい.
首もやけない.
小花もよう
私
タオル
作業つなぎ
1000円
くらい
遊
楽しく遊んで
くれるのは
伸だけ.
夢とは本気の
とりあいとなり.
秀は……
あまり
興味が
ないようで
寝て
ばかり…
お気に入りの
ゴムホースを
持ってくる伸.
犬のようなやつ.
長ぐつ
900円くらい
ホースは2本あったのだが.
地面にひきずる長い方が好まれた。なぜ?

単なる習慣に基づいているだけにすぎないのではと思わされる。なのにほとんどの人は、それを絶対的な確固たるものだと思い込んでいる。時にはタブーであるかのように、騒ぐ。実に不思議だ。そうとなれば、意地でも壊してやろうじゃないか、という気持がむくむくと湧いてくる。

しかしそんな問題は抜きにしても、毎日豚の世話をしていれば、いや飼ったその日から、ほんとうに豚がかわいくてしかたがなかった。家畜だからとか、ペットのようにとか、思うより前に、愛情は湧いてきてしまい、もっともっと彼らと触れ合いたくなり、それを止めることはどんどん難しくなっていく。

するはずのない音が……

そんなある晩のこと。一人で豚小屋の掃除をしていた。豚が大きくなるにつれ、糞の量も多くなる。日曜大工用品の金属製のスキージで糞を掻き取り、家庭用のチリトリに入れるのだが、プラスチックのチリトリがぐらぐらするほど糞はてんこ盛りになってしまう。片手で持つのも少し手が震える。

そろそろ手提げの柄のついた、大きなチリトリに買い替えないとなあ。運動場の囲いについた扉を開けてくぐり出て、後ろ手で締めた。扉は外開きで、南京錠をかけるための金具が、扉と外枠とにネジ止めしてある。糞がてんこ盛りのチリトリを地面に置くのが面倒だった。錠前をかけずに金具だけをぱたりと閉じて、輪を縦に回した。

　こうすればふらりとドアが開くことはない。家の脇に回って、溝に糞をどさりと落とす。溝は家の脇に幅四〇センチ深さ四〇センチくらいのものをずっと裏まで掘ってあった。全長五メートルあまり。遊びに来てくれた人たちに手伝っていただいた。この家の敷地の土は海が近いせいなのか、ほとんど砂で、とても掘りやすかった。

　掘った土は、溝の脇に盛り上げて積んである。糞を捨てては脇の土をかけて溝を埋めていく。溝は奥の終点までのちょうど半分くらいまで埋まっていた。ここまで延々と毎日糞を埋め続けてきたのかと思うと、感慨深い。真っ暗でよく見えないので、目を凝らして糞が見えないように、何度も土をかける。豚小屋には作業灯をつけ、道路の街灯も駐車玄関スペースを照らしていたが、溝からでは家の角に隠れ、光は届かない。

　カチャリ。キイイイ。

　するはずのない、嫌な音が、遠慮がちに響いた。

　扉の開閉時に鳴る金属音だ。

　まさか。空耳かな。いや。そのまさかだった。小屋が見えるところまで戻ると、ドアが開いていて、そろそろと伸が外に出ようとしていた。夢はもう完全に外に出て駐車場兼前庭スペースで匂いを嗅ぎ回っている。二頭とも喜び勇んで、というよりは、ぬき足、差し足で恐る恐る、全神経を鼻に集中させて、鼻先を前へとすすめている。

街灯に照らされたアスファルトの上を、白い豚の身体がそろそろと動く。どちらかというと、伸の方が外をのどかに楽しんでいるように見える。ほんとうに陽気なやつだ。夢はもっと外の世界にたいして疑心暗鬼な表情で、匂いを嗅ぎ回る。警戒心がとにかく強いのだ。

後ろ手に回したのがいけなかった。金具がはまっていなかったのだろう。

焦りを見せてはいけない

落ち着け、自分。落ち着け。落ち着け。これ以上被害を大きくしてはいけない。つまりは、寝ていると思われる秀にこの現状を悟られてはいけない。とにかく三頭に焦りを見せてはいけない。

ゆっくりとした歩みで小屋に行き、ドアのすぐそばにいた伸を撫でながら、ぐっと首に手を回して片手でドアを開く。き、き、きっ、と伸が嫌がる。ああ、秀が起きてきた。こういう時ドアが外開きなのはほんとうに困る。しかしここでひるんではいけない。ほとんど蹴るようにして、伸を柵の中に押し込む。ドアを閉めて金具をぐっと回す。

夢は遠くからその様子をじっと見ている。辛うじて敷地内に立っているが、あと一メートルほどで公道だ。公道に出ることは何としても避けたい。夜中は車が少ないけれど、すごいスピードを出して通り過ぎるのだ。ひかれたら警察沙汰……。

「ゆーめーちゃんっ」と猫なで声で呼んでみた。夢はてくてくと私から遠ざかり、公道まで後一歩のところで横に進み、脇の草むらへと足を入れる。豚は非常に縄張りに敏感な生き物だそうだ。夢ははじめての外出なのに、うちの敷地がどこまでなのかがわかっているように、公道に出ずに横ばいに進む。

そのまま隣の畑に突き進むでもなく、境界に沿うように曲がり、家の玄関の方に戻って来た。よーしよし。そのまま玄関の匂いを嗅ぎ、豚小屋に近づいて来た。

秀と伸はといえば、柵の中から夢を見て興奮している。こんな状態でドアを開けたら二頭が飛び出るに決まってる。頭が痛い。玄関に立つ夢の背を撫でて、一緒に歩きながら、ドアの前まできた。ドアを素通りしようとする夢。

ここで入れるしかあるまい。むずっと夢の尻尾を掴んでみた。尻尾を掴んで捕まえるんだと、誰かから聞いたような気がしたからだ。キョーーーッと叫んで痛がる夢。だ、だめだこれは。何だか痛そうでこっちの力が入らない。しかし今放したら興奮して走ってしまう。

それっと背中からかぶさって肩から前脚を抱いた。逆マウンティングともいえる姿勢だ。夢がさらに暴れて大声を上げてもがく。身体が一瞬浮いた。豚に引きずられたのだ。向かいの家の電気が付く。やばい。

渾身の力を込めて、夢を引っ張った。

どうやって夢を動かしたのか、よく覚えていない。頭が真っ白になったまま、何か怒鳴りながら片手で扉を開けて、もう片方の手と足で騒ぐ二頭に夢を押し付けるようにして叩き込み、扉を閉め、鍵をかけて地面にへたり込んだ。身体がぶるぶる震えていて、全身の筋肉がひきつっていて動けない。息も思うようにできない。火事場の馬鹿力というやつを出したらしい。

一〇分くらいはそうしていただろうか。やっと少し身体が動くようになって、運動場の中を見た。二頭は小屋に入ってしまったのに、夢だけが運動場にいる。それも腰が抜けたように後ろ脚を折り曲げ、前脚で立って、頭を下げ、目を伏せてぶるぶると震えている。これまで一緒におが粉の上で転がって遊んでいて、マウントすらしていた人間にやられてしまったのだ。ショックなのだろうか。私だってショックだ。

扉を開けて夢に近づいてみたが、びくびくとしている。撫でようとしても避けられる。しかたがない。扉を閉めて、何度も見直して鍵をかけた。このネジだけでは、本気で体当たりすればいずれ扉を突破されてしまうかもしれない。

重い身体を引きずって、家に入り、シャワーを浴びた。膝も肘も、身体中、痣だらけだった。とにかく大事に至らなくて良かったけれど、もう限界だ。夢があと五キロ太っていたら、阻止できただろうか。

翌日からしばらく夢は私に寄ってこなくなった。撫でようとしても避けられる。マウンティングもしない。それはそれで寂しかったが、しかたがない。どんなに対等に付き合おうとしても、結局は私がこの豚たちを管理しなければならない。公道に迷い出せば、近隣住民に多大なる迷惑をかけてしまう。それが動物を飼うということだ。

腕より重い鎖を買って

それはさておき、この扉をどうにかしなくてはならない。だいたい豚小屋は内開きにするものなんだよ、といろんな人たちから言われる。くっそー、あの土建屋めぇっ。いくつも養豚場を請け負ったと言っておきながら、このざまは何じゃあ。と怒ったところでしかたがない。

とりあえずホームセンターに走って、重い鎖を一メートルずつ、二本買う。ここではほんとうにいろんなものを買ったが、まさか鎖まで買うとは。しかもセルフサービスなので、自分で売り場に置いてある専用のカッターを使って切るのだ。

鎖なんて切ったことないよう。自分の腕よりも重い鎖と大きな錠前を提げて帰り、扉と枠に三重に巻き付け、錠前をつける。上と脇と二ヵ所。しかしこれを毎日の出入りのたびにやるのは非常に手間だ。

困っていたら、加瀬さんが千葉県食肉公社の長谷川光夫さんに相談しろと言う。え、何で長谷川さんなんだろう。まあいいや、ともかく携帯に電話してみた。

「わかりました。何とかしましょう。とりあえずこれからそっちに行きますよ」と言う。長谷川さんの所属はなんと施設管理なのだった。彼はうちにやって来て、柵をじろじろ見て、何やらちょこちょこ測り、「まかせて」と言って帰って行った。

溶接免許なんかなくたって

二日後。長谷川さんは、部下の若い男の子を連れてトラックでやって来た。溶接の道具と発電機が積んである。ええ？

「あのね、ドアを閉めたらかちゃんと落ちるような、鍵にしたわ。それと、それだけだと万が一のことがあるから、上からこういう鉄の棒をさして止めるようにしようと思うんだ」

そう言いながら、彼は「そのへんにあった廃材」で作って来たという手製の鍵と棒を見せてくれた。そのへんって、あの公社の、どこにこんなすてきな廃材があるんだろう。いつもお邪魔する時は、豚と牛と作業員しか目に入ってないからなあ……。それにしてもすごい。これ全部長谷川さんが作ったの⁇　何だか信じられないんだけど。こういうのって、普通工務店に発注するものじゃないの⁇

「いやー、うちの公社、もういいかげん古くてさー、係留所の柵とかあちこち壊れんのよ。でも予算がないから自分らで直してんの」そう言ってぱちぱちと溶接機に電気を入れる。

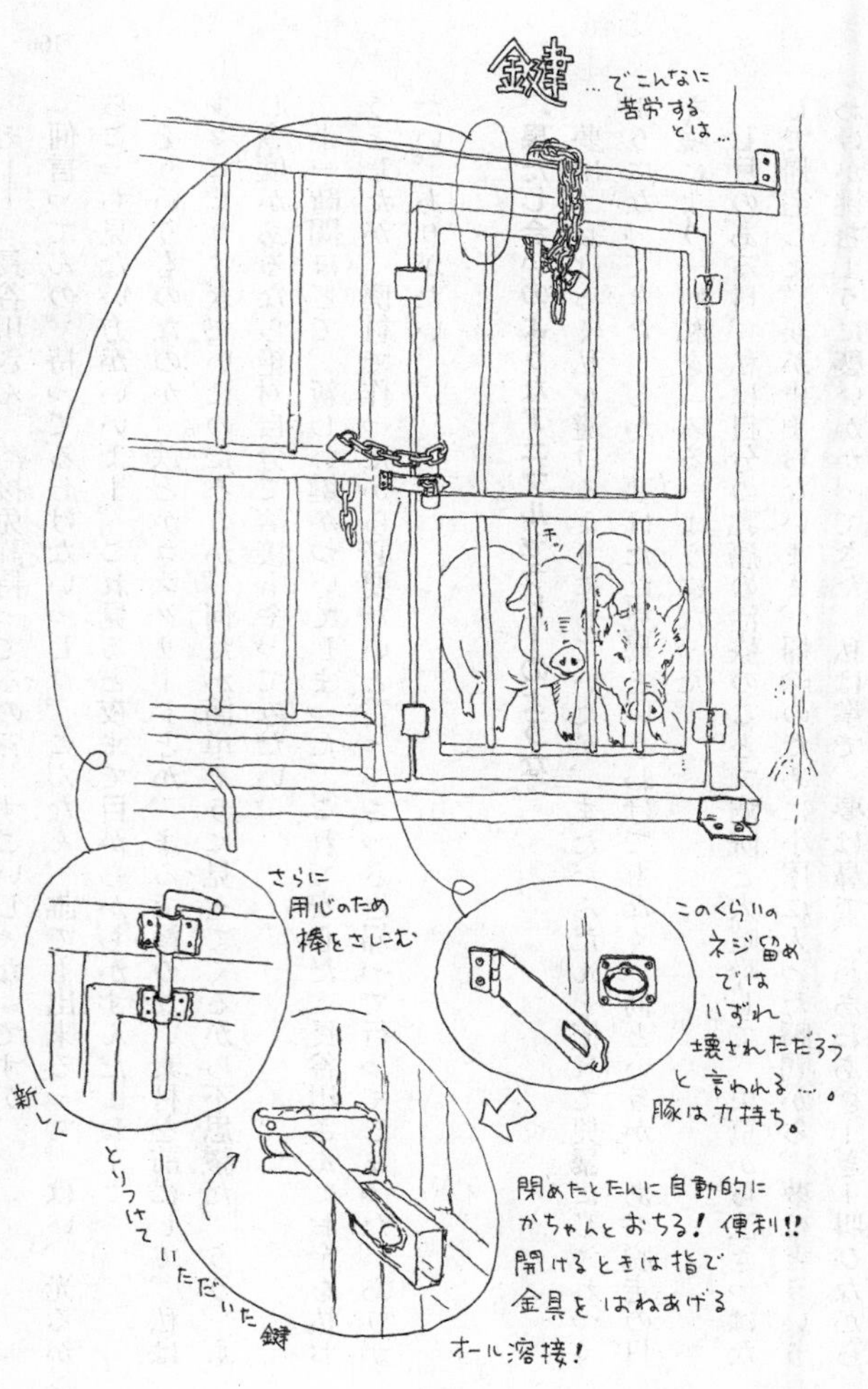

鍵…でこんなに
苦労するとは…
チッ
さらに
用心のため
棒をさしこむ
新しく
とりつけて
いただいた鍵
このくらいの
ネジ留め
では
いずれ
壊されただろう
と言われる…。
豚は力持ち。
閉めたとたんに自動的に
かちゃんとおちる！ 便利!!
開けるときは指で
金具をはねあげる
オール溶接！

えーっ長谷川さん、溶接免許持ってるの⁈　すごいじゃないですか。「何言ってんの。持ってるわけないっしょ。こんなん、誰でも出来るって。はい、光るからこっち見ない方がいいよー。これ見ると夜まで目がちかちかすんだよねー」

そういうものなのか。鉄とかコンクリートとか、まるで縁のない素材を前にして、私は少々ビビりすぎていたのだろうか。何だか簡単そうに見えてくるから不思議だ。うう、もし今度があるなら絶対自分で溶接もやってみたい。

小一時間ほどで、新しい鍵がついてしまった。これで安心だ。長谷川さんにお金を払おうとしたが、廃材で作ったから必要ないと言ってさっさと帰って行ってしまった。ありがたい。ありがたい。

果たし合いのようなアニマルセラピーのような

夢は、しばらく私を避けるようにしていたが、またたんだんと慣れて兇暴にじゃれつくようになってきた。しかし夢はただ兇暴というわけでもなく、何というか、あの脱走の日を境により一層私を「みる」ようになった。

七月のある日、私は自分の乳癌の治療のことで病院と大喧嘩して、東京から泣きっぱなしで帰宅した。涙が止まらないまま、掃除のために小屋に入った瞬間から、夢はどういうわけか挑むように襲いかかってきた。私は拳で、夢は鼻で、わあわあぎーぎー叫びながら、わけもなく殴り合った。痣ができるまで噛まれたが、何だかとてもすっきりした。

思い込みかもしれないけれど、あの時は夢に助けてもらったように思える。あれもアニマルセラピーと呼ぶのだろうか。

夢とはその後もずっと最期まで、ペットでも家畜でもない、果たし合いのようなつきあいが続いていく。

餌の話

循環型農場と豚

夢と伸の脱走事件の前後から、三頭は、もはや子豚と呼べないほど、巨大化していった。さすが、生後半年で出荷できる家畜……。最初のうち広々と見えたおが粉を敷いた小屋も、だんだん手狭になってきた。

そのためなのか何なのか、三頭は、バリバリと厚み一センチほどの、モルタルの壁を食べはじめた。ただの平らな板なのに、鼻で擦って穴を空けたのだろうか。小さな穴を鼻がかりにして、毎日元気よく煎餅でもつまむように破壊しては食べている。

破れたモルタル壁の向こうには、ペラペラのブリキの波板がみえる。その向こうは外。家の中に捨ててあった冷蔵庫を、倒して置いてあるから、すぐにつき破られることは、ないはず。しかし危険だ。

どうしようと頭を悩ませていたら、「そこ、コンパネ貼ってあげましょうか」というメールが来た。先日遊びにやって来た、養豚農家の並木俊幸さんだ。彼は通常の繁殖から屠畜場へ肉豚を出荷するまでを行う農家と、ちょっと違っていた。

預託といって、母豚だけを子豚から妊娠可能な時期まで育成して、大手の繁殖農家に出荷しているのだ。繁殖は、人工授精に種付けに出産と施設も手間も、そして豊富な経験も必要となるが、母豚の育成だけならば、生後三ヵ月ほどの子豚を、五ヵ月ほど飼育すれば良いので、比較的楽にできる。実は並木さんは養豚業に新規参入、つまり一から起業していた。

これまで出逢った大規模農家は、全員、親の仕事を継いでいる人だった。そもそも養豚だけでなく、農業を一代ではじめるのは、非常に困難だ。自給自足や兼業の規模ではなく、生産物を現金化して暮らそうと思ったら、ある程度の規模が必要となる。

豚一頭当たりの値段が、三〇年前に比べて、安くなっているのに加えて、糞尿処理の条例も変わった。広大な土地に、自動給水餌や自動換気ができる豚舎、糞尿処理施設なども必要となる。初期投資費用は莫大だ。養豚農家の従業員になれば、ノウハウを学ぶことはできるが、お給料はどこも高くない。海外からの、農業研修生で賄わねばならない所も多い。とてもではないが起業費用を貯めることはできない。それにしてもなぜ豚を飼おうと思ったのだろう。

「まず循環型農場をやろうと思ったんですよ。養豚はその一環。もともとうちはじいちゃんの代から米作農家で、豚も飼ってたんだ。子供の時は、まず学校から帰ったら、豚小屋に敷く藁を切らされた。農家の子供はみんなそうだったよ。糞尿を吸った敷き藁はそのまま田んぼに撒いて肥料にしていた。循環型、なんて言わなくても自然にそうしていたんです。あの頃はのどかだったからねえ。毎日じいちゃんは一キロくらい離れた川べりまで豚たちを散歩させてた。俺も種豚の背に乗って一緒に行ってたんだ。今じゃ信じられないでしょ」

豚を散歩させるなんて、お伽噺みたいだ。並木さんは一九六一年生まれ。ご実家では、彼が中学生くらいの時に、豚を飼うのをやめたという。現在では米と野菜を作っている専業農家だ。並木さん自身はまったく違う仕事に就いて働いていたが、その後ある事業に出会い、循環型農場を作ろうと思い立つ。それは、蝿による豚糞処理である。

ウジ——究極のエコ飼料兼豚糞処理

そもそも並木さんと知り合ったのは、ちょっと変わった糞尿処理方法がある、と聞いて取材に行った先である。豚の大規模飼養によって出る糞尿処理で、現在一般的なのは、浄化槽施設を作ること。次点ではおが粉を床に敷いて飼養し、掻き出したおが粉を別の場所に運んで発酵させ、肥料にする。

　並木さんが関わっているズーコンポストというシステムは、糞尿を蝿に分解させ、肥料を作るというのだ。そりゃ豚舎に蝿はつきものだ。三頭飼ってるだけですさまじい蝿がどこからかやって来る。豚小屋と家は直結しているので、蚊も蝿も侵入し放題だ。家の中には常に一〇本以上蝿取り紙をたらしていたが、あっという間に真っ黒になる。

　蝿は糞に卵を生みつける。卵が孵化すればウジとなる。ウジは糞の中の栄養分を食べて育つのだ。これに目を付けたのがロシアの宇宙局。宇宙空間において、何とか人間の排出物を分解しつつ、宇宙食を作り出すことができないか、つまり自給自足できないかと。

　そう、ウジ虫は高タンパク食品なのだ。しかも汚い場所でもすくすく育つために、とてつもない抗菌力を体内に秘めているとのこと。蜂の幼虫も高タンパク食品だというし、たしかに理には適っている。ただし、自分の糞を食べて育ったものを、食べられるか、という心のハードルが、やたらに高い。

　ロシア宇宙局は、イエバエの品種改良を進め、卵からわずか七日間で糞を完全分解し、ウジ、つまり幼虫はさなぎ寸前にまで成長するという、ハイパーなイエバエを作り出した。しかも幼虫の唾液の酵素で分解された糞は、良質の有機肥料となる。究極のエコ食品とは、まさにこのこと。

　この蝿を利用して、豚糞処理をしようというのがズーコンポストである。おが粉を堆肥化するのに約三ヵ月かかるところが、七日間で糞尿は完全に堆肥となる。育ったウジは煮沸乾燥して家畜の飼料に混ぜて食べさせる。

鶏豚の栄養補助食品のような感じか。金魚などの餌にもなっているそうだ。本来は人間が食べるものとして開発されているため、人間が食べても大丈夫ではある。

施設を見学に行った時に乾燥シラスのようなウジを見せられて、すぐにつまんで口に入れた。驚かれたが、これが結構おいしいのだ。シラスを油で揚げたような味だ。そう、脂が非常に多い。大きなトレイに入れられた糞の中をわしゃわしゃ育つウジをみると、たしかにてかてか光っているのだった。

イエバエの飼育という手間

このシステムを聞かされてまず気になったのは、そのロシアから来た蝿である。在来種保護問題は、昨今非常に厳しい。海外からそんな蝿を持って来られたんだろうか。ところが驚いたことに、蝿は検疫フリー生物なので問題ないという。もちろん厚労省認可も受けている。加えてこのイエバエ、高温多湿の環境でないと生きていけない。万が一施設からブーンと出てもすぐに死んでしまうらしい。

そう、このシステムの肝は、糞尿をトレイに敷いて何段にも重ねた、飼育室にある。糞尿の上にイエバエの卵を撒けば、七日目にはサラサラの堆肥とウジができあがるとはいえ、

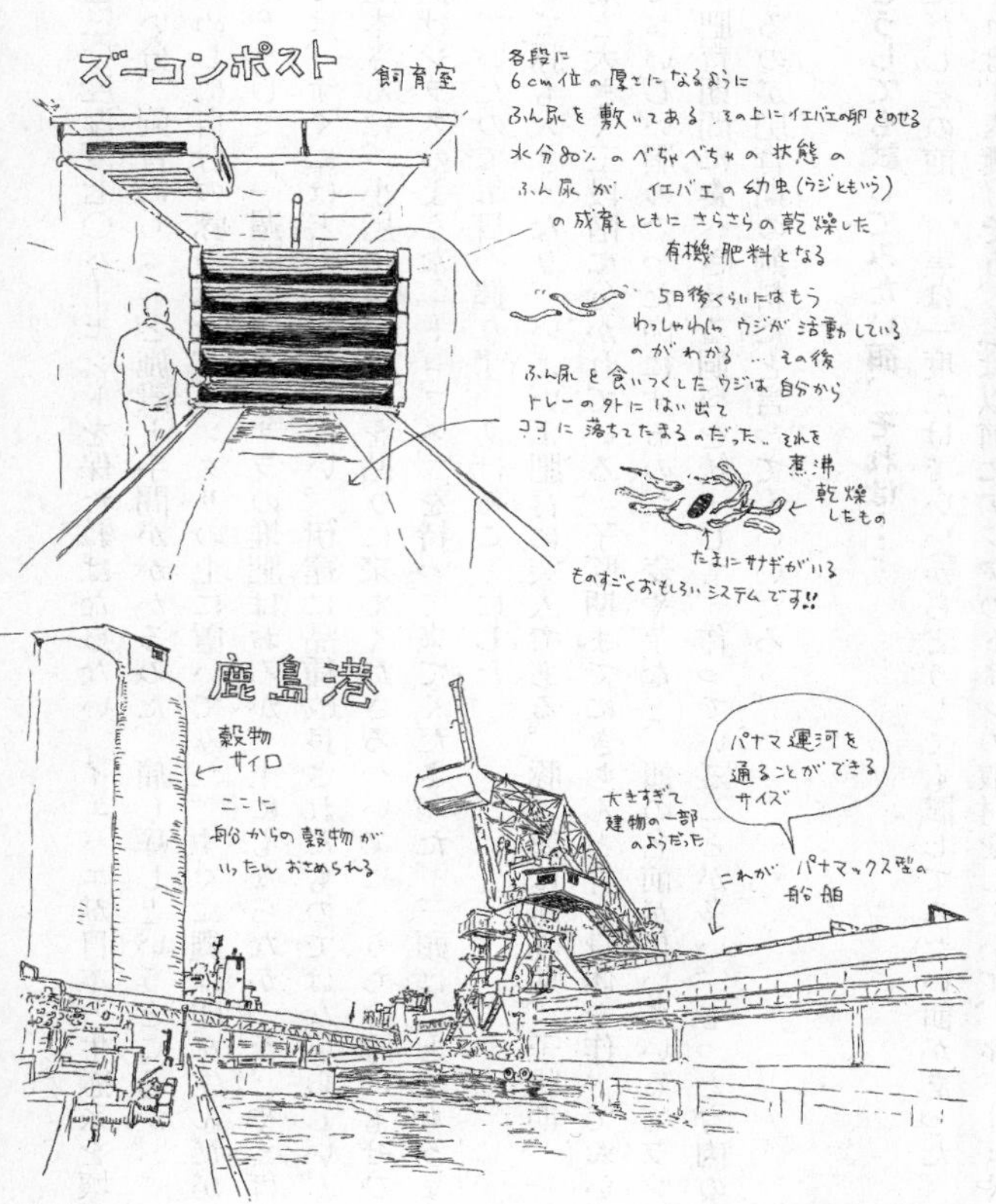
ズーコンポスト
飼育室
各段に
6cm位の厚さになるように
ふん尿を敷いてある その上にイエバエの卵をのせる
水分80%のべちゃべちゃの状態の
ふん尿が イエバエの幼虫(ウジともいう)
の成育とともにさらさらの乾燥した
有機肥料となる
5日後くらいにはもう
わっしゃわしゃウジが活動している
のがわかる …その後
ふん尿を食いつくしたウジは自分から
トレーの外にはい出て
ココに落ちてたまるのだった。それを
煮沸
乾燥
したもの
たまにサナギがいる
ものすごくおもしろいシステムです!!
鹿島港
穀物
←サイロ
ここに
船からの穀物が
いったんおさめられる
パナマ運河を
通ることができる
サイズ
大きすぎて
建物の一部
のようだった
これがパナマックス型の
船舶

室温三〇度湿度七〇パーセントを保たねばならない。イエバエが日本の生態系を壊す心配がない分、飼育にちょっと施設と手間がかかるのだ。痛し痒しというところか。

ためしに自分の豚の糞を、コンクリの上に置いてみた。すぐに蠅は卵を生んだが、なかなかどうして、一週間ではサラサラの堆肥はおろか、土にもならなかった。やっぱり野積みでは、すぐにはどうにもならない。伊達に品種改良されたものではないらしい。

並木さんは、小屋にコンパネを貼りに来てくださるついでに、うちの豚にもぜひと、この揚げシラスのような「トロブス」を持って来てくださった。三頭は、とてもうまそうに食べていたので毎日一握りずつあげることにした。

さて豚も大きくなり、いよいよ肥育に突入である。豚の餌は離乳期、子豚期、そして肥育期と大きく三段階に分かれている。子豚期までにきちんと骨や身体を作っておいて、肥育でおいしい脂ののった肉にするのだ。麦や芋など、餌の名前が付いているブランド豚は、この肥育期間に食べさせる飼料を統一して、作っていることが多い。もっとも肉の味を左右するのが肥育期の飼料だと言ってもいいだろう。

どうしても試してみたい餌、それは……

ただしその前に。実は一度だけでいいからどうしても試してみたい餌があった。

それは、人糞。そう、私は以前にアジアのトイレの取材をしていて、ネパールやタイの山岳地帯などで、人間の糞を実においしそうに食べる豚たちに出会っている。沖縄でも、戦前までは豚小屋と直結しているトイレがあった。

しかし一応この三頭の豚は自分だけが食べるわけではないので、毎日食べさせるのは気が引ける。それにネパールで食べた豚は、栄養状態が悪かったこともあるだろうが、あまりおいしくなかったのだ。肥育期間に入れば肉の味に影響するかもしれない。

つぶすまでに二ヵ月あれば何を食おうが身体に残ることはないだろう。と、かなり勝手な理屈をつけ、肥育飼料に切り替える前夜、私はチリトリを持って和式トイレに入った。

そう。ここの廃屋は和式トイレなので、このような採取には大変都合がよい。

夜を選んだのは、誰かに見られるのが嫌だからだ。小屋にライトをつけ、チリトリにブツを載せて三頭を呼んだ。ゴッゴッゴッ。何か貰えると思って喜んで小屋から出て来る三頭。いや、秀は相変わらず一呼吸遅れてだが、それでも出て来た。期待に目を輝かせる三頭。そりゃいつも私が持って来るのは、キャベツだのトウモロコシだのなんだから、当然である。

「みなさん、今日のおやつはこれです」柵ごしにポトリと落とした。駆けよる三頭。お、これは食い付くかなと思ったら、ピタリと動きが止まった。秀がすぐに小屋に帰っていく。見切りの早い豚だ。伸は少し匂いを嗅いで顔を上げ、私を何か問いたげに見る。

これ、食べ物？　違うでしょ、これ。

う……。猛烈に悲しくなってきた。何かとてつもなく非常識なことをした気がしてきた。ひどいよ、みんな。ネパールでは、あんなに喜んで食べてくれたのに。タイの山間部では、草むらにしゃがんだ瞬間に、数頭の豚に取り囲まれたのに。彼らはよほど普段お腹をすかせているのだろうか。それにしてもきみたち同じ豚じゃないか。

唯一夢だけが、何度も何度も匂いを嗅いでいる。食べ物なのだろうと、必死に匂いを嗅いでいる。いったん離れてからも、またくるりと戻って来て匂いを嗅いでいる。でも結局最後まで食べようとはしなかった。

三頭とも小屋に帰り（舌打ちが聞こえてくるようだった）掃除したての床に、ぽつりと人糞が寂しげに取り残されたのだった。翌朝見に行くと、運動場の床にはすでに三頭の糞が散乱していた。しかもその上を誰かが踏んだか寝そべるかしたようで、何がどれなのかはまるでわからなくなっていた。ああ。

肥育飼料はブランド豚と同じもの

肥育に話を戻す。肥育の飼料ははじめから決めていた。中ヨークの仲を提供してくださった宇野さんたちが進めているブランド「ダイヤモンドポーク」と同じ飼料を使わせてもらおうと思ったのだ。これまでの一般的な配合飼料は小麦やトウモロコシが原料となっている。周知の通り、それらは海外輸入に頼っている。

バイオエタノール需要で、トウモロコシの価格が高騰して、一時期大騒ぎとなった。餌を輸入に頼る心もとなさを、生産農家だけでなく、私たち消費者だって、感じた。そうした中、国内自給率を高めようという動きもあり、エコフード、つまり日本で出る食品残渣による飼料の開発が注目されるようになった。

ひと昔前は、家庭残飯と畑のくず野菜で豚を飼養することは、ごくあたりまえのことだった。昭和三〇年代には、一輪車で飲食店を回り、残飯を貰ってきては大鍋でぐつぐつ煮てやったのだという。関西では、豚は在日コリアンが飼うものだった。オモニたちが契約している店などを回り、猫車で残飯を集め、白い飯をよりわけ、家の横で飼っている豚にやっていたと聞いた。白い飯からは非合法のどぶろくを作っていたという。

「飲食店だとつま楊枝が残飯に混ざってね、豚によくないから楊枝は分けておいてくださいってお願いして集めたらしいよ」なんて話も聞いた。旭市は漁港が近いので、くず魚を煮てやった時期もあったが、脂が黄色くなって肉の匂いも良くなく、「黄豚」と言われてすぐに廃れたそうだ。

さて現在のエコフード。自分で集めるには手間がかかりすぎるし、大規模飼養頭数はとても賄えない。それにもう豚肉は「肉であれば売れる」時代ではない。肉の味を良くするために、成分バランスを考え、専門の業者が作っている、リキッドといって液状のものからペレット状、粉末などいろいろある。材料もさまざまだ。

「ダイヤモンドポーク」の肥育飼料は、原材料の二〇パーセントが千葉県産のベニアズマというサツマイモなのだった。そもそも昭和三〇年代、千葉県内で多くの農家が中ヨークを飼っていた頃餌にやっていたのがサツマイモ。サツマイモで育てた豚肉の味が忘れられないと語る老人もいるという。そういえば黒豚王国の鹿児島もサツマイモの産地だ。

旭市から車で一時間半、フジエコフィードセンターは富津市にある。横須賀の観音崎に行った時、海の向こうに工場の灯が見えた。そこが富津市。千葉県は広い。

フジエコフィードセンターは、タイル施工などを手掛ける不二窯業が新規開拓分野の環境事業として二〇〇五年に立ち上げ、〇七年からセンター開設、工場稼働となった。工場を見せていただくと、とても甘くていいにおいがする。ここに集まってくる食品残渣は、おもに食品加工、製造工場からのものだ。大きな蓋つきのポリバケツを開けてもらうと、パンがどっさり入っている。バームクーヘンなどもくるらしい。

「どれもまるで傷んでいない。「十分食べられます」と椎名正幸所長。一日一回回収されてくるので、パンはぱさぱさにすらなっていない。これがなぜ捨てられなければならないのか、まるでわからないが、工場では不要になったものだ。

「ベニアズマだってそうだ。くずイモなんかじゃない。普通に立派なサツマイモなのだ。うちの近所のスーパーで売っていても、まるで問題ない。ただ、太くて大きなベニアズマの厳しい規格には、到達していないというだけ。

成分を均一にする工夫

食品残渣というと、コンビニ弁当やホテルバイキングの残りを想像するが、実にさまざまなのである。コンビニ弁当などを材料にして、飼料を作っているところもあるが、どうしても品質が均一化しにくく、油脂分が多くなると、椎名さんは言う。

そうなのだ。素人ながら私もそこが気になっていたのだ。ところがここのエコフードは、パンならパン、野菜なら野菜と、単品で処理し、安定化させた後で、配合する。ならば成分が均一になる。

大きな処理機に入る材料は、およそ五トン。七〇度以上加熱しながら五日間攪拌し発酵乾燥させる。炭水化物はこれでアルファ化も進むそうで、消化吸収もしやすくなるとのこと。

できあがりはほとんど粉末だ。配合はパン・麺を含む残渣くずが七割、ベニアズマが二割、キャベツなどの野菜くずが四パーセント、魚粉が一パーセント、ふすまが三パーセント、それにミネラルやカルシウムなどのサプリが約二パーセント（〇九年時）。試験場での肉質の分析結果も好調だとのこと。

私には数字のことはよくわからないが、ダイヤモンドポークのベーコンを食べたら、ほんとうに白い脂が甘くてさらりとしていておいしかったのであった。ダイヤモンド級の脂、というネーミングなんだそうだ。

配合された飼料はちょっと褐色がかった粉末で甘い匂いがする。甘い匂いは豚が好むらしい。これでホットケーキでも焼いてみたくなったくらいだ。実は後からある事情でほんとうに飼料でホットケーキを焼くことになり、その時に味見したところ、たいして甘くもなく、味も人間が食べるモノとしては……難しかった。あたりまえか。

コストは小麦やトウモロコシの配合飼料に比べて〇八年時で四割減という。ただ穀物輸入価格はバイオエタノール需要だけでなく、天候でも上下するので何ともいえない。安くなる年もある。ただ二〇一〇年八月現在で、ロシアやウクライナで干ばつが報じられ、輸出制限も始まっている。日本の主な輸入元はアメリカ、カナダ、オーストラリアだから、直接困るわけではないが、価格が変動する可能性はある。

飼料を切り替えても、三頭は特に変わらず、ガツガツと食べ続けている。ただ、配合飼料のように、穀物の粒などがなくて、こまかな粉末の分、給餌器がつまりやすくなり、給餌器を鼻でごつごつ叩く音がよく響くようになった。器の口を広くしたり、毎日上から棒を差して、餌がちゃんと落ちているか確認するようにしてしのぐこととなる。

いちばん変化があったのは糞だ。これまでの飼料では、三頭それぞれが違う色の糞だったのだ。黄色、茶色、焦げ茶。三頭の胆汁の量が違ったのか。おかげで誰かが調子を崩せばすぐにわかった。ところが新しい飼料は全員が同じかなり濃いこげ茶色。そして匂いが臭くなった。中ヨークの親元農家の、宇野さんに話したら、「たしかに臭えかな。人間が食べてるのに近いからじゃないか」と笑っていた。

しかし買わせてもらうことにしたのはいいけれど、たかだか三頭の飼料など、ほんのわずかだ。伝票を見たら二週間で一〇〇キロ消費しただけ。数千円のために二回ほど富津からわざわざ届けていただいて、ほんとうに申し訳なかった。

注　不二窯業は、二〇二〇年に飼料事業から撤退。現在はJA東日本くみあい飼料株式会社がダイヤモンドポークの飼料を製造している。それに伴い原材料も、ベニアズマから県産サツマイモになるなどの変更がある。

なぜ千葉県東部で養豚が盛んなのか

エコフードを見たならば、当然配合飼料の製造元も気になる。なぜ千葉でそれも東部で、養豚が盛んなのか、という話につながるのだ。旭市を北上し、利根川を渡って三〇分もたたずに鹿島港に着く。小麦やトウモロコシが海外から届くその港の中に、実は飼料会社の工場もあるのだった。鹿島地区だけで一一社の飼料会社があり、年間四〇〇万トンの飼料を生産している。全国二位の生産量なのだ。飼料の必要量は莫大であるから、輸送コストもかかる。港に近い千葉県東部は、餌代が安くつくということから大規模養豚に有利だったのだ。

鹿島港は巨大だ。ちょうど停泊していたパナマックス船（最大サイズの貨物船）も、巨大なんてものではなく、全体を視界に入れることはできなかった。穀物は、パイプラインで港にそびえたつサイロに収められる。食物だから当然だが、小麦やトウモロコシや大豆の一粒たりとて外からは見えない。ここで石油を精製していますと言われても、素人にはそうですか、と言うより他にない。製紙工場などはパルプチップの山が野ざらしになっていて、いかにも紙を作るところだと思わされたものだが。

穀物はサイロから各工場へと送られ、粉砕、製粉と進む。もちろん飼料だけでなく、薄力粉、強力粉、コーンスターチ、ブドウ糖、オリゴ糖、大豆油、菜種油、人間が食べる粉を作る工場も並んでいる。むしろこっちの方が主役だろう。飼料にはふすまや、大豆や菜種の搾りかすなども使われる。

人糞から抗生剤入り配合飼料まで

見学した飼料会社は、鹿島港のサイロが林立するすぐ隣にある飼料会社のうちの一つだ。一九八八年設立。はじめは牛の飼料も作っていたそうだが、二〇〇五年に養鶏養豚飼料専用工場となった。一般配合飼料も作っているが、大手の農家さんたちはそれぞれ独自の配合をオーダーしているという。

基本的な作業は粉砕、精選、計量、配合。工場内は巨大な機械たちが階をまたいでパイプでつながり、上下左右に並んで二四時間稼働している。ものすごく暑い。飼料粉末を実際に見ることができるのは、当然ながら袋詰めの部分だけだ。

飼料にはビタミンや抗菌剤などの添加物も入る。抗生物質と言い換えてもいいだろう。子豚の飼料には抗生物質が添加される。哺乳期、子豚期で量も規制されているし、これとこれを一緒に使ってはいけないなどの、細かな決まりもある。

農水省が定める飼料添加物はビタミン、酵素、無機物、抗酸化剤などなど、Ａ４の紙にびっしり三枚のリストとなっている。抗菌性物質以外の添加物に関しては、一部を除いて量の規制はないようだ。葉酸やらビタミンＡなど、我々もせっせと飲んでいるものも多い。うちの豚もこれらのお世話になって、子豚期まですごしたのだ。

それにしてもこの五〇年ほどで、ここまで豚の飼料は変わってきたのである。しかも、タイやフィリピンの山岳地帯では、きっと今もまだ人糞を豚に食べさせている。その豚を食べて育ち、長じて日本に働きに来ている人だっているだろう（旭市にはタイ人による飲食店やマッサージ店が非常に多い）。

くらくらする。パナマックスが運んでくるトウモロコシや小麦畑よりも、豚に人糞を食べさせている集落の方が、日本との地図上の距離は、はるかに近いのだ。黙々と動く篩機を見ながら、私はしみじみとした感慨にとらわれた。

豚の呪い

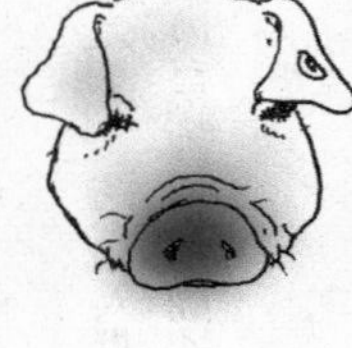

巨大化が止まってる？

八月も半ば近くなり、そろそろ豚の屠畜日を決めましょう、という話になった。ぐんぐんと巨大化していた三頭だが、最近こころなしか、巨大化がゆっくりになってきている気がする。特に伸の育ちは、ほとんど止まっているかのように見える。他の二頭にくらべて、二回りも大きかったはずなのに、気がついたら他の二頭とあんまり変わらなくなっている。そして縦に長いだけで横に肉がついてない。

いちばん肥えているのは秀。常に喰っちゃ寝を繰り返す、豚の鏡のような秀は、腿も肩ももむっちりと膨れていて、あご周りも、たぷんたぷんだ。脚も太い。伸の倍はあるんじゃないだろうか。いいかんじの豚足になってくれそうなのだ。ただその脚は、あまりにも運動しないためなのか、踵が落ちてしまっていた。

豚は通常、つま先立ちで歩く。どんなに肥えても、ハイヒールを履いているかのようなつま先立ち。ところがたまに踵までべちゃりと地面に付いてしまうのが、いるんだそうだ。本来の歩き方ではないので、脚を痛めやすい。

このまま体重が増えていくと、脚を引きずる可能性もあるという。踵が付いていることで余計に歩くのが嫌いになっているようにも見える。小屋と運動場の段差がいけなかったのかしら。それともこやつ生来の、運動嫌いのせいかしらと気をもんだが、たいした問題ではないと、農家さんにも獣医の早川さんにも言われた。

そして秀ほど肥えてはいないとはいえ、何の問題もなく強靭に、そして順調に育っている、夢。膝にしこりがあるかもなんて、心配したのが嘘のようだ。はじめの頃は秀と共同戦線を張っていた感じであったのが、いつのまにか天下を取り、鼻先一つで二頭をどかし、おやつも餌も、食べたい時に食べる傍若無人ぶり。

脱走時に思いっきり殴って引きずってから、少しおとなしくなり、私も夢に対してちょっと主人らしくなれたのもつかの間。重々しくなった身体で、夢は再び私にマウントするようになっていた。

やっぱり雑種は強いのか。どすどす走り回り、伸をいじめる。夜中に伸の悲鳴が響くと同時に机から立ち上がり走って小屋を覗く窓を勢いよく開ける。ぴたりと三頭の動きが止まる。全員立ってこちらを見ている。怪しい。

「何やってんの、夢！」と言うと、「ゴッ」とふてぶてしい答えが返って来る。そう、あまりにも叱られる回数が多いためなのか、夢は、自分の名前まで認識していた。三頭とも私の声と他の人の声を完全に聞きわけていたが、名前まで把握していたのは夢だけだった。

覗きに来てくださる農家や食肉公社の方々は、育ちが遅いんじゃないか、これで八〇はいってねえべ、いやでもあと三週間あれば一〇〇キロ乗るかなどと大きさの心配をしている。

うーん。これでも十分食べられそうだけどなあ。肉は重さで取引するわけであるし、大きすぎれば大貫、届かなければ小貫となってまともな等級すらつかない。つまり、あってないような値段にしかならないのだ。彼らが出荷体重にこだわる理由は、だから死活問題なのだ。

それにしても、みんなよくも目算で体重をあれこれ言うものだ。よく聞いてみると、体重計は存在するものの、一頭ずつ測って出荷することなど、とうていできない。数十頭、多い農家では一〇〇頭単位で出荷するのだ。最近では、豚舎と通路の間の床に備え付け、一頭ずつ通るたびに出荷体重に到達している豚はこっち、まだ到達していない豚はこっちと、ゲートが自動的に誘導する装置もあるのだという。

私が見学させていただいたり話を伺った農家では、まだまだ目算が幅を利かせていて、それぞれ周りの柵や棒を頼りに、経験でこれくらいなら、とアタリを付けるそうだ。

しかしこの三頭は流通に乗せないで、精肉してもらってから引き取り、人を呼んで、みんなで食べることに決めていた。だからいまいち彼らの切迫感がピンとこない。いざとなれば出荷体重に足りなくてもいいかなあ、とも思っていた。

いや増す三頭の破壊活動

何よりこの時期、体重を気にして何かをする余裕がなかった。来るべき台風に備えて、小屋と運動場周りを強化していたのだ。家の東側は田畑になっていて、すっからかんに空いている。ここからの風が強い。豚小屋を直撃する。

運動場の屋根は、薄いコンパネと断熱材でできていて、鉄柵に結び付けた数本の細木の上に打ちつけてあるだけ。太い針金などで強化したものの、よぼよぼにたわんでいる。あまりにも頼りない。これじゃ屋根が吹き飛ぶかもしれないなどと、みんなに脅されていた。

豚小屋には、東に向かってドアがついていたのであるが、ちょうどこの頃三頭の破壊活動によって、ドアは私の目の前で、完全に剝がされた。まるで集団リンチの現場を見ているようであった。まあ、すでに開閉はできなくなって、開けっぱなしになっていたのでいいのだが。

それに二〇〇九年の夏は、それほど暑くならなかった。朝晩は結構冷える。鼻をたらしっぱなしの仲を見て、親元の宇野さんは、肺炎にならないかと、ものすごく心配して、東風に当てないように、夜は運動場をブルーシートで囲った方がいい、と言った。

ちなみに夏になってから、直射日光も当たらないようにと大きな簾をぐるりと運動場に巻き付け、さらに柵の部分には、新たにコンパネをくりつけてある。

周りの景色が見えなくなって、三頭はとても不満そうだったが、しかたない。それまでは私が車でどこかに行くたびに、外にまろび出て柵に鼻を寄せ、「ギョッゴッ」と挨拶してくれたので、私も寂しかったがしかたがない。しかしそれでも足りないと——。

毎朝晩の仕事が一つ増えた。誰だよ、犬飼うより簡単って言ったのは!! 春に入居して以来、結局千葉にいる期間のほとんどの時間を、私は豚小屋建設に従事していた。養豚をやっているというよりは、大工をやりに来たんじゃないかと思うほど、豚小屋は「完成」してくれなかった。

加瀬さんや並木さん、都内からの応援など、たくさんの人に手伝っていただいたが、一人でやりこなしたところも多い。綺麗に伸ばしていた爪は折れ、大工道具はいつのまにか増殖し、多少は腕も上達した。

それと夏になってから、家の周りの草刈りと、穴に溜まる汚水をひしゃくで汲んで、合併浄化槽に移す作業が加わっている。毎日のことなので、回数を省きたい。一・五リットル掬える大きなひしゃくを買って使っていたら、腕の筋肉だけでなく腹筋まで盛り上がるようになった。手伝いがてら遊びに来た女友達に頼んでみたら、ほとんど持ち上げられず、驚いた。

私はもともとそんなに力持ちでもない。むしろ虚弱体質だし、乳癌で四回目の手術から七月でやっと一年経ったところなのだ。それがなぜこんなことをしているのか。ブルーシートを取り外しできるフックを屋根周りに取りつけながら、おかしくなって一人で笑ってしまった。

畜産における有機的な豊かさ

宇野さんは、仲の生育が悪いのをとても心配して、

「だから中ヨークはものすごくデリケートなんだよ。いちばん元気なのを選んだのに、やっぱりストレスに弱いから、LWDと一緒には無理だったんじゃないか」と言う。

ほんとうにそうだったかもしれない。何も知らずにこんな飼い方をしてごめんなさい、としか言いようがない。あの、実はLWDからのいじめが常習化してまして……と白状したとたんに、それでは中ヨークの本来の味が出ない！　と、ものすごい形相になった。ほんとうに豚がかわいくて、大事で、おいしくしたくて、しかたがないのだ。

食べる豚はペットじゃないんだから、かわいがってはいけない、と言ったのも宇野さんなのだが、かわいくないわけではないのだ。他の農家も思いはきっと同じだ。

二〇一〇年、宮崎県で起きた口蹄疫騒ぎで、感染を防ぐために殺処分せざるをえなかった牛豚に対し、もともと商売として飼って屠畜場に送り出すものなのに「かわいそう」っと言う農家に違和感を持ったという意見が、ネットに上った。畜産の現場から離れたところから見れば、そう思えるのかもしれない。

でも違うのだ。畜産は、そんな単純なものではない。自分がやってみて思ったのは、生き物を育てていれば、愛情は自然に湧く、ということだ。多頭飼いすれば、ペットとは感覚が違ってくるが、それでもまず健やかに育ってほしいと思わなければ、豚は（牛も鶏も）育たない（特に牛は頭数も少なめなので、一頭ごとへの個別の愛情が湧きやすいと思われる）。経済的な打撃を受けてがっかりしているのはもちろんだが、それだけではないのだ。「健やかに育て」と愛情をこめて育てることと、それを出荷して、つまり殺して肉にして、換金すること。動物の死と生と、自分の生存とが（たとえ金銭が介在したとしても）有機的に共存することに、私はある種の豊かさを感じるのだ。大規模化して薄まっているとはいえ、やっぱり畜産の根本には、この豊かさがある。そのことを、食べる側の人たちにも、もっともっと実感してもらえたらいいのに。

三頭を、どう食べる？　食べられる？

三頭をみんなで食べるのならば、正肉だけでなく、頭も内臓も肢も皮もすべてを食べたい。前著『世界屠畜紀行』を書くにあたり、品川にある芝浦と場を取材させていただいて、頭や内臓は、そのまま流れ作業で別々の業者のものとなることを知った。つまり、農家が自分の豚の内臓を回収して食べようと思っても、とても難しいのだ。

千葉県食肉公社でもその流れは変わらない。こちらの豚の一日の処理頭数は芝浦よりも多くて一八〇〇頭が上限。ラインは一つしかなく、夕方の五時近くまで作業は続く。そんな忙しいところなのに、内藤さんは、順番をいちばん最後にすれば回収できるように業者に言っておく、大丈夫、うちでやりますよと、言ってくださっていた。

ところで、公社でできるのは枝肉にするところまで。そこから先の精肉作業がまた問題だ。これは三頭を何人で、どうやって食べるのかにも関わってくる。料理の方法によって精肉方法も変わってくるからだ。

詳しくは後述するが、何とか私の試みを面白がって引き受けてくださる料理人を確保し、食べる会の会場と仕切りをしてくださる方も見つけた。全員で集まって、会場の大きさから呼べる人数を換算してみて、三頭を全部料理しても余ってしまうのでは、という結論に達した。

料理が残るのはどうしても嫌だった。捨てるのは、耐えられない。それならば三頭を食べ比べるのは一部にして、全部食べるのは一頭だけ、残りの二頭は塊肉として会場で売ろうということにした。ならば精肉の後、料理に回す一頭分と、バラ肉の一部二頭分を先に料理人に回し、二頭の塊肉は寸前まで千葉の倉庫で保存した方がいい。で、三頭のどれを全部料理して食べようか。

「それは……、夢ですかね」

思わずロをついた。料理を引き受けてくださるフレンチレストランのシュリさんも、やっぱり夢ですよねと頷く。

シュリさんは私の古くからの友人で、シェフのセンダさんと千葉まで二回も豚を見に来て、作業着に着替えて中に入って三頭と遊んでくれていた。ついでに掃除もしてもらったり、私と三頭が遊ぶ映像も撮ってくれた。餌を誰にも渡さずに独占しようとする夢の兇暴ぶりや、伸のひよわだけど、人懐っこく甘えてくる性分もよく見ていた。秀はといえば、まったく遊んでくれなかったらしい。

どれか一頭を選べと言われれば、やっぱり夢が印象的なのだ。脱走した時に取っ組みあったし、何よりこの豚の、底意地の悪く頭のいい感じが、「喰べてやる」という気にさせるではないか。よし、夢を料理に回そう。

食べる会の大枠が決まり、いよいよ屠畜から精肉の手配を詰めることにした。千葉に戻り、すぐに千葉県食肉公社の内藤さんに来ていただき、柵越しに三頭を指差しながら、屠畜日の日程を決めた。夢は料理用、伸と秀は塊で売るプランも報告する。頭、内臓、肢は三頭分料理に回す。自分で決めたとはいえ、手配は異常に複雑だった。処理能力の少ない私はもう頭が一杯で、指さされている三頭がどんな顔をしていたのかも覚えていない。料理して食べるのは夢なんです、と何度も何度も言ったのは、覚えている。

自分の屠畜日がわかる豚

翌朝、夢が運動場のはじでうずくまっているのを発見した。伏し目がちにして何か痛みをこらえているような風情。じっとして水も飲まない。キャベツを口に持って行ったが拒否された。スイカも食べない。

ありえない!!

これまでまったく具合を悪くしたことがなかったので仰天した。まさか私が言ったことがわかったわけでもないだろうに。心配して見に来てくれた加瀬さんは、水を飲まないのは心配だけど、もう少し様子見ても大丈夫といいながら、

「あのＬＷＤは人を見るからな。何だか気味悪いっぺ……」とつぶやく。

そうなのだ。伸がお客さん誰に対しても、愛想を振りまいて、秀が一貫して寝ていたのに対し、夢は来る人によってものすごく対応が変わるのだ。

前述のシュリさんは女性だし、私と声が酷似していたのでよく遊んでいたが、シアターイワトの映像ワークショップの青年たちが、小屋工事の手伝いがてら撮影に来てくださった時には豹変した。夢はまるっきり何をされても相手にせず、遊ばせようと手ぬぐいを振

っても乗りが悪い。

しょうがないので暴れて遊ぶところを収めるために、三頭の大好物であるもみ殻の袋を一つ開けたくらいだ。もみ殻袋を破る快感には勝てずに興奮して振り回していた。カメラや照明も気に食わなかったようだ。彼らが帰った途端に飛び跳ねて遊んでいた。

また、銚子から遊びに来てくださったYさんは、身長一八〇センチにして、体格もすこぶるがっしりした方だったのだが、夢はもう彼と顔を合わせようともせずに、伏せっぱなし。ちなみに千葉県食肉公社の内藤さんや長谷川さんは、よく来てくださったためか、はしゃぎもしないが、普通に懐いていた。なんでそんなに人によって態度が変わるのだ、夢よ。

しかし、だからといって自分の屠畜日が決まったことまで勘付かれるとは、思いもしなかった。それでは宮沢賢治の『フランドン農学校の豚』ではないか。そんなことはありえないと思いつつ、具合が悪いのはたしかなのである。モンモンとしてまるで仕事が手につかない。餌はともかく、水を飲まないのは、やばい。

丸一日飲まず食わずの後、夢は、やっと立ち上がり水を飲み始めた。ふあー良かった。とりあえず良かった良かった。さあて、じゃ、お母さんは仕事しないといけないから、出かけるねと、三頭に言い残し、遅れ気味の原稿を書きにパソコンを持って車に乗って、近所のカフェに出かけた。

夢の呪い、なのだろうか

原稿があと少しで終わるところでカフェが閉店になり、そのまま九十九里海岸に移動した。九十九里海岸は不思議なところで、砂浜まで車で乗り入れが可能なのだ。夜の海を見ながら車の中で胡坐をかいてパソコンを打っていた。

深夜一二時近くになってようやく仕上がり、イーモバイルを使って版元に送信した。さあ、家に帰ろう。

助手席にパソコンを置いたまま、砂浜で車をぐるりと回して方向転換し、道路に向かって走らせる。砂地の坂道はでこぼこしていて、助手席に置いたパソコンが跳ねる。パソコンを左手で押さえながら道に出ようとして、その後すさまじい衝撃が来た。

あれ。どうしたんだろう。

一瞬何が起きたのか、自分がどこにいるのか、真っ白になった。おでこが痛い。えーと、これって、つまり、事故!?

車は前面が真ん中から思いっきりひしゃげている。自分の膝から一〇センチ中心にずれたところが中まで変形してへこんでいる。車ってこんなに脆弱なものなんだ。フロントガラスも割れてひびが入っている。目の前には道路標識。どうやら、道路に合流しようと左折進行しながら曲がりすぎて、道路標識に激突したらしい。

エンジンをかけてみたが、まるでかからない。素人でもわかる全損だ。えーと自爆事故っていうのかな……。ぱちぱちと焦げ臭い匂いがたつ。あわててエンジンをかけるのをあきらめ、パソコンを抱いて外に出た。そうそう、車ってよく燃えるのだと、聞いたことがある。

どうしよう。とりあえず歩ける。左ひざは痛いけれど、骨折はしていないようだ。まず保険会社に連絡しなければならないのだが、その証書を家に置いていることに気がついた。あーバカだ、あたし。

通りは夜中のこともあり、誰も通らない。まるで無人。住宅もない。海岸だし。ダメだ。何とかして家に帰らないと、と加瀬さんに電話し、迎えに来てもらって家に帰り、保険証書を出してきて電話をかけ、警察を呼び、検分に立ち会い、保険会社が呼んでくれたレッカーに事故車を運んでもらった。加瀬さんがお酒を飲んでなくて、ほんとうに助かった。……いやはや、申し訳ない。

で、病院にも行かねばならない。加瀬さんは、起きてて良かったよと何度もつぶやき、処置が終わったら電話しろという。病院の救急外来で処置が終わると三時を回るだろう。さすがに加瀬さんにそこまでお世話になるのも悪いので、タクシーを呼びますと言うと、深夜二時を回るとタクシーもないのだそうだ。

うわああ。田舎で一人で生きていくのってほんとうに難しいんだなあ。すいませんと何

皆さんに強烈な印象を残した「人を見る豚」。ホントに好き嫌いが激しかった…
LWD
夢…
実は写真に正面から
写るととても
かわいい顔に
なるので、
本性まる出しの
凶悪な表情
はとても
珍しい
雑種
強勢とは
こういうことなのかと
実感…
ハエ
ハエ
ドスの
きいた
目つき
ほっぺた
太って
きた
ゴム
ホース
お気に入り
概して
大きい男の人が
嫌い。
灰色がかった青い
瞳に白いまつ毛で一見
とってもかわいらしいのに…
この鼻の
ひと振りで
他の二匹を
下がらせる。
私も…
再起不能と
なった
愛車。
グラン・トリノ号
単に
疲労と
気のゆるみとで
引き起こした
事故だと
思いますが、
さすがに
へこみました。
とはいえ 食べるのやめよう
などと 思ったわけではない!

度もあやまって、加瀬さんに迎えに来ていただくことにした。

怪我はやっぱり擦り傷と打撲だけだった。あれだけ車がぐちゃぐちゃになっていながら、ほぼ無傷と言っていい。茫然とした。友人たちからは、豚の呪いだと大笑いされた。……まあ私が無傷だからこその笑いごと。

しかし現実は呪いかどうかなんて、考える暇もない。車がなければ何もできないのが、この土地なのである。自分の車ならばまた保険の内容も違ったのだが、これはリースの車。保険もリース会社が指定したものに、そのままサインしただけ。お金はほとんどリース会社に入ることになっている。ま、道路標識を壊したり、レッカー移動した代金は保険金でまかなえるが、新しい車を手配するお金はどこからも出ない。さあ、どうしよう。

豚と疾病

養豚の専業化を進めた病

事故を起こした翌日、レッカー移動先の工場に車を見に行った。幸いにして、家から歩いていけるところに工場はあった。車は全壊、修理不可能とのこと。炎天下の中、とぼとぼ歩きながら途方に暮れた。田舎に暮らしていると、車がないとどこにも行けないのだ。保険手続きのための書類を取りに、役所や病院に行くにもタクシーで何千円もかかる。気分も落ちてしまって、八月後半の二週間ほど、引きこもりがちになってしまった。

その間、さまざまな人に助けていただいたのであるが、何よりズーコンポストの養豚農家の並木さんが、同じ型の中古車を格安で譲ってくださったのが、ありがたかった。下手糞な運転技術しかない私にとって、同じ型であれば、駐車も苦労なくできる。それでもしばらくは運転が怖くて、接骨院に通院するのもひと苦労であった。

気分を変えて、岩盤浴にでも行きませんかと、獣医の早川さんから連絡があった。よほど私はしょげていたのだろう。

早川さんは、先月に三頭の豚にワクチンを打ってくださっていた。一頭目がキョーッと啼いた瞬間にはもう三頭目に取りかかってる、くらいの早技で、豚も逃げ出す暇すらなかった。何しろ彼女の通常の業務では、一日で数百頭単位の豚にワクチンを打っているのである。一度見せていただこうと、松ヶ谷さんの農場でワクチン接種がある時に同行した。

この取材をしたのは二〇〇九年で、日本はまだ口蹄疫の清浄国であった。そして千葉を含む関東圏は、オーエスキー病が常在していて、清浄化が進んでいなかったため、農家も獣医師たちも、オーエスキーの根絶が目下の目標、という感じであった。

オーエスキー病は、ウイルス感染による伝染病だ。幼い豚ほど症状は重く、致死率も高い。元気がなくなり、嘔吐、下痢、震えや痙攣、呼吸器症状などが出る。妊娠している豚が罹ると死産、流産が非常に多くなる。肥育豚の場合には、感染してもほとんど症状が出ないまま、耐過することが多い。

ところが。一度罹った豚は、長い間ウイルスを持ち続けてしまうため、根絶が非常に難しい病気なのだそうだ。養豚の行われているほとんどの国で発生していて、口蹄疫と同様、非常に恐れられている。ただ、口蹄疫と違うのは、空気感染がないこと。豚の鼻汁や唾液などから感染していくという。

オーエスキー病根絶のために、ウイルスキャリアーの豚を徹底淘汰（殺処分）、農場を消毒、そして全豚へのワクチン接種が推奨されていて、肥育豚には二回の接種が望ましいとされている。

日本に入ってきたのは一九八一年、千葉には一九八三年にやってきた。まだ法定伝染病にも指定されず、対処法もないという状態で、あっという間に広がり、翌年には千葉県北総地区の養豚場すべてに蔓延したという。養豚を地域の産業として奨励し、「養豚団地」とまで言われるくらいに発展し、農場間の距離が比較的近かったことが災いした、とも言われている。

子豚がぽろぽろと原因不明のまま死んでいく。抗生物質が効かない。どんなに怖かったことだろう。

さらに数年後には豚胸膜肺炎という、やはり豚の鼻汁や唾液から感染する致死性の高い細菌性の肺炎が流行してしまう。通称ヘモと呼ばれるこの病気は、急性型の場合、突然高熱を出し、飛び上がって苦しみ、血を吐いて死んでいく。多くの農家がこの二つの病気でたくさんの豚を失った。松ヶ谷さんの農場にある畜魂碑は、その時に建てたのだという。

八〇年代初頭には、まだ種豚だけ、子豚だけを生産して別の農家に販売する農家（野菜や米と兼業）もあった。しかし、このような感染力の非常に強い、しかも農場間の豚の行き来によって、感染する病気が蔓延したため、豚は売れなくなってしまう。

彼らは廃業するか、一貫生産、つまり自分のところで種豚育成から繁殖、出荷までのすべてをまかなうやり方に転換させるかの、選択を迫られたのだそうだ。

こうした理由もあって、少しは残っていた「庭先養豚」は消えていき、養豚の専業化が進み、感染を恐れて農場は山奥へと引っ込み、大規模生産に乗り出していく。それでも当時は母豚頭数が一〇〇頭を超えれば大規模と呼ばれていたのであるから、まだのどかな時代だった。

阿鼻叫喚の中、ワクチン接種！

その日にワクチンを打つ豚は、およそ四五〇頭。豚舎一つ分の豚たちだ。月齢で四カ月あたりだろうか。まず豚舎の控室で、ワクチンを用意。小さな瓶に入った生ワクチンを注射で吸い上げ、溶解溶液の入った瓶に注入して希釈するのだ。生ワクチンは薄いベージュ色をしているが、ほぼ透明になる。一瓶で五〇頭分、九本の瓶と注射器を抱え、白いつなぎに長靴をはいた早川さんは、豚舎に向かう。ちなみに獣医が各農家を回るのは、基本的には一日一農家。二件回る場合には、一度事務所に戻ってシャワーを浴び、服や器具を消毒済みのものに替え、車両を徹底消毒してから向かうのだそうだ。農場から農場へ、病原体を持ちこまないためだ。

豚舎では、作業員男性二人が待っていた。豚舎は約三〇頭ずつの房に仕切られている。作業員二人は一番手前の豚房に入り、コンパネを使って奥から手前に豚たちを寄せていく。豚、ぎゅうぎゅう状態だ。

そこに注射器に薬をセットした早川さんが、柵をまたいで入る。片手には青いスプレー缶。どういうことかな、と思う間もなく、豚の首筋にドスッと注射を打ちこんでは、もう片方の手に持ったスプレーでシュッと豚の背中に青いしるしをつける。どれを打って、どれを打ってないのか、わからなくなるのを防ぐために印が必要なのだ。

何しろどの豚もじっとしちゃいない。たまに痛がって「キョーッ」と啼くのもいるし、嫌がって他の豚を乗り越えて逃げようとするのもいる。まさに阿鼻叫喚の中で、早川さんは素早くどすどすと注射を打ちこむ。たしかにこの量を打ちこむのにためらっていたら仕事にならない。

また注射器がよくできている。瓶を取り付けて、V字のグリップを押すように握るとチュッと薬剤が出るという水鉄砲のような構造をしている。豚に刺した瞬間に、ぐっとグリップを押すのだ。一頭打つごとに、注射器を傾けて瓶を真下に向けると、一頭分の薬剤が注射器に充塡される。薬の残量と頭数が合っているかどうかの確認も、おこたらない。

家畜の獣医師は重労働

「夏にこれをやると確実にダイエットになりますよ」と彼女は笑う。そりゃそうだろう。追い込んで逃げられないようにしているとはいえ、豚は跳ねまわるし、足元も気をつけないとあぶない。首筋を狙って打つのは至難の業だ。腿とかに打つと効果が出ないんでしょうかと尋ねると、「腿に打つとその部分の肉が変質する可能性がありますから」という返事。ワクチンは、免疫反応を強く起こす物質なので、注射痕が残りやすい。また、雑菌が入って化膿し、膿瘍となって残る可能性もある。腿にそれが出れば、肉としての価値が落ちる。枝肉検査の時点で切り取られれば、その重量分、価格もつかないだろう。その点耳の後ろあたりに打てば、頭として切り落とされる。頭に格付け等級はない。固定価格で買い取られる。

おお、あくまでも肉の価値を下げないように、なのである。と言いつつも、豚が痛がって啼き叫ぶたびに早川さんは、「あ、痛かったねー、ごめんよー」と話しかけるのを忘れない。

注射の最中に針が折れることも、稀にであるが、ある。注射針は豚専用のもの、つまりはきっと丈夫にできているに違いないのであるが、この豚の暴れっぷりを見たら、そりゃあるだろう。体内に残ることも、ある。

そういう時は、房ごと印をつけて、出荷する時に業者に報告し、精肉の段階で金属探知機を通常よりも丹念にかけて針を探すのだそうだ。

　夏の豚舎は暑い。四五〇頭におよそ一時間半。早川さんは汗びっしょりになって、ワクチン接種を終えた。ごくろうさま。これじゃうちの三頭の豚なんて、赤子の手をひねるようなもんだったろう。それにしても家畜の獣医師って重労働なんだなあ。

　現在獣医師は若い人たちの間で大人気の職業であり、獣医学科はすさまじい競争率だ。ただそんな「動物好き」な学生たちの多くが想定している動物は、自然保護地域を走り回る野生動物か、犬猫などの愛玩動物だ。

　無理もない。家畜家禽がテレビ番組で紹介されることは、野生動物や犬猫に比べると格段に少ない。畜産農家以外の家庭で育てば、庭先養豚もなくなった昨今、身近にいる動物は、愛玩動物がほとんどだ。

「愛玩動物との付き合い方にちょっと疑問を持って、この世界に入ったんですよ」という早川さんは、相当な変わり種だろう。本人も自宅で猫を飼っているし、農場で飼われている犬にもいつも挨拶する動物好きでもある。彼女には私の豚をかわいがって食べるという計画も、すんなり受け入れてもらえたし、これまでも忙しい中ちょくちょくうちに来て三頭をかわいがってくれていた。

豚にビタミン、アミノバイタル

話を岩盤浴に戻す。

早川さんのご厚意に甘え、ある日の夕方、三頭を残して私では絶対に行きつけない遠方の岩盤浴場へと出かけた。もう少し車の運転がうまくなったらいろいろと行動範囲が広がるのだけれど、哀しいことに運転はどうにも上達しなかった。途中で夕食を食べ、ホカホカのまま彼女の車で家まで送ってもらった。

「じゃあちょっと三頭の顔を見てから帰りますね」と私に続いて彼女も車を降りて、柵に近寄った。ブルーシートをめくって、「夢、伸ちゃん、秀ちゃん」と呼びかけると同時に夢と秀がすばんっと小屋から飛び出しゴッゴッと寄ってくる。

「あれ、伸が来ないわ。寝てるのかなあ」と私。

「すいません、中に入ってもいいですか」

早川さんは言い終わらないうちに車のトランクを開け、白い防疫服を取り出して、着始めた。彼女の車は社用車なので、後部に診療道具一式が入っているのだ。そんな、岩盤浴に入ってきたばかりなのに、大丈夫ですよ、と止めたのだが、もう長靴をはいている。私も慌てて家に入り、作業着を着て長靴を履いて豚舎に入った。

伸は小屋から出てこないで伏せている。

「熱があるみたいです」と早川さん。えっと驚く間もなく体温計を伸の肛門に差した。伸はぐったりして嫌がらずにじっとしていると思ったら嘔吐した。熱は四〇度。豚の平熱は三八度だ。高い。ああー。

「まだ出荷に間がありますから、抗生物質を打ちます」

動物用の薬の一部には、休薬期間が定められている。抗生物質などが畜体に残留したまま出荷、屠畜して食べないようにという配慮だ。このために出荷直前に高熱を出してもあげられる薬がなくて、苦しそうでかわいそうな時もある、なんていう話も聞かされていた。消費者としては肉に薬が残るのはやっぱり怖い。しかし目の前で苦しそうにしている豚を見ると、もう気が動転してしまって、強い薬でいいから早く良くして、と思ってしまう。

「これで様子を見てください。たぶん普通の風邪だと思うんですけど」

他に、他にしてあげられることってないんですかと、私はおろおろしながら食い下がる。そうですねー、早川さんは言葉を濁す。

「ビタミンは？　風邪ならビタミンが効くよね」

「まあ効かないってことはないと思いますけど……じゃあビタミン剤置いていきますか」

と彼女はビタミン剤二回分と、注射と消毒綿の一式を処方し、置いて行ってくれた。

ついこの間、昔の農家には、うちの豚の具合が悪いから月見うどんを食べさせましたって獣医師に真顔で報告したおばあちゃんがいたと聞き、かわいいなあと笑っていたのであるが、まるっきり同じになってしまった。

何しろ豚は人間の残飯を食べる。牛みたいに人間が食べない草でも食べるんなら、病気になっても人間と同じものをとは思わない。なまじ同じものを同じようにおいしそうに食べるのだから、卵で精をつけさせにゃあ、と思う気持も、あながちまちがっていないような気さえしてきた。

風邪の時に大量摂取するとしたら、ポカリスエット。いや、ビタミンCが入ってた方がいいから、ビタミンウォーターだ。コンビニに駆け込んであるだけのビタミンウォーターを買いこんだ。そんなことしても無駄なんじゃないのかとも思うのだが、止まらない。

伸の口に持っていくと、おいしそうに飲むではないか。口の構造上、半分くらいはこぼしたけれど。そうだよ、たくさん飲んで、伸ちゃん。それで元気になってね。

翌日すぐにホームセンターで体温計を買い、体温を測る。三九度。よし下がってきた。さあ、注射よ。早川さんを見習ってドスッとためらいなく打ち、ぐっと押す。普通の注射器だけど、うまくいった。よっしゃ。

さらに効くようにと、ビタミンウォーターに、高価なアミノバイタルプロを溶かし入れた。特別ドリンクである。さあ、と伸に飲ませようとしたその時、とんだ邪魔が入った。夢である。

俺にもそれを飲ませてくれよ、ヘイ！　とぐいぐい鼻を割り込ませてくる。おまえ、ふざけんなあっと夢を足でどかそうとするが、おとなしく言うことをきく豚ではない。私の

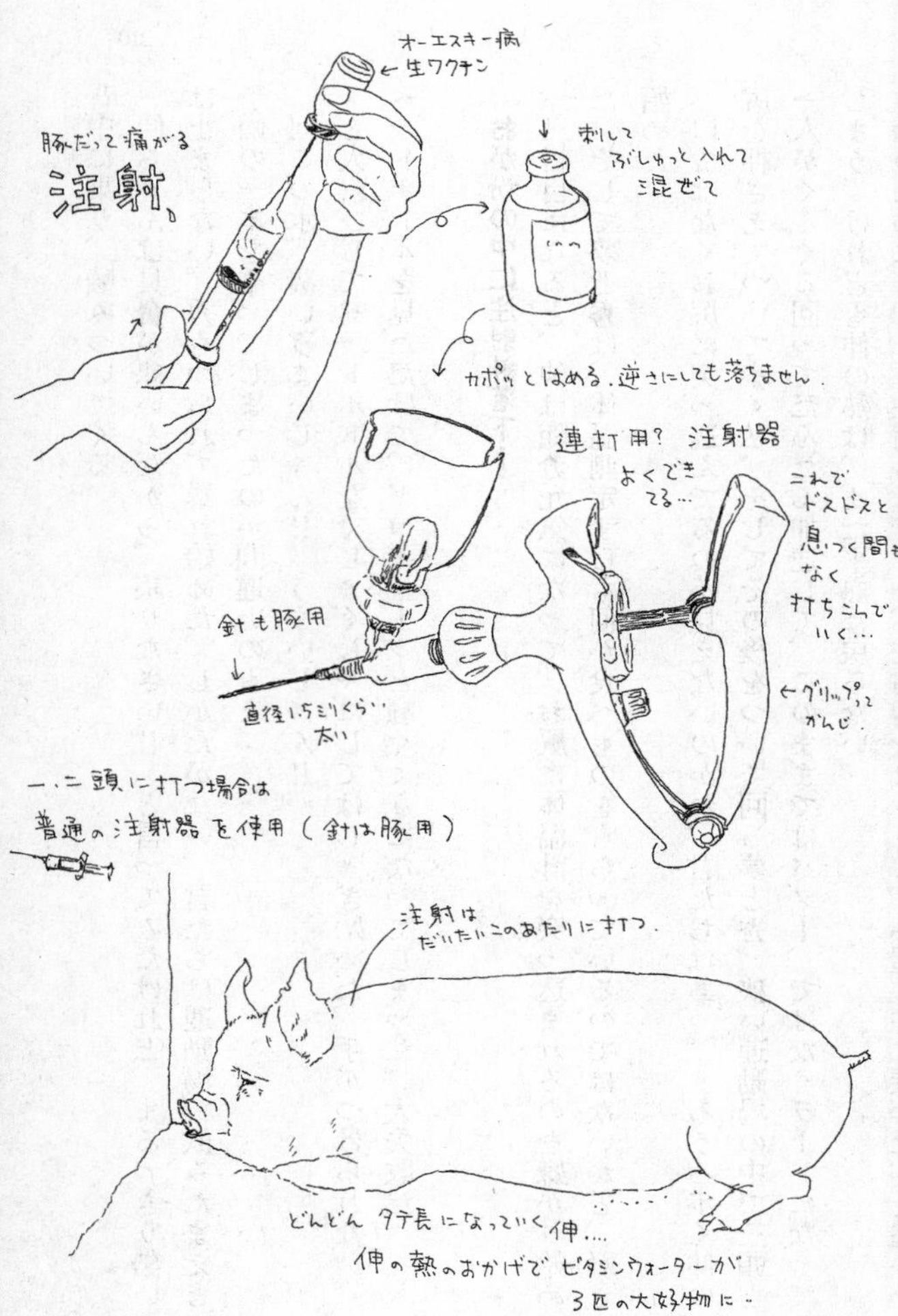
オーエスキー病
← 生ワクチン
豚だって痛がる
注射。
刺して
ぶしゅっと入れて
混ぜて
カポッとはめる。逆さにしても落ちません。
連打用？ 注射器
よくできてる…
これでドスドスと息つく間もなく打ちこんでいく…
針も豚用
直径1.5ミリくらい太い
←グリップってかんじ。
一、二頭に打つ場合は
普通の注射器を使用（針は豚用）
注射はだいたいこのあたりに打つ。
どんどんタテ長になっていく伸…
伸の熱のおかげでビタミンウォーターが
3匹の大好物に…

背中に乗り、噛みついてくる。

伸ちゃんは具合が悪いんだから、譲りなさい!! と言ってみたけれど、まるっきり勢いは止まらない。秀もつられて暴れ始めた。しかたがない。君たちは運動場で飲みたまえと予備の一本をやってしまったのが間違いのもと。

何この水、凄いうまいじゃん!! うまいじゃん!!

と大喜びしてペットボトルをぐしゃぐしゃにしてはしゃぎ始めた。手がつけられない。ペットボトルを見ただけで、ギョギョーッと騒ぐようになってしまった。大失敗だ。

おが粉の中に注射針落下!

三日目になると、伸は随分元気になって、お尻に体温計を突っ込まれるのを嫌がり始めた。そして夢と秀は、体温測定すらも何か食べものをもらっているのではないかと、騒ぎ始めた。

口ではなくお尻に突っ込んでるのが見えないのかね、君たちはあっ。うろうろ歩く伸の尻を押さえてついて歩く私。そしてその後をついて回る夢と秀。狭い運動場の中で三頭と一人がぐるぐる回ってだんだん加速して、このままではバター、ではなくラードになってしまう。けれども伸の熱は、まだ平熱に戻らない。

念のためにビタミン注射もしようと、注射器をセットし、小屋の中に戻った伸を追いかけて、打った瞬間に伸が身体をよじった。注射を覚えて拒否したのだ。賢い奴め。

針が注射器から外れてぽとりと下に落ちた。

あ……。と思った瞬間にもう針は伸が蹴り散らしたおが粉に埋もれて見えなくなっていた。どうしよう。血の気が引いた。もし三頭の誰かに刺さったり、食べてしまったりしたら。ぞっとした。

半狂乱になっておが粉を掻き回す。しかもあと一時間後には、お客さんが東京から遊びに来てくれる予定があった。どんどん焦って、息をするのも苦しくなってきた。すると心配したのか三頭がやって来て、私たちもお手伝いしましょうと言わんばかりに鼻でおが粉を掻き回してくれる。

やめてやめてっ!!　三頭ともあっち行ってもう!!

四つん這いになっておが粉を掻き回して三〇分、針を発見した時には、くたくたに疲れ脱力し、しばらく立ち上がることができなかった。

注射は、運動場のコンクリ床の上で打つべきだったのだ。この教訓を生かす機会があるとは思えないけれど、次に動物に注射する時が来たら、絶対そうしようと心に誓った。

最後の肥育追い込みが農家の醍醐味

伸がようやく元気になり、出荷の日が直前に差し迫った九月上旬、松ヶ谷さんが三頭の体重を測ってみようと言ってくださった。一体どうやって測るんだろうかと思っていたら、出荷前日、トラックに檻のようなものを積んでやってきた。ちょうど夏休みを利用して獣医大生が農場研修に来ているとのことで、彼らも労働要員として連れてきてくださった。

体重計はすさまじく重い。私一人ではどうにも持ちあがらないものが、何と多いことか。学生さんたちによし重い。そりゃ一〇〇キロ超える豚を測定するのだから当然だ。しかって、体重計はトラックの荷台から下ろされ、柵を越えて運動場に搬入された。

一頭ずつ追い込んで体重を測る。夢が八七キロ、秀が九五キロ、そして伸は七九キロ。

「やっぱり全然足りないじゃないか。このままじゃ小貫だぞ。中ヨークなんかガリだぞ」

松ヶ谷さんは顔をしかめる。通常の肉豚の平均出荷体重は、一一五キロである。屠畜場で頭を落として、皮を剝き、脚先を落として内臓を取り除いた「枝肉」の状態で、およそ七三キロ前後が理想とされる。

枝肉は日本格付協会によって、豚の等級がつけられるのだが、七三ならば極上。もちろん背脂の厚みなど、他にも審査基準はあるものの、とりあえず枝肉で五四キロ以上八六キロ以下でないと、等級がつかずに等外となる。

それらの枝肉は小貫、大貫と呼ばれてほとんど値がつかない。大貫のほとんどは肉用豚ではなく種豚や母豚で、肉は加工用に回されている。

うちの豚は、格付けしてもらうわけではないし、買い戻すからいいんじゃないかと思っていたのだが、松ヶ谷さんは首を振る。

「これから豚がぐんぐん太って美味くなるんだ。ここからが農家の醍醐味なのに、今つぶしたらもったいないよ」

そうかあ。たしかに小貫はショックだ。それに農家の醍醐味と言われてみると、急にギリギリまで太らせた方がいいかもしれないと思い出した。せっかく食べるために飼っているのだから、おいしくしたい。

とはいえ豚を食べる日にちは、九月二九日と決まっていた。肉の日にちなんだわけではなく、その日しかシアターイワトが空いている日がなかったのだ。秋は公演ラッシュなのだ。

屠畜日を食べる日の二週間以上も前に設定していたのは、ソーセージやハムなどの保存食を作ってもらおうと思っていたのだ。

結局、千葉県食肉公社の内藤さん、シアターイワトの平野公子さんと相談し、保存食メニューを諦め、屠畜日をギリギリの二四日にずらしてもらうことにした。その日はもう豚が一杯で……と渋る内藤さんに、松ヶ谷さんは、うちの豚の出荷を減らしてもいいからとまで言ってくださった。ありがたい。涙が出そうだ。それより何より後一日で出荷、つまりお別れするつもりが一二日も延びてしまった。気持の収めどころがわからない。

しかしそんな弱音を吐いている場合ではない。ここまで来たからには、全力を注いで三頭を太らせるしかあるまい。後一二日。肥育強化合宿のはじまりである。

増量と逡巡と

のんびりしすぎてがっつきが足りない？

豚を短期間で太らせるためにはどうしたらいいんだろう。

実はこの悩みこそが、すべての養豚家が抱える不変にして切実な問題なのである。豚は三キロ食べて一キロ太るという。食肉のために改良を重ねた家畜とはいえ、改めて数字を突きつけられると凄い。

豚に畑のくず野菜や残飯をやって、糞尿を田畑にそのまま撒いていた時代と違い、飼料を購入して与え、浄化槽など設備に莫大な費用をかけている現在、少しでも効率よく太ってくれないと、餌代だけでなく、光熱費もかかるし、原価率が上がってしまうのだった。

私の豚の原価は、豚舎建設費を算出しただけで、もはやどうやってもモトがとれる状態ではないので、農家の気持を正確には追体験できない。だからこそ高価なビタミンウォーターを飲ませてしまったわけだけど。

それでもこれだけ苦労したんだから、少しでも脂ののったおいしい肉を食べたい。ならば、あと一二日も屠畜を延ばしたのだから、せめてその間の「餌の食いを良くする」しかない。

これまで不断給餌器を使い、いつでも餌を食べたい時、給餌器に鼻を入れれば餌が落ちてきて食べられるようにしていた。それがまずかったのではないかという意見を聞いた。つまり、いつでも食べられる状況で、食欲が落ちてしまうというのだ。ほほう。がっつきが足りなかったのか。十分がっついているように思えたのだが。

三頭を飼うことを決めた時に、多頭飼いよりもストレスが少ない分、育ちが良くなるかもしれないという意見と、競争力がなく、のんびりしすぎて成長も遅くなるかもしれないという意見があった。何しろ庭先養豚をしていた時代とは豚の改良も進んでいるのだし、飼料も違う。特に三元豚は、より早く大きく育つように改良されてきたものだ。結局のところやってみないとわからないことが多すぎた。

結果として、多頭飼いよりはストレスは低くおさえられたが、育ちは遅くなったということになる。もちろんストレスがゼロだったとは言い難い。伸は夢からいじめられていたのだから。ただ、ストレスを、飼養方法でゼロにできたのかというと、怪しい。

北海道の広大な土地で、放牧養豚をしている農場にお邪魔したことがある。豚たちは、広大な雪原を走り回っていて、表情もとっても生き生きしていた。素敵な農場だった。けれども一頭だけ、いじめのターゲットになって両耳から血をダラダラと出している豚がいたのだった。豚が奔放になっている分、いじめ方も激しそうなのだ。放牧だと、豚房を替えて対処することもできない。解決は、むずかしそうだった。

あれだけ自然に近い形の放牧の群れ飼いをして、いわゆる密飼いなどのストレスはなくても、いじめはゼロにはならないのかと、妙に納得した。仲がいじめられている状況を、最後まで変えられなかった罪悪感が、少しだけ軽くなった。もしかして豚って結構陰険な動物なのかなあ。

不断給餌をやめてみる

ともあれ、豚の食いを短期間で良くさせるには、ある程度ハングリーな状況を作った方がいいのかもしれない。それならば不断給餌をやめて、餌をやる時間を決めてみたらどうかと言われた。時間を決めて給餌している農家もたくさんある。その方が豚の食いがいいというのだ。

ただし時間をちょっとでもまちがえると、豚が大騒ぎして啼き出す。私がこれをやらなかったのは、単純に騒音が怖いのと、毎日の仕事量を減らすためだった。一人養豚なのだから、手を抜く部分は抜かないと、持たないと思ったからだ。よし。後一二日だけなんだから、やってみよう！

　夕方、いつものように水浴び兼運動場清掃、流れた汚水を浄化槽に汲み移す作業を終え、ボウル一杯のくず野菜やもやしを三頭にあげた後、給餌器のレバーをくるくると回し、開口部を閉じて小屋を出た。

　家に入って長靴と作業着を脱いでシャワーをさっと浴び、服を着てパソコンを入れたバッグとともに外に出た。三頭はもう異変に気づいていて、ダダッと出てきてゴッゴッゴッと必死に訴える。目が真剣だ。

　どうしたんだよ、なあ、給餌器に鼻を突っ込んでも餌が落ちて来ないんだよ。どうにかしてくれよ。フゴッ、フギッフギッ、フギッ。

　あー。気付きましたね、みなさん。

　はいはいはい。明日の朝がっついてもらうために、今晩は断食ですよー。水は飲めるんだから大丈夫。ほんじゃおやすみー。

　どこまでが気のせいなのかわからないのだけれど、このように説明を三頭にしてみたところ、フ、ギィィィィと悲鳴を上げだした。たまらん。『ヘンゼルとグレーテル』の魔女のおばあさんになった気分だ。啼きたいだけ啼くがいい。近所から苦情がきても、一〇日後につぶしますからごめんなさいと言えるもの。

ブルーシートで入口を覆い、キイキイ喚く三頭を置いて、原稿を書きに外に出た。夜遅くに帰宅し、そっと小屋を覗くと、三頭は空きっ腹を抱えたままふて寝していた。

翌朝、起きると同時に作業着を着て、ブルーシートをはがすと、もう三頭がそわそわしてお待ちかねだった。中に入ると長靴にぶつかるようにしてまとわりついてくる。しめしめ。これでがっつり食べてくれれば。

給餌器のレバーをキリキリ回し、飼料を下に落とすと同時に、夢と秀が給餌器に顔を突っ込み、ガツガツと食べ始めた。周りを伸がモノ欲しそうにうろうろしている。

しまった。これでは伸が食いはぐってしまう。あわててバケツを持って来て、飼料を掬って移し、伸にやろうとするのだが、夢が気配を察して、「そっちはごちそうかよ」と、給餌器から頭をもたげ、バケツに寄ってきて邪魔をする。よし、じゃあ伸は今のうちに給餌器の空席を奪還して食べなさいと、誘導するのだが、うまくいかない。

バケツの飼料も給餌器もと夢が動き回って伸が食べようとするのを阻む。ほんとうに意地汚い豚だ。そして夢が暴れ食いをしている間も、秀は黙々とわき目もふらずに食べ続けている。ああ、なんて効率のいい豚。

しかたがない。とりあえず夢が沈静化するのを待とう。しばらくして夢も秀も満足したらしく、運動場に出て行った。さ、伸ちゃん、空いたから食べなさいと、振り向くと、伸がぼんやり突っ立っている。あ、あんた、食べなくていいの？

なんか、もういいかも……。と言わんばかりに、伸はそのまま食べようともせず、首をかしげつつ膝を折り、寝そべってしまった。何という食い気のなさ。もともと中ヨーク、つまり伸専用の餌だというのに、この食欲のなさはどうだろう。野菜や庭の雑草なら、三頭のうちで一番ぱくつくというのに。三頭で暮らすうちに、何でも夢たちに譲ることを覚えてしまったのだろうか。

優しい子だねえ。と言ってやりたいが、食用豚に謙譲の美徳はいらない。このやり方では伸を今より痩せさせてしまう恐れがある。ダメだ。

秘策を打つ!!

だいたいどの農家でも、出荷までに豚を仕上げる秘策を持っているものなんですよ。よくやる方法ですけど、水溶きしてやってみたらどうでしょう、と教えてくれたのは、清和畜産の菅谷知男さんだ。早川さんに連れられて、遊びに来てくださった。

なるほど。試しに飼料を水でドロドロに溶いてやってみると、すさまじい勢いで食べ始めた。うわあああ、これか、これだったのか。給餌器には給水装置もついていて、飼料を食べながら水も同時に飲めるようにできていたのだが、どうも水溶きとは違うらしい。

同じ餌に飽きてるのかなと、飼料を溶いてホットケーキのようにフライパンで焼いたものを食べさせてみたが、こちらの反応は粉のままよりは少し良いけれど、普通だ。やっぱり水溶きが好きなのだ。

ただし、それでも伸の食いは圧倒的に悪い。我慢しているうちに胃が小さくなってしまったのだろうか。豚なのに……。

そこで伸に少しでも飼料を食べさせるために、水溶き飼料に伸の大好きなキャベツやもやしや、庭に自生している葛の葉などの雑草を混ぜてみた。良く食べてくれる。これなら草に絡ませた分だけでも飼料摂取量は、上がるかも。

しかも庭の雑草は、夢や秀はそれほど食べたがらないという特典つきだから、ちょうどよい。飼料は茶色いので、野菜の胡麻和えでも作っているような感じだ。しかし伸、おまえほんとうは山羊なんじゃないの……？

こうして一日二回、軽く運動場の床の糞を取ってから、浅いバットに飼料を入れ、水を入れてドロドロにして、さらにくず野菜などを混ぜたものをやることにした。

想像以上の重労働だった。まず容器は三つ用意しなければ、意味がないので三つ用意した。ヨーイドンで一斉にあげたいのだが、一つずつ柵のドアを開け、入れねばならない。これがなかなか大変だった。

外開きのドアを開けただけで興奮した三頭が飛び出そうとするので、容器だけを押し入れることもできない。ドアが内開きだったらどんなに楽だったろうか。

通常の出入りでも、手足を使って追い払いながら入るのに、タプタプの水溶き飼料が入ったバットをこぼさないように片手で抱え、足に鼻タックルしてくる三頭をあしらいながら突入。ドアを閉め、バットを置き、すぐにまた次のバットを取りに外に出る。

空のバットだけ先に並べておいて大バケツから飼料を注ぐなど、いろいろ方法を考えたのだが、夢が大騒ぎして空のバットと戯れてめちゃくちゃにするので、結局一つずつ飼料を入れたものを置くのがいちばん良かった。

三つの容器を置いたところで安心できない。三つのバットをすべて自分のものにしたい夢を、バスケットのディフェンスのように長靴で邪魔しつつ、少しでも長く、伸が食べ続けられるようにしなければならない。

少しでも気を抜くと、夢は私のディフェンスを破り、秀のバットにまで鼻を突っ込む。秀だってあぶれれば伸のバットに鼻を出す。そして伸があぶれてしかたなく夢のバットに鼻をつけた瞬間に夢が、おい、俺のバットに何してんだよ、と戻って来る。なぜおとなしく食べてくれないの……。

それでも伸は、断食作戦の時のように、食べる気力自体をなくすことはなく、食べたがってくれた。この方法を続けることにしよう。伸は飼料の中の野菜だけを食べ終えてしまうと残りの飼料を食べなくなる。しかたなく、庭の草を追加でむしってきては水溶き飼料と和えて食べさせた。

夕方に食べさせた後には、さらに給餌器の受け皿部分に水を溜め、飼料を落として水溶きを五キロくらい作っておいた。夜食だ。作りすぎると翌朝捨てなければならなかったけど、それでも減っているので夜中も食べてはいたようだった。

食べ終わる頃には、三頭の顔も前脚も運動場の床も、水溶き飼料でべちゃべちゃのぐちょぐちょだ。そしてそのまま私にじゃれついてくるのだからたまらない。背中にのしかかったり、私の長靴から作業着の裾を引っ張り出すのに夢中になる。あっというまに私の顔や髪の毛も、作業着もどろどろになる。

ひとしきり遊んでから、運動場の床を水で流してこぼれた飼料を流す。掃除をしっかりしないと、翌日には酸っぱい匂いが漂う。こぼれた飼料がいたむのだ。水溶きは無駄になる分も出てくるし、掃除の手間もかかるというわけだ。さすがに一二日間だけと思ったからできるけれど、これを毎日一人でやっていたら、本業の仕事はまったくできなくなっていただろう。

ただ、効果は確実に感じられた。気のせいかもしれないが、日に日に三頭、特に夢のあご周りあたりがふっくらとして、腿や肩も張ってきているように見えた。菅谷さんに感謝だ!!

秀の変化

時は少し戻る。ちょうど伸が熱を出した頃と前後して、食べて寝てばかりいるデュロック、秀にも大きな変化があったのだ。

これまでの秀はずっと人間に無関心。誰が来ても食べるか寝るかで、寄って行こうともしなかった。私にもキャベツやトウモロコシをもらう時だけは近づいて来たものの、それ以外の反応はとにかく薄く、目を合わせようとすることもなかった。

豚同士、夢や仲とも鼻をこすりつけ合ったり、交流のようなものはあるけれど、大きな喧嘩もしない。うちに来た頃は気の強そうな感じもあったのだが、夢がどんどん暴れるようになるのと同時に、とてもおとなしくなっていったのだ。

ただひたすらもくもくと食べて寝てを繰り返す秀は、表情豊かな夢や仲と比べて、豚としては手もかからないし、理想的なのだけれど、ちょっとバカなのかなーと思ったのも事実だ。

それが九月に入った頃から急に私に甘えてくるようになったのだ。顔つきにも表情が出てきた。私の目をちゃんと見てくれるようにもなった。

これには参った。ものすごくかわいい。もともと愛想のいい仲も、兇暴な夢も、もちろんかわいい。しかし、バカなのかなあというくらい反応が薄かった秀が、ずっと話しかけているうちに、皮が剝けるように表情が出て、甘えてくれるようになったのだ。

どうやら情緒も成長するものらしい。ものすごく嬉しくて、かわいくなってしまった。困った。屠畜までにもう後一ヵ月もないというのに。

夢を食べることはある程度覚悟ができていた。何度もマウンティングされ、屠畜の話をしたらハンストも起こされ、動揺して車の事故まで起こした。何というか、喰うか喰われるかの気合いとともにいつも相対してきた。愛情も深いが、事故によって新たに喰おうという腹も据わっていた。

伸はといえば、まあ正直なところ、ずっといじめられているのを何とかしてやりたいと見てきたものの、この豚はほんとうに気立てが良すぎた。来る客の誰にでも愛想を振りまくのだ。飼い主としての愛は、夢に対するものよりは、濃くはなかった。ただあまりにも人間に近い表情をするので、逆にこれをいずれ食べるのか、と毎日意識するようにしていた。今さら特に動じることもない。

秀に関してはずっと何も考えなかったのだ。何しろ普通にしていても肉に見える豚だったのだ。やってきたお客さんも、表情が乏しく、丸々と太って寝てばかりいる秀に「うまそう」と声をかける人が圧倒的に多かった。

しかも病気一つしないし。飼い主の心をまるっきりざわつかせることなくここまで来たのに、いきなりくるくると目を動かし、鼻を私の胸に擦りつけて甘えてくるようになるとは。

秀に出産させる？

なんてかわいいんだ――と秀の頭を抱き寄せていると、気配を察した夢が嫉妬して秀を

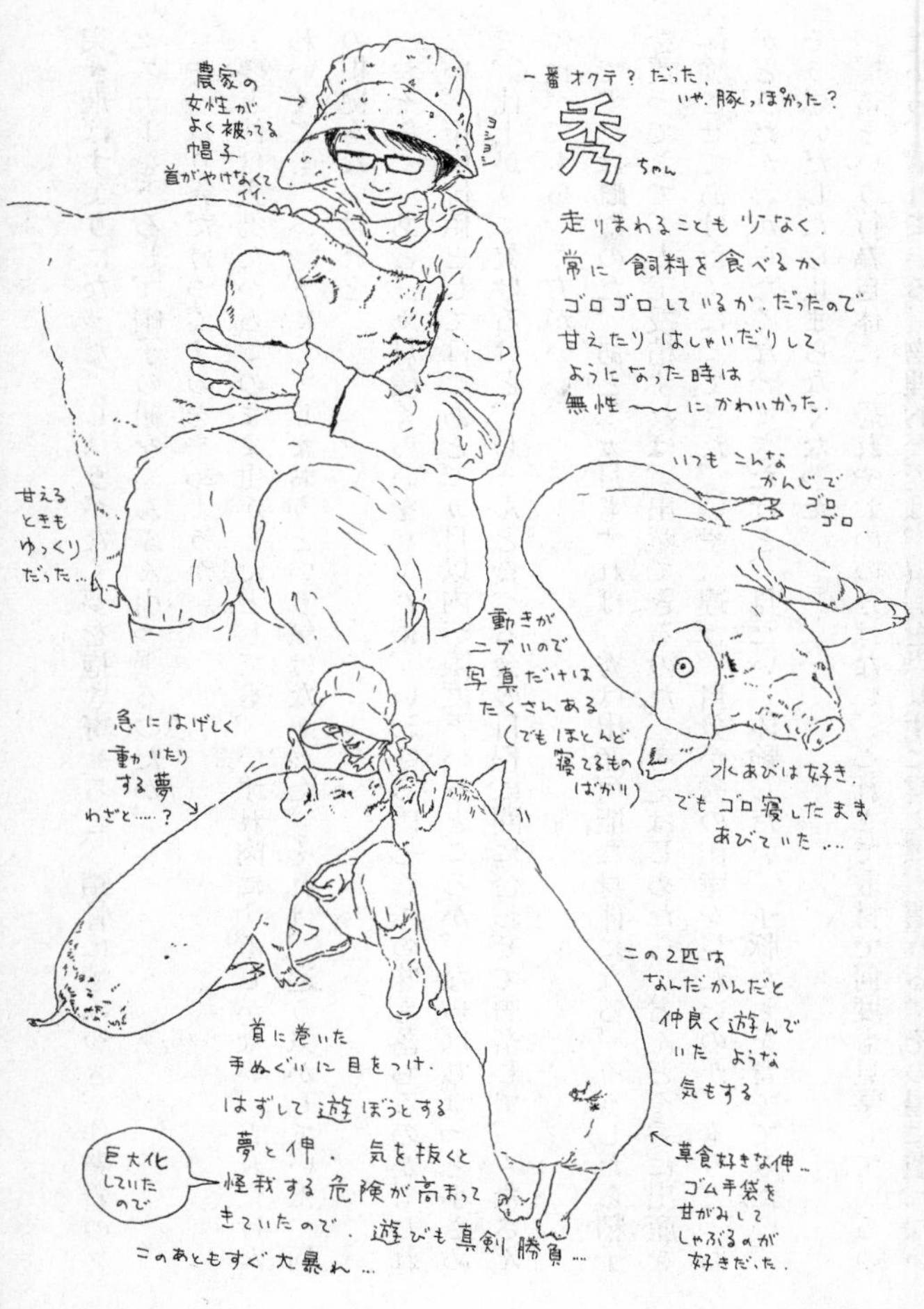
農家の
女性が
よく被ってる
帽子
首がやけなくて
イイ。
ヨショシ
一番オクテ？だった。
いや、豚っぽかった？
秀ちゃん
走りまわることも少なく。
常に飼料を食べるか
ゴロゴロしているか、だったので
甘えたりはしゃいだりして
ようになった時は
無性〜〜にかわいかった。
甘える
ときも
ゆっくり
だった…
いつもこんな
かんじで
ゴロ
ゴロ
動きが
ニブいので
写真だけは
たくさんある
（でもほとんど
寝てるもの
ばかり）
水あびは好き。
でもゴロ寝したまま
あびていた…
急にはげしく
動いたり
する夢
わざと…？
この2匹は
なんだかんだと
仲良く遊んで
いたような
気もする
首に巻いた
手ぬぐいに目をつけ、
はずして遊ぼうとする
夢と伸。気を抜くと
怪我する危険が高まって
きていたので、遊びも真剣勝負…
巨大化
していた
ので
このあともすぐ大暴れ…
草食好きな伸…
ゴム手袋を
甘がみして
しゃぶるのが
好きだった。

突き飛ばすようになった。しょうがなく夢を抱き寄せると、鎖骨に嚙みつき、作業着のファスナーを下ろし、帽子の紐をぶんぶん引っ張るのだが。

やっぱり秀だけつぶすのをやめようか。

夢と伸は去勢だからこのまま生かしたとしても、いずれ肉にするしかない。どれだけかわいくても、ペットにしてしまおうという気はなかった。それは、違う気がしていた。何の根拠もないけれど。

おそらく、あと三ヵ月後くらいをピークに、いわゆる肉としての味も落ちるのかもしれない。市場価値としては、あと二ヵ月以内が限度というところか。ならばちょっと小さめで、仕上がりに欠けるけど、ちゃんと食べる会の日程に間に合わせて屠畜して、みなさんに食べてもらった方がいい。

でも秀は雌なのだ。あと二ヵ月もすれば、秀は出産可能な身体になる。そうしたら精子を買ってきて、人工授精すれば、出産できるのだ。考えはじめたら、どんどん秀に出産を体験させてあげたくなってきた。いや、違う。自分が秀の出産を見たいのか。もうどっちがどうだかわからなくなってきたけど、見たいし体験したい。子豚たちを育ててみたい。そう思いだしたら止まらなくなった。

屠畜という行為自体に、恐れやおののきはない。これまで取材で何度も見学しているのだから、慣れている。物理的な死は、誤解を恐れずに言えば、慣れる。その場に慣れない読者の方々には奇妙（もしくは残酷？）に思われるかもしれないが、三頭が喉を切られ血を流す瞬間を想像することもできるし、それを恐ろしいともかわいそうとも、あまり思えない。そういうものだ。

あの場で彼らは肉に変わると言ってもいい。肉になったら食べるしかない。そこに躊躇も、今のところない。

豚を飼い続けていたい……

ただ、三頭とこれまで培ってきた関係性は別だ。屠畜の日を境に、ぷつりと切れてしまうのが、とても惜しかった。その先の想像がつかないと言い換えてもよい。これまで私と三頭が交わしていたものが、どこに消えてしまうのかが、皆目見当がつかなかった。消えたら消えたでいいような気もするし、とても寂しい気もする。

ペットではない。ましてや家族や友人でもない。彼らは家畜だ。かなりペットに近い形で飼ったかもしれないけれど、家畜だ。でも、たしかに愛情を交わし積み重ねてきたのだ。

豚を食べるために殺すのに躊躇はないけれど、豚をずっと飼い続けていたい。

つまりは、そういうことだ。一文にすると、矛盾しているようにもとれる。でもそうなのだからしかたがない。

もし、住んでいる借家がもっと居心地の良いところだったら、買い取りの算段をして、秀を残し、趣味の軒下養豚に突っ走っていた可能性だってある。

しかし借家は長期間住むには、あまりにも寒かった。ここで冬を越せる気がしなかった。それに二〇年ぶりに夜中に非現実的な、つまり霊的な足音を聞いてしまい、気のせいかもしれないけれど、この廃屋を買う気にはなれなかった。賃貸の契約を延長することは、最初からできないと言われていた。

もしあの時豚を飼える家を探す時間があったらと、今も少しだけ考える。考えてもしかたないのだが。

結局、秀をつぶさずに出産させるという計画を実行には移さなかった。種の違う三頭を同時につぶして食べ比べる。はじめに計画したとおりに、実行しよう。もしそれでどうしてもまた豚が飼いたくなったら、その時に考えることにしよう。

やっぱり、おまえを、喰べよう。

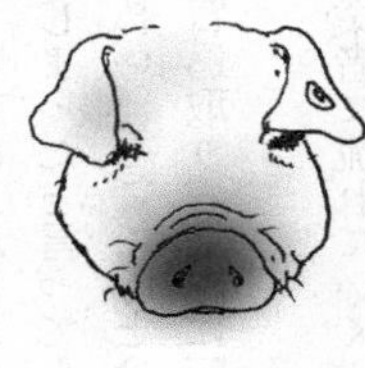

最後のおやつはサツマイモ

じたばたと餌やりに明け暮れているうちに、屠畜の前日となった。三頭は無事に太ったのだろうか。太ったようには見えるけれど。あれだけ苦労して食べさせてたのだから、太ってくれなければ困る。

正直なところ、三頭との別れが辛いのかどうか、あまり考える余裕もなかった。一二日前は少しは動揺していたのだが、屠畜を延期したために、気分が完全に削げてしまっていた。

もうさっさと終わらせたい気分が勝っていた。午後に千葉県食肉公社の内藤さんと、東総食肉センターの石川さんが、サツマイモを持って来てくださった。最後のおやつである。

サツマイモは細かったし、刻むのが面倒だったのでそのままやったら、夢は噛みついたもののぽろぽろこぼしてしまった。秀はバリバリとよく咀嚼して食べていた。

三頭の様子を見て内藤さんが、「内澤さん、こいつらいなくなったら寂しいでしょう」と心配してくださる。そうなのだ。今はやることがたくさんあって、気が張っているけれど、実際に三頭がいなくなった小屋を見るのはちょっと嫌だった。

肉とともに東京に行って、食べる会を終わらせたらすぐに豚小屋と家を撤収するために戻るのだけど、一人でこの家に寝泊まりするのは少し憂鬱だった。獣医の早川さんのアパートに泊めてもらおうかと考えていた。

内藤さんによると、明日の豚の予定処理頭数は満員御礼。つまりちょうど一八〇〇頭だという。三頭は、一番最後の一七九八番から一八〇〇番の屠畜番号がつけられることとなる。普通の肉豚だけでなく大貫も終わらせた、正真正銘のいちばん最後となるのだ。

最後にするのには理由がある。前にも書いた通り、三頭のすべてを手に入れるためなのだ。それができるというところから、この土地で豚を飼う話がはじまったと言ってもよい。

通常、農家は豚を持ち込み、屠畜料（検査料込）を屠畜場に支払い、そこで豚とはお別れとなる。枝肉になった豚はその場で格付けされ、翌日卸業者が買い取り、精肉に回す。農家は業者からお金を受け取る。これが枝肉の一般的なルートだ。

屠畜の過程で切り離された内臓、頭、肢先、皮は、そのまま各業者に流れていく。枝肉には屠畜番号がついているし、一日冷蔵保存するために、農家が翌日業者に売らずに取り戻すことは、一応可能だろう。

でも、肢先や内臓や頭となると、自動的に業者に流れて処理されてしまうので、取り戻すのは難しい。屠畜番号も個体識別番号もついていないので、ごちゃごちゃになる可能性も大きい。

五〇頭出荷したうちのどれかを取り戻すのならば、まだ可能だろうが、この豚の内臓を、となると相当難しい。何しろ一日で一八〇〇頭分の内臓を処理するのだ。内臓の処理はスピードが命。屠畜場から流れてきた内臓を片っ端から洗っていくのに、一頭ずつの管理は相当な手間だ。トレーサビリティと簡単に言うけれど、完全徹底させるのは容易ではない。

BSE検査が始まって以来、牛の内臓に関しては処理してから検査結果を待って一晩待機させなければならなくなったが、以前に取材した屠畜場では、それでも中を洗浄する消化器官、白モノは、何頭分かの群単位での管理にしていた。陽性反応があれば、その群全部を処分するということだ。安全は十分に確保できる。

一日の処理頭数四〇〇頭前後でもそうなのだ。現場の状況を知っているだけに、「この豚の……」なんて要求が、いかにイレギュラーかも重々承知だ。でも、私は生業として豚を飼っているのではないのだから、やっぱり飼うならば三頭のすべてを食べなくては意味がない。

セルフ屠畜は違法です

だからといって、自分で屠畜することは考えられなかった。怖いのではない。やりたい気持は十分ある。誰かに押さえてもらえばナイフで喉を突くぐらいはできるだろう。ただしその後の内臓の取り出しに自信がない。皮は剝かずにお湯をかけて毛を抜くのならできると思うけれども、内臓だけは傷つけてしまったら大変だ。

そもそも私はさほど器用ではない。芝浦と場で錆びついたナイフをお借りし、休憩室にある研磨機にかけてみたら、目を回して倒れてしまった(屠畜の現場で血を見ても倒れたことはない)。ナイフはまるで切れるようにならなかった。そんな腕前では、肉を無駄にするのは明らかだ。

そしてくどいようだが、自分でやってしまえば違法。自分で三頭のすべてをこっそり食べねばならない。誰かに食べさせて何かあったら逮捕されてしまう。どれか飼育途中で死ぬかもと、保険で三頭にしたとはいえ、三頭分の肉を自分一人で食べるとしたら、巨大な冷凍庫を一年、いやもっと長々と所有する必要がある。豚を一頭つぶせば、ヨーロッパの農家では家族が冬越えできるのだ。三頭の肉を食べるのにどれだけかかるのか、考えただけで気が遠くなる。何より、違法行為をしたら原稿に書けないし、誰にも話すこともできない。それは困る。

どう考えたって、豚を飼うなら屠畜場に委託する以外考えられなかったのだ。そして豚を飼うだけ飼っておいて、屠畜のあてがつかないなんてことだけは、避けたかった。「いちばん最後にすれば何とかなる。大丈夫、うちでやったげるよ」と千葉県食肉公社の内藤さんが言ってくださったからこそ、この計画に踏み出せたのだ。ほんとうに飼ってしまうとは、誰も思っていなかったみたいだけど。

たしかにいちばん最後にしてもらえば、他と混ざる可能性は低くなる。千葉県食肉公社の屠畜工程は、二回ほど見学しているから、だいたいの流れは私も頭に入っている。何とかなるかしらん。ほんとうに肢も内臓も頭も戻してもらえる？　あ、内臓の中身の処理はプロにお願いしたいから、その分のお金はもちろんお支払いしますから。じゃ、よろしくお願いしますー。などという話はもう三頭が生まれる前どころか、人工授精する前からなされていたのだ。

それにしても一八〇〇頭の満員御礼かあ。千葉県食肉公社が繁盛するのは喜ばしい限りだ。が、屠畜場への持ち込みは、当日午前一一時までにしなければならない。待機時間が気になる。最後って何時くらいになりそうですかね。

「うーん四時は回るかな」了解です。それなら係留所に入れてから一度戻って、またその時間に行くって形になりそうですね。

秀と伸は、冷蔵保存した後、翌日そのまま公社の中にある東総食肉センターでカットしてもらう。食べ比べするバラ肉の一部分だけをのぞいては、一キロ単位の塊肉にして、真空パックにして当日販売に回す。

そして夢は、翌日別の場所の別の業者に持ち込んで、料理人からの要望に合わせてカットしてもらう。会場で借りる冷蔵庫も、日にちが限られているので余らせることはできない。一キロ単位の肉を買ってくれる人がどれだけいるだろうか。でも販売の手間を考えると一キロ以下に細かくすることはできない。

とはいえ、一体三頭で正味のところ肉がどれくらいになるのかは、開いてみなければわからないのだ。生体一一五キロの豚から取れる肉は枝肉で七五キロ、骨を抜いて精肉して四九キロというデータはある。

あるけれど、まず三頭とも一一〇キロに達してないだろうし、歩留まりというのだが、肉の割合が低い場合もある。脂ばかりで取れる肉が少ないということだ。そうすると一頭だけでほんとうに大丈夫なのかしら。いろいろ考えすぎて頭がおかしくなりそうだった。

殺さないでと言う母、食べる日を待つ父

「一キロ単位でしか買えないの。じゃあウチは無理よ。私は食べられないし。年寄り二人で一キロなんて無理だから、買わないからね。送っても来ないでね！」とわざわざ電話で言ってきたのは、実家の母である。

娘が何をやろうと、消費者目線を崩さない人だ。

それどころか八月には「豚を殺さないでほしい。せめてあなたが飼った豚を、あなたが食べるのだけはやめて」という手紙を送って来ていた。

神奈川県鎌倉市に住む両親は、七月末に一度だけ特急電車に乗って、千葉の東端の私の家を訪ねて来てくれた。廃屋に泊めるわけにはいかないので、豚を見せて海辺の漁師食堂で食事してから銚子の旅館に送り、泊まってもらった。

母はその時ちらっと見ただけの三頭の豚の顔が、どうしても忘れられないとのこと。私が豚をとてもかわいがって育てているのはすぐにわかった。だからこそ食べないでほしいと書いてある。理屈はわからなくはないけれど。じゃあ何のために飼ってると思っているんだろう。

屠畜場の取材をして本も出してるし、テレビ番組でキューバに行って豚つぶしてもらって喜んで食べてる姿も見たはずなのに。娘が何をやってるかわかっていなかったのか？三頭分の「豚肉」の行く末にキリキリしている時に、動物愛護団体ですら寄こさない手紙をよくもまあ、とぶち切れかけたのであるが、老親相手に切れてもしかたがない。受け入れがたいことばかりしでかす娘を持った不幸は、一人で嘆いてください。千葉から念を送って、放り出していた。

ところが敵もなかなか諦めない。八月末ごろ父からメールが来た。「ブタを処理するスケジュールは決まりましたか？　早く『けり』を付けてください。決まったら、教えてください。（一行アキ）お母さんから　淳子（本名）に自分が飼った豚の肉は食べて欲しくない!!……（お父さんには送ってください）父」

食いしんぼうの父は豚を食べるのをかなり楽しみにしている。しかし台所の実権を握る母には逆らえない様子が、うかがえる。真空パックにするところまで一括でお願いしているのに、そんな細かい対応までは、手が回らない。父には、シアターイワトで開く食べる会に招待するからそこで食べてくださいと、メールを打った。いやはや、モロッコやバリ島の肉屋さんは、よくもまあ冷凍庫も持たずに、肉を売り回しているものだ。

体重再計測の首尾は如何に

日が暮れてから松ヶ谷さんが、再び重い体重計を積んでやって来てくださった。ほんとうにありがたい。こんなにいろいろな方に協力していただいているのに、いまさら食べない殺さないなんて思うわけがないじゃないか。

三頭の体重は、伸が八五キロ、夢が九九キロ、秀が一〇三キロだった。伸は格付けでギリギリ並に乗るか乗らないかだろう。格付けは関係ないとはいえ、やはり悔しい。ごめんよ、伸。太らせきれなくて。伸に申し訳ない気持で一杯になった。それでもこの一一日間で一応伸を六キロ、夢を一二キロ、秀を八キロ太らせることはできた。改めて豚という動物の凄さを思い知る。

深夜の最終のバスで、イワトから撮影部隊の丁野さんがやって来たので、最後の晩餐を撮ってもらった。三頭はいつも通りガッガッとどろどろの餌を食べていた。ああ、これで一キロくらい増えてくれないかしら。

翌朝。出荷の手伝いに研究者の岡田尚文さん後藤さん、そして配偶者が来た。午前九時、みんな揃ったところで、加瀬さんの青いトラックがやって来た。伸を宇野さんの所から運んで来たトラックだ（運転は石川さんだった）。これで積み上がる粗大ごみも捨ててもらった。お世話になったなあ。心配して加瀬さんのお母さんまでやって来た。

出荷の準備に囲い込みのコンパネを買っておきますかと、事前に加瀬さんにたずねていたのだが、加瀬さんは大丈夫大丈夫という。そうかなあ。まあこれだけ人数がいれば大丈夫か。

通常の農家の出荷は、豚舎から豚を出してリフトに追い込み、豚全員乗せたらリフトを上げて、トラックの荷台の高さに付け、柵をはずして荷台に移動させればいい。しかしこのトラックにはリフトはない。人力でよいしょと豚を持ち上げて、一メートルからの段差をクリアするしかないのだ。手伝いに来てくれたのは、揃いも揃ってデスクワークの人々。力自慢は誰もいない。

加瀬さんが、大きなセメント袋を固く絞った棒状のものを見せる。一メートルくらいの長さだろうか。

「これをよ、豚の腋の下に入れて、持ち上げて、前脚をのせてから、後ろを持ちあげっぺよ」手伝いの男たちが聞き入る。うーん大丈夫かなあ。私は私で、三頭を小屋から追い出しをせねばならない。

まず三頭を小屋から運動場に出して、小屋の入口に座って三頭を撫でる。よしよし。落ち着いてね、みなさん。遊ぶふりをしながら、すのこで小屋の入口をふさいだ。

このすのこ、もともと廃屋に捨ててあったもので、黒く傷んでいて汚いので風呂場に敷くこともできないし、大きすぎて邪魔だと思った時もあったのに、いつのまにか大活躍している。

トラックは向きを変え、柵の出口付近に荷台の後ろをつけてもらった。トラックと柵の間の両脇に手伝いの男たちが立つ。鉄壁の守り、には見えないが、頼みましたよ。

まずは素直な伸が、のこのこと誘導されて出口に近づいたので押し出す。脇に紙棒を差し入れ、紙棒と耳を挟むようにして持ち上げる。キイキイと大声で啼きわめく伸。でも伸はやっぱり素直でおとなしい。啼きながらも荷台に脚を着き、加瀬さんに尻尾をつかまれ、下半身も持ち上げられて、荷台に上がった。

ふー。やれやれこれをあと二頭か。啼かれ抵抗されるのはつらいし、人間の力も入りにくくなる。同じ重さの物を持ち上げるよりもずっと大変だ。でも、何とかなるものだな。

振り返ると、二頭が完全に警戒モードに入っていた。伸を見てこれはやばい、と気がついてしまったのだ。小屋の入口に立てかけていたすのこを鼻でパタンと倒し、ギョギョギョギョと啼きながら小屋に逃げ込む夢と秀。くそう、甘かったか。

急いで外に出て鎖を取ってくる。今度は荷台に乗った伸が飛び降りようとしている。あああっ、誰か荷台に乗って。丁野さんに荷台に乗ってもらい、伸を奥に誘導し、中仕切りの柵を閉めてもらう。おお、うまいことできてるトラックだなあ。

伸の無事？　を確認してすぐに小屋に飛び込む。小屋から出ようとしない二頭と対決だ。豚とただ押し合いをしたところで、私が負けるにきまっている。すのこで応戦だ。豚は股ぐらを抜いて脱走するのは得意だが、板で迫られるのには弱い。農場で豚を移動させる時に、薄いベニヤ板を持って追い込んでいるのをよく見ていた。見よう見まねである。小屋に対して大きすぎるが、すのこを駆使して二頭を出し、今度は二度と入れないように、すのこを鎖で窓についているアルミ柵に縛り付けた。これで倒すことはできまい。ああ、こやつらがドアを破壊しなければドアを閉めれば済む話だったのに。

何とか秀を出口に押し出す。紙棒は完全に入らなかったが、暴れそうになる秀をみんなで持ち上げて、脚をかけさせ、尻を持ち上げて押し入れた。はあああああ。

夢、逃亡

残るは夢だ。完全に動揺してうつむいている。この豚は暴れん坊だが、臆病でもあるのだ。まずはなだめる方がいい。首から手ぬぐいを外して振ってみる。食いつきは悪いけれど、近づいてきたので抱き寄せて、よしよしと首筋を撫でる。少し甘えて手ぬぐいを噛んできたと思ったら、ふいっと向きを変えて、ゆっくり出口に向かって歩いていく。

お、チャンス。方向を変えさせないように後ろからついていく。夢はそのまま出口でも止まらずに、うつむきがちに歩く。出口で止まってぐずると思っていたみんなが一瞬あれっと思った瞬間に、急に突進して、トラックの下をくぐって飛び出して行った。

トラックを抜けた夢の目の前には、ちょうど配偶者が立っていて、突き進む夢を素手で受け止めた。あー彼に板を持っててもらえばよかったのだが。夢は配偶者を正面から突き飛ばし、そのまま公道に向かって走っていく。道には車が猛スピードで走っている。誰もがもうダメだと思った瞬間、夢は急にスピードを落として旋回、脇の草むらに歩いて行く。あわてて刺激しないように夢の後ろに回り込み、話しかけながら少しずつ家の方に進ませ、そのまま家の中に追い込んだ。まさか以前に脱走された経験が役に立つとは思わなかった。

玄関を開けてすぐの土間は広く、椅子と長机が置いてある。夢はすっかり今の状況を忘れ、嬉しそうに土間を嗅ぎ回る。土間続きの台所に転がっていたキャベツを取り、夢に与えた。香ばしい匂いがお気に入りのトロブスも、袋から掴みだしてバリバリ食べさせた。

子供の時に外で飼っていた犬を、寒い冬の日だけ、台所に上げた時のことを思い出す。いつもは許されない室内に上がりこんで、家族と一緒に嬉しそうにストーブにあたる犬を見て、私も兄もわくわくしたものだった。

こんな状況なのに、夢も家の中に入って、嬉しそうにのしのしと歩いている。そして私もこの期に及んで、なぜか嬉しいのだ。椅子に座って夢がうろうろしているのを見ると、もうずっと前からこんなふうにして、家の中で夢を飼っていたような気がしてきた。


ここで一緒に住んじゃおうか？


「そうだよねえ、夢ちゃん、もうあたしとここで一緒に住んじゃおうか」

そんなことは、ほんとうに、今の今まで思ったことはなかったのだ。けれども、嫌がる夢を見ていたら、みんなに笑われてもいいから、夢をペットとして飼ってもいいんじゃないかと思えてきた。

床をご機嫌に嗅ぎまわっていた夢がハッと顔を上げて私を見つめる。夢は、戸惑っていた。そう見えた。

「え、そんなつもりでごねたんじゃないんだけど……」と言っているように、思えた。

ピーッピーッピーッ。

トラックがバックする音が響いた。方向転換して、家の玄関につけているのだ。引き戸のガラス越しに青い車体が見え、私は正気に戻った。

やっぱり、おまえを、喰べよう。

椅子から立ち上がり引き戸を開けた。トラックの荷台にコンパネをスロープ状に立てかけ、脇をみんなが固めている。夢は警戒して玄関の匂いをもそもそと嗅ぎ回る。夢の背中を撫でて、キャベツをスロープに撒く。キャベツにつられて夢はスロープに脚をかけた。でも途中まで上ってまた引き返す。

どうするの。お家に戻るの、夢。おまえのしたいようにしていいんだよと、話しかける。もちろん夢の警戒を解くための甘言だ。夢は脇に立てかけてあった犬用のケージの匂いを嗅ぐ。そうだよ、おまえこれに入ってこの家にやってきたんだよ。大きくなったねえ。今じゃ半分すら入らないよねえ。

夢はなかなかスロープを上がろうとしない。私が先にスロープの上に上がって座り、キャベツをちぎってスロープに置いた。一歩、二歩。夢が再びスロープを上り出す。

ギョギョギョギョー。

背後で秀と伸が叫ぶ。「来ちゃダメ」と言っているようだ。振り返って「お静かに」と言ったら二頭はそのまま押し黙った。ああ、はじめて飼い主らしくふるまっている気がする。夢はそのままキャベツを食べながら、スロープをゆっくり上り、私と一緒に荷台に入

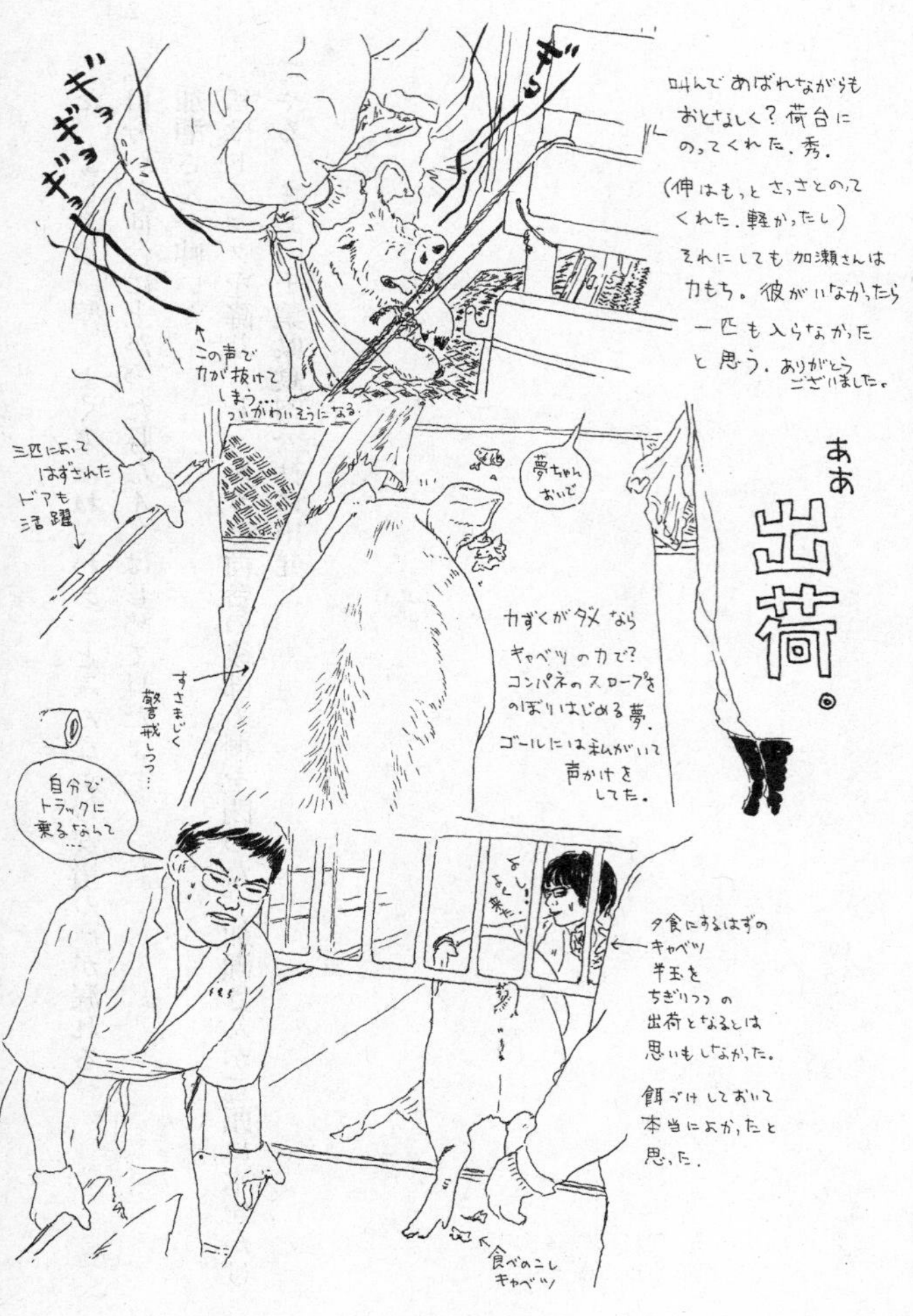
ギョギョギョ
ギュ
叫んであばれながらも
おとなしく？荷台に
のってくれた、秀。
（伸はもっとさっさとのって
くれた。軽かったし）
それにしても加瀬さんは
力もち。彼がいなかったら
一匹も入らなかった
と思う。ありがとう
ございました。
この声で
力が抜けて
しまう…
つい かわいそうになる
三匹にふって
はずされた
ドアも
活躍
夢ちゃん
おいで
ああ
出荷。
力ずくがダメなら
キャベツの力で？
コンパネのスロープを
のぼりはじめる夢。
ゴールには私がいて
声かけをしてた。
すさまじく
警戒しつつ…
自分で
トラックに
乗るなんて
…
よし
よし
夕食にするはずの
キャベツ
半玉を
ちぎりつつの
出荷となるとは
思いもしなかった。
餌づけしておいて
本当によかったと
思った。
食べのこし
キャベツ

った。よしよし。夢、よく来たね。わあ、とみんなから安堵の声が漏れる。

「自分から荷台に上がった豚なんてはじめて見たよ」

加瀬さんが呻いた。

私はトラックを降り、しっかりと荷台の後部の柵を閉めた。加瀬さんが三頭に水をかけてやる。さあ、千葉県食肉公社に出発だ。

屠畜場へ

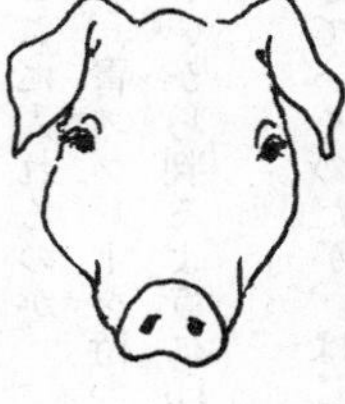

バナナを買って

疲労困憊して、三頭をのせたトラックを見送って、それで終わりではない。これからが本番なのだ。トラックを追いかけて、屠畜する千葉県食肉公社に行き、三頭を搬入しなければならない。

手伝いに来てくれた男子三人とともにすぐに支度をした。自分がどんな顔をしていたのか覚えてもいないけれど、後藤さんが僕が運転しますよと言ってくださった。頭に血がのぼりやすいので、たしかにまともに運転できるとは思えなかった。ありがたかった。

みんなを乗せて車を出した瞬間にはっと気がつき、後藤さんにホームセンターに併設したスーパーに寄って、と叫んだ。わずかながら、遠回りになる。いぶかるみんなを尻目に、ホームセンターに着くと車を飛び出して走り、バナナをひと房買い、走って車に飛び乗った。

公社に着くと、すでに加瀬さんの青いトラックは、係留所の前に着けていた。玄関右手の搬入口には、トラックごと測る重量計コーナーがあり、そこで重量を測る。三頭を下ろしてからまた計測して、三頭の生体重量の合計がわかるという仕組みだ。たいていの農家は数十頭、一〇〇頭の単位での搬入となるから、重量の合計もすごいんだろうなあ。

搬入口の向こうにトラック専用駐車場スペースがあり、その向こうに、係留所はある。前日の夕方頃から、当日の朝一一時までに搬入しなければならない。手前が豚で、その奥に牛の係留所がある。

その日に屠畜する豚一七九七頭は、すでに全頭係留所の柵の中におさまっていた。うちがドンケツである。キョー、キョキョーっと豚の叫び声がこだまする。柵は細かく仕切られていて、豚たちが二〇頭くらいずつ入れられている。搬入農家ごとに分けられているようだ。ちょうど一番はじっこに、細長い仕切りが残っている。ここに入れるのか。

トラックを係留所の床にぴったり付ける。公社の長谷川さんが、青スプレーを持って来た。三頭、どれがどれだかわからなくなると困るから、何でもいいから判るように印をつけてという。

あ、なるほど。これから三頭の肉や手肢を、バラバラに回収していくのだが、はじめの屠畜番号を割り振る時点で、ごっちゃになる可能性がある。トラックに上がり、三頭にYume、Hide、Shin、とスプレーした。係留所を管理している青年がかーわいっすねえ、名前あるんですか、と笑う。

三頭はパニック状態

トラックの荷台から係留所に移す作業も、難航が予想された。すでに三頭は、大量の仲間たちが、雄叫びをあげるのを聞き、ビビり気味である。何しろ三頭は、幼少時に大規模豚舎からうちに連れて来られ、三頭以外他の豚を見ていないのだ。

まあ、あれだ。のどかな田舎の、全校生徒が一〇人に満たないような中学校の生徒が、京都に修学旅行に来て、一クラス四〇人もいるような「密飼い」中学生と、大旅館でかち合っちゃったようなものである。

しかもみんなたくましい。一一五キロあたりまでふくふくに太らせているし、集団行動に慣れているからか、係留所に押し込まれても全然平気だ。もちろん彼らなりに何かを感じているのかもしれないけれど、三頭のビビり方に比べれば、全然図太く見えてしまう。

これまで番長風を吹かせていた夢など、もう目も当てられない。自分より大きく強そうな豚をたくさん見て、うつむいたまま目をうろうろ泳がせている。パニック状態だ。ああ、三頭のためにも、ギリギリまで大きくしてやりたかった。

係留所の柵内に移す作業は、追い込むのに豚が抵抗すれば、電棒を使う。豚に触れるとピリッと電気が走るやつだ。三頭とも動こうとしなかったのだが、加瀬さんはかわいそうだと電棒を使いたがらない。

公社の青年も「加瀬さん、いつも電棒使うじゃないっすか」とまぜっかえしながらも、かわいそうだなあと言い出してしまった。しかし三頭は動こうとしない。

ああ。なんか、そうなるような気がしたのだ。どうせこの後の屠畜場への追い込みで電棒は使わざるをえないだろうし、私としてはルールに従って電棒を使ってくださっても、まったく構わないと思っていたのだが。

彼らのいつもの作業に「かわいそう」を持ち込んでしまって、ほんとうに申し訳なくなった。

しかしそんなことになるかと思って、寄り道してでも買ったのがバナナなのであった。さっとバナナを取り出し、三頭を撫でつつ、皮を剝く。三頭はバナナを見て、わずかながら落ち着きを取りもどし、バナナに喰いつく。よーしよし。バナナを少しずつちぎり置きながら、係留所の中へと三頭を誘導する。公社の青年たちが爆笑している。

「うっわ豚ってバナナ食うんすか。手から食べてるよ!!　すっげ――」

そうなのよねえ。はじめは食べたがらなかったのに、今では三頭とも好物だ。手からの餌付けも名付けも、私のような非力で慣れない飼い主の場合、結果的には有効となったようだ。出荷のために、そうしたわけではないのだけれど。ほんとうに皮肉なものだ。

こうして千葉県食肉公社はじまって以来と思われる、珍搬入はすんなりと済んだ。秀、伸、夢の順番で係留所の柵の中に入って行った。トラックに乗せる時の大惨事に比べたら、実に簡単だった。何もかもバナナのおかげだ。

囲いは小さくて、二頭横に並ぶとぎゅうぎゅうだ。しかし縦には長い。大貫用なのだろうか。他の房は、広いけれども豚も多い。どこもかなり込み合っているのだから、贅沢は言えない。

隣の囲いの豚が、鼻を差し入れて三頭に挨拶している。ああ、三頭がどんどん小さく見える。隣の囲いの豚たちは、全員夢と同じＬＷＤと思われるが、同じＬＷＤとは思えない、おっさんな顔つきなのだ。まるで中学生と高校生。

以前農家さんに、逃げ出しても自分の豚の顔は、わかったものだと言われたことがある。豚農家が何軒も隣接している地域の場合、脱走はぐれ豚が路上をひょこひょこ歩いていると、うちのじゃない、うちのはもっとハンサムだもの。おたくは大丈夫？　なんて言い合ったそうだ。

大規模に飼うようになって、そこまでわかるかどうかは何とも言えないが、やっぱり顔立ちの特徴はあるようだ。種雄も雌（ＬＤ）も肉質を均一にするために、コントロールしていることもあるのだろう。近すぎても困るけれども、それなりに近い、血族団体みたいなものだ。

隣の囲いには一頭だけ、明らかに他の豚とは違う目立つ顔のやつがいた。目が、美川憲一にそっくりなのだ。隈取りしているのかというくらいくっきりしていて、大きい。突然変異と言ったら、大げさか。目が合うと睨まれているような眼力だ。怖い。思わず何度も何度も見てしまった。

真っ赤な背中

三頭の屠畜時間は、どうやっても四時を回るとのこと。公社で待っていてもいいよと、使っていない控室を開けてくださったのだが、どう考えても手持無沙汰だ。みんなで昼ごはんを食べて、家に戻った。

朝まで三頭が過ごしていた小屋が、突然何もない空間になっていた。もう尿も糞も排出されることはないし、それを掻き取ったり洗い流す必要もない。水溶きの餌を食べ残すこともない。何より柵の扉を開けっぱなしのままでいるのが、信じられない。一度逃がしてしまってから、扉の開け閉めにはものすごく神経を使ってきた。あっけらかんと開いている扉が信じられない。家の中にある飼料の残りだってもう食べられることはない。

とはいえ、これから屠畜がはじまるのだから、感傷に浸るゆとりはない。どうやってこの一、二時間を過ごしたのだろう。まったく思い出せない。

四時少し前に、千葉県食肉公社に戻った。伸と夢の背中は真っ赤になっていた。思わず駆けよって、またバナナをやっていたら、衛生検査員の先生に怒られた。係留所内は土足厳禁で、消毒処理した長靴でしか踏みこめないのだった。

他の農場から来た豚たちに比べ、三頭は明らかに参っていた。毛が茶色い秀はよくわからないけど、元が白い伸と夢は、全身真っ赤だ。相当なストレスで毛細血管が切れていると思われる。三頭はしょんぼりと床に流れている水に鼻を擦りつけるようにして這いつくばっている。隣の柵からの挨拶も、無視。ちなみに他の農場の豚たちは真っ白だった。まるで赤くなっていない。三頭よりは緊張していないんだろう。図太そうでいいなあ。

この時間がいちばん辛かった。

実は後の屠畜立ち会いよりも、ずっとずっと辛かった。早く順番が来てやっちゃってほしいと思い、係留所と控室を行ったり来たりしていた。それまで、欧米の動物愛護団体が主張する待機家畜についての配慮なんて、ほとんど興味がなかった。

牛や豚は屠畜場に連れて来られると、殺されることに気づいてしまうという言説を、そのまま信じているわけもない。だが、これまでとはまるで違う、よそ者たちがたくさんいる、緊張感の漂う環境に、何時間も置かれるのは、家畜にとってしんどいことだな、かわいそうだと心の底から思った。

牛はわからないが、豚はとても神経質で豚みしりする動物なのだ。屠畜場が大規模であればあるほど、待機時間はどうしても長くなってしまう。屠畜場としても、係留所にいる豚たちに、ずっとシャワーをかけ続けて落ち着かせたりと、ちゃんと配慮もしている。喉を切るところも血が流れるところも係留所からは見えない。声は多少聞こえるかもしれないけど。それ以上を求めるのも、屠畜料を思うと、酷かもしれないとも思う。

グリズリー登場!!

四時半近くなり、いよいよ順番が近づいてきた。あ、もう大貫が始まったみたいですね。そろそろですねと、みんなに声をかけ、申し合わせていた通り、記録をする人、ビニール袋を持って、肢先や内臓などを回収する人など、準備して係留所の奥に向かった。柵の向こう側が、キイと開けられ、三頭は戸惑ったように進む。ここから追い込みをかけて、ベルトコンベアみたいなトンネル状の通路に乗せるのだけど、その前にちょっとしたことが起きた。

三頭の前の大貫、デュロックの種雄があまりにも大きすぎて、大貫用の通路に入らなかったのだ。これまでにも大貫は見てきているが、群を抜いた大きさだ。三〇〇キロ近かったのではないだろうか。茶色い毛も太い針金のようだ。何だあれ、グリズリーかよ。みんな三頭をそっちのけにして大注目だ。もうこんなのに比べたら、うちの三頭なんて、赤ちゃんだ。ああ、大事な瞬間をグリズリーに持って行かれた。いやしかしそう思いつつ、私も興味津々だ。どうやってやるんだろう。

作業員がベルトコンベアの向こうからやって来て、手前でスタンナーをかけることになったのだが、何度眉間にビビッとやっても一向に倒れやしない。電圧が足りないらしい。すっげえええええ。緊迫感が増し、作業員に「絶対やってやる」という殺意と呼んでもさしつかえないくらいの、気迫がみなぎる。がんばれ……。

首だ、首に当てるんだ、と作業員の誰かが言う。ドウッとようやくたおれたところで、すばやく喉にナイフを入れ、放血させながら、鎖で脚を吊り上げる。まるで牛だ。ああ、こういう時のためにここまで天井のレールが来ているのだなあと感心しながら見送る。

さあ、三頭の番だ。少し間を置いた方がいいだろうと、公社の内藤さんは言う。

私の豚

私は記録係の丁野さんを連れて、ベルトコンベアトンネルの向こう側に走った。豚が顔を出した瞬間に、スタンナーを当ててから落として喉を切る作業員と話したかったのだ。

「あのー」

「機械の音で聞こえねえから、ここに来い」と彼は豚が寝るところを指で差して叫ぶ。あ、じゃあちょっと失礼しますね。これから三頭が喉を切られる台に上がった。筒が並んでいて、下に血を落としつつ横に流れ進むコンベア状になっている。もちろん今は止まっている。ピカピカだ。

「あの、これから最後の豚が三頭、来ます。私が育てた豚なんです。私の豚なんです。それで、彼と私と、ビデオを回してもいいでしょうか。豚の最期を撮りたいんです。手元だけ映るように……」

と説明しかけたところで、

「いいよいいよ。撮っていいから」と言ってくださった。

ありがとうございます、どうぞよろしくおねがいします、とお礼を言って、三頭がいる場所に戻った。

私の豚。

はじめて口にした言葉に、我ながら不思議だが、大変誇らしい気持が湧いてきた。これからつぶして肉にするのは、誰が何と言おうと、どんな肉であろうと、私が丹精込めて育てた、私の豚なのだ。

三頭は踊り場のようなところでうろうろしていた。みんながゴーサインを待っていた。

ではと、作業員が、細い通路に三頭を追い込む。二の足を踏んでちょこちょこ迷いかけた三頭を誘導し、伸、夢、秀の順番で通路に入れた。豚の身幅しかない通路なので、方向転換できない。止まったり後ずさりしようとすれば、電棒でつついて進ませる。

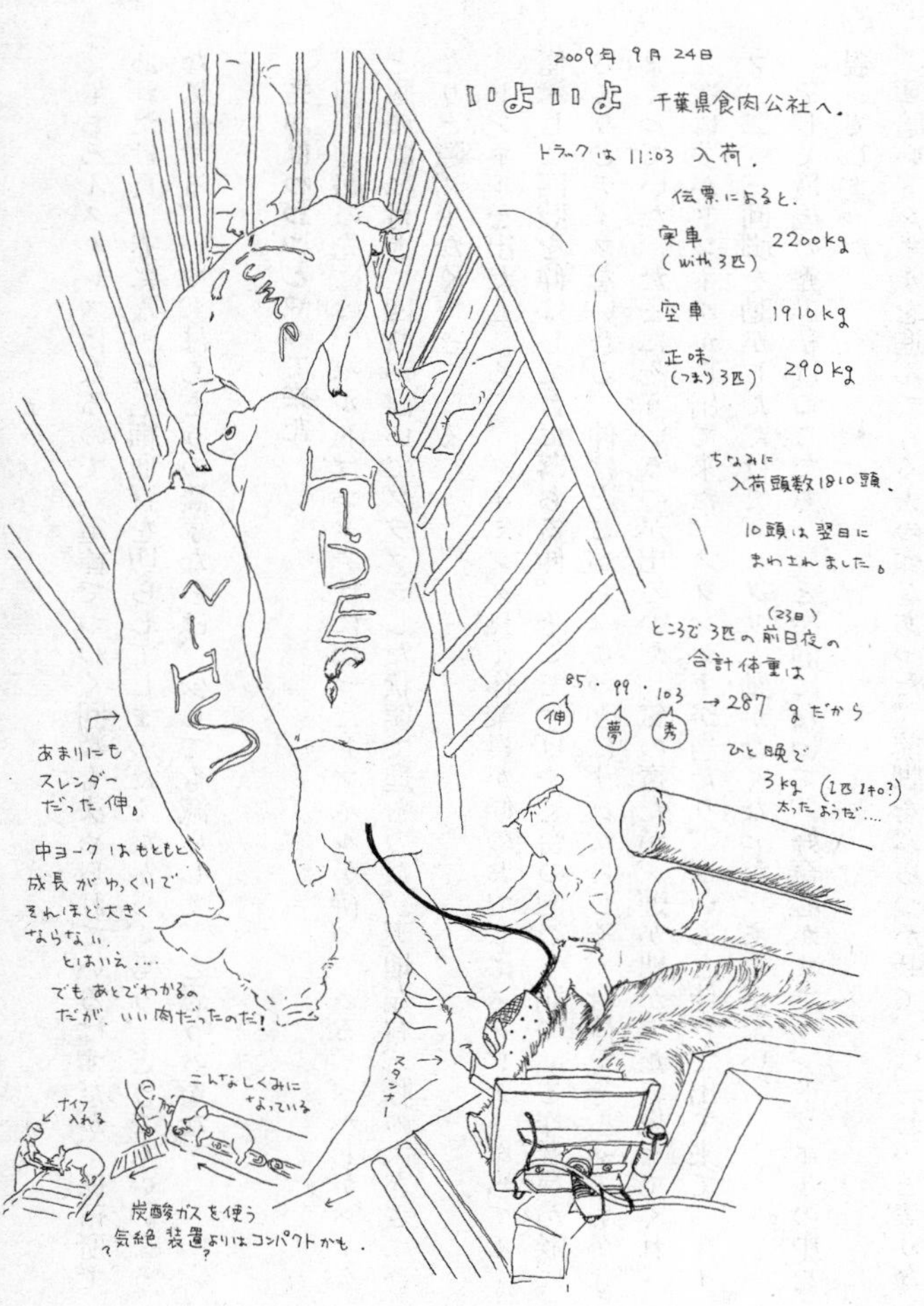

2009年 9月 24日
いよいよ 千葉県食肉公社へ。
トラックは 11:03 入荷。
伝票によると。
実車 2200kg
(with 3匹)
空車 1910kg
正味
(つまり3匹) 290kg
ちなみに
入荷頭数1810頭。
10頭は翌日に
まわされました。
ところで3匹の前日夜の
(23日)
合計体重は
85・99・103
伸 夢 秀
→287 gだから
ひと晩で
3kg (1匹1キロ?)
太ったようだ….
あまりにも
スレンダー
だった伸。
中ヨークはもともと
成長がゆっくりで
それほど大きく
ならない。
とはいえ….
でもあとでわかるのだが、いい肉だったのだ!
スタンナー→
こんなしくみに
なっている
ナイフ
入れる
炭酸ガスを使う
気絶装置よりはコンパクトかも。

もちろんストレスになるので、電棒でつつく回数も決められているはずだが、係留所であれだけ真っ赤になって毛細血管を切らしてしまったんだから、もう、どうでもいいような気もする。いや、ほんとうの農家ならば、少しでも減らして、と思うのかな。

秀がはわわっとやって来た

細い通路の先には、ベルトコンベア状になったトンネルが待っている。ベルトがちょうど豚の腹に付き、四肢が浮いてブラブラした状態で進むのだ。天地左右、豚の大きさにぴたりと隙間少なくできている。

トンネルを出たところで、タイミング良く作業員が伸のおでこにスタンナーを当てる。痙攣して四肢を伸ばして台に落ちる伸。そこですばやく台の向こう側にいる作業員が喉にさくりとナイフをいれる。伸はどこかちょこっとはずれたらしく、身体をそらせてもがきまくっていた。たまにそういうのが出るのだ。気の毒だが、運が悪かったと思ってくれ。

次に夢がトンネルから出て来た。スタンナーが当たり、ぴいんと伸びて出て来て、ナイフ。二、三回脚を動かしただけで、ピタリと動かなくなった。ありがたい。

そして最後の秀。私はここでちょっと冷静になって、好奇心がまさり、トンネルの中を覗いてしまった。

薄暗いトンネルを進んでくる秀の顔があった。前脚をぶらつかせて、はわわっと焦りながら、私に気がついたような、顔をした。そうではないのかもしれないけれど、そう思えてしまった。

すぐに顔を引いて、出て来たところでスタンナーをかけてもらって、びいんと落ちたところでナイフ。秀もちょこっと動いただけですぐに動かなくなった。良かった。

記録を手伝ってくれた丁野さんはかなり動揺していたが、私にすれば、感傷はあるものの、やはりここはもう、場所は違えど内容は同じ、何百回何千回と見てきて、自分でするとことこそできないけれど、真剣に敬意を払って取材してきた作業場だ。自分が育てた三頭だからとて、動じることはなかった。

ただ、秀の「はわわっ」とした顔だけが、ちょっとせつなかった。

あっと言う間に後ろ脚に鎖がひっかけられ、シャックルに掛けられ、吊り上がり、洗浄機に入る。

ちょっとちょっと、これじゃ早すぎて回収できないから、もっとゆっくり、五個ぐらいずつ間を置いて掛けてやって、と内藤さん。すいません。これが上がればみなさん帰れるのに。申し訳ありません、と作業員に謝りつつ、ゆっくりしてもらうようにする。他の手伝い要員たちは、ビニール袋を持って二階に先に上がっていった。

三頭の顔に別れを

洗浄機を出た三頭は、伸、夢、秀の順で、ゆっくりと二階に上がって行く。レール脇についている階段を一緒に登る。ちょうど私の目の高さに三頭の顔がある。喉から出た血は洗い流されたとはいえ、少し切り目にこびりつき、それも固まりかけている。足を止めて、最後の秀の顔をカメラで追った。秀は眼を閉じて、動かない表情のまま、ゆっくりと登って、遠ざかっていった。

どこで、と問われれば、この瞬間に、三頭と別れたのだろう。すぐに二階で、てんやわんやの解体作業がはじまるのはわかっているものの、この一〇秒か二〇秒くらいの間、三頭の「死体」と私だけ、機械音はするけれどちょっと静かな時間を持てたことは、とてもよかったように思う。

三頭が二階に登りきらないうちに、私は気持を切り替えて、階段を一気に駆け登り、解体作業に飛び込んでいった。

何もかもがバラバラに

送り先もバラバラ

いよいよ解体だ。やぐらの上で尻と腿の皮を剝きつつ、片肢に鎖を絡ませて吊っている状態から、股カギに移していく。尻尾を切り、肛門周りを抜き切り、番号をつける。同時に後肢も切り離す。

あ、ちょっと待ってください。肢と尻尾は、こっちにお願いしますと、下からビニール袋を渡す。後藤さん岡田さん、そして早川さんの三人が、各工程で切り離されていく三頭の「いろいろ」を回収していく。

三人はそれぞれビニール袋を一人で何枚も持っている。待機時間にしっかり誰がどの豚を担当するのか決めて、さらに間違いがないように、ビニール袋にはマジックでShin、

Yume、Hide と書いておいた。

生前はあれだけ個性的であった三頭だが、ひと皮剝いてしまえば、どれがどれだかわからなくなる可能性が高い。これまで実際に一万頭以上は屠畜場の豚を眺めてきたが、頭をおとして皮を剝いてしまったら、ほとんど区別がつかない、ただの「肉」になってしまうのだ。それでも肢や頭はわかるかもしれない。けれども、内臓はどうか。絶対にわかるまい。

千葉県食肉公社の内藤さんは、そこらへんのところもよくわかっていてくれたようで、三頭が吊るされてる股カギの先っぽにくっつけられた屠畜番号札の裏にも、いつのまにかShin、Yume、Hide とマジックできちんと書いてくださっていた。無機質な数字が並ぶ札に三頭の名前が書いてあると、ちょっと奇妙だ。

それぞれの頭や内臓や肢が、誰からのものなのかを明確にするのには理由があった。以前にも少し触れたように、各々の部分を送る先がバラバラに決まっていたからなのだ。この豚の肉、この豚の肢、この豚の頭、この豚の内臓を、しかも三頭を食べ比べるという思いつきが、いかに無謀な試みであったか。

いくら屠畜場での工程は知っていたとはいえ、精肉や調理について、私はほとんど知らずに企画してしまった。こんなに煩雑になるとわかっていたら絶対やらなかったと、何度も頭を抱えることになる。

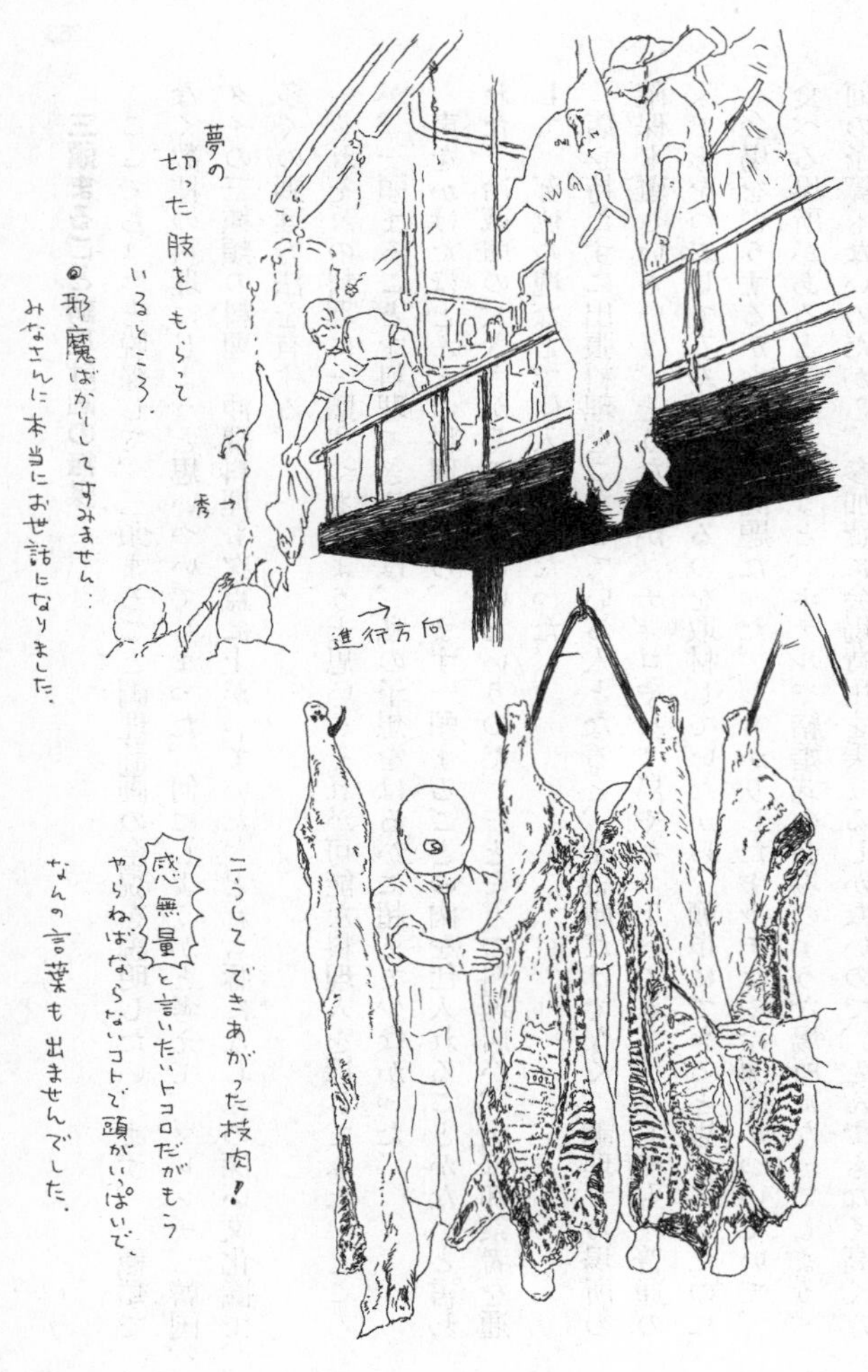
夢の
切った肢をもらって
いるところ。
秀→
→進行方向
©邪魔ばかりしてすみません。
みなさんに本当にお世話になりました。
こうしてできあがった枝肉！
感無量と言いたいトコロだがもう
やらねばならないコトで頭がいっぱいで、
なんの言葉も出ませんでした。

三頭まるごと調理計画の無謀

ここでちょっと脱線して、三頭まるごと調理計画の全貌を説明したい。まず、一種類でなく数種の料理にしようと思いついてしまった。何にしようかと考えて、フレンチ、韓国、タイの三種類の料理。沖縄料理も次点に上がっていた。どれも豚になじみの深い文化圏で、多くの調理方法を有する。

それぞれの料理に一頭ずつあてようと思い、それが可能な料理人を探してみた。ところが、一頭まるごとを料理できる人は、私の予想をはるかに超えて少なかった。

声をかけたほとんどの料理店から、まず一頭まるごとの肉を仕入れることがないと言われた。冷蔵庫の大きさがそこまでないというのだ。ほとんどの料理店が、肉は卸業者を通して、部位の塊などで仕入れるのだった。

店を持たずに出張料理をこなしている人となると、冷蔵庫だけでなく、調理する場所の確保も難しいという。そうなのか。チェコやバリ島やキューバでもエジプトでも、普通の家で豚をつぶしてみんなで食べるのを取材していたから、簡単にできると思っていたのに。

会場をどうするかも大変な問題だった。しっかりしたキッチンや冷凍庫がついていて、食べる場所があるところというと、ホテルや結婚式の会場のような場所になってしまう。何の予算もないのだから、参加費に会場費用を乗せるしかないので、とんでもなく高くなるし、料理人も選べなくなってしまう。

私はこういうたくさんの人に呼び掛けるセッティングやお金の計算がまったく得意ではない。豚を飼うのに比べたら苦行だ。セメントを捏ねたり、汚水をひしゃくで汲み上げるほうが、断然向いている。人の集まるところに自分が客として顔を出すのすらも、あまり得意ではないのだ。

豚の世話にかまけて、七月になっても何も決められずに、困り果てていた時に、ふとシアターイワトの平野さんに誰かこういうことができる人を知らないかと声をかけたら「私が引き受ける」と言ってくださった。彼女がいなかったら、ほんとうにどうなっていたのかわからない。

まず平野さんから「あなたが自分のブログで呼びかけて一体何人集まるのか」と聞かれた。あ、そこから考えるものなのか。そうだよなあ。普通のトークイベントならば、客が入らなかったとしても「あーあ」で終わるが、せっかく料理した三頭がゴミになることを考えると、やりきれないというか、死んでいく三頭に申し訳なくて、合わせる顔がない。

これまでのトークショーなどから、呼びかけて来てくれるであろう人数を適当に予想し（恐ろしいことだがほんとうに予想がつかなかった）、イワトの大きさに入る人数とで計算した結果、三頭の肉をすべて調理するのは危険であると言われた。平野さんも、料理が残ることを恐れていたのだ。

そこで三頭同時喰いつくしはあきらめ、まるごと食べるのは夢、一頭だけにして、秀と伸の二頭の肉は、少しだけ三頭の食べ比べとして出して、残りは一キロずつの塊肉にしてその場で販売することにした。そう決めたとたんに、ちょっと気が楽になった。同時にそれならばと、料理も引き受けてくれそうな人がでてきた。

フレンチ、タイ、韓国料理でいただきます

いちばんはじめにやると言ってくださったのは、フレンチレストランのシュリさんとシェフのセンダさんだ。しかしはじめからうんと言ってくださったわけではない。夏のはじめに旭市まで来てくれたセンダさんに、

「うちの豚まるごと一頭、料理してみませんか」と声をかけた時は、即座に「無理！」と言われた。相方のシュリさんも、ちょっとウチでは難しいと思いますと言う。

やっぱりセンダさんも無理かあ。華やかな場が得意なタイプではないということもあるのだろう。そっか、残念。ちょっと期待していたんだけど。

実はこのセンダさんは、拙著『世界屠畜紀行』の最後の方に登場する料理人なのだ。私が狩猟を取材して、獲れた小ガモと雉子をいただいて持ち帰って来たはいいけれど、持てあましてしまい、彼に泣きついた。彼は電話口で「羽を全部むしってきたら料理する」と言ってくれた。おかげで羽むしりの体験もでき、さらに絶品の鴨料理、雉子料理も堪能で

きたのだった。そんなわけで、今度は豚を持てあまして泣きついてみたのだが。やはりモノがでかすぎたようだ。

三人で少々お酒を飲んで、枕を並べて寝て起きた翌朝、センダさんがむっくり起きた瞬間からとりつかれたようになにやらフランス語をブツブツとなえている。テット・ド・フロマージュにして、テリーヌに、ブダンノワールもできるのか……。

シュリさんが「あーあ、入っちゃったみたい」と苦笑いしている。そう、ちょっと天才肌というか、変わり者の千田さんは、豚料理にとりつかれてしまったようなのだ。

「気にしないで」とシュリさんに引きずられるようにしてセンダさんは帰って行ったのであったが、やっぱり諦めきれない。私はセンダさんのフランス料理が大好きなのだ。フランス料理というと、かしこまった感じがするけれど、彼が出してくれる料理はとてもあたたかで、やさしいのだ。

結局「無理!!」と叫んだものの、それでもやってみたい気持が勝ったようで、センダさんは猛然と豚料理を調べ始めている、という知らせが入った。しかしパートナーで店を仕切っているシュリさんは、ほんとうに豚一頭を、通常営業の合間に調理できるのか、不安そうで、はっきりした返事を控えている。

思い切って、平野さんとの話し合いの時にシュリさんにも来てもらった。ここで一頭を三人で料理すると決めたとたんに、

「ああ、それなら大丈夫です。やります」ときっぱりと言ってくださったのだった。

タイ料理は、タイ滞在歴の長い高野秀行さんに紹介してもらって、吉祥寺のアムリタ食堂に、ご協力いただくことになった。私は行ったことのない店なのだが、タイ通の高野さんが味は保証する、というのだから確かだ。オーナーの家坂さんによると、料理人はタイ人なので、豚まるごと一頭には動じないが、やっぱり食堂の通常営業の合間に作るやりくりが、大変そうだった。なるほど、むずかしいものだ。

韓国料理は、李香津子さんにお願いすることにした。彼女は店を持っていないが、平野さんの知り合いで非常においしくてセンスの良い、素敵な韓国料理を作る。シアターイワトの忘年会などで、何度か料理をいただいたことがある。ただし彼女はそんなにたくさんの量は引き受けられないとのこと。

豚一頭からどれぐらいの肉が取れるのか?

さあ、それでは料理人がきまったところで、誰にどれだけの肉をお願いするのかを考えねばならない。そもそも豚一頭から取れる肉はどれくらいあるのか。内臓、頭、肢も計算しなければならない。

夢を切り分けてもらう、旭食肉協同組合の仕事場を見学させていただいた。驚いた。あっという間に肉が骨から外され、分けられていく。しかもほとんどの部分が手作業だ。アメリカのエクセルミートで見たような、オートカッターで肉をぶつ切り、というのとはまるで違う。

針金のようなものを引っ掛けて、あばら骨と肉を一つずつ引きはがすところなぞ、実に繊細。なのに、早い。骨に僅かの肉もつかないように、一ミリグラムたりとも無駄にすまいとする、その手さばきに圧倒された。

通常の肉豚の生体重をおよそ一一〇キロとする。豚の種類や育て方によってこの先の数値はどんどん違ってくるのだが、見積もりを出さねばならないので目安として平均重量を聞いてみた。頭と肢先を落とし、皮を剝き、内臓を落として枝肉になると、およそ七五キロ。

ここから骨を取り除き、余分な脂肪と腎臓を取り除いたところで五四キロ。これを部分肉という。さらに筋や脂肪、くず肉などを取り除いて小割りにしたりスライスしたりしてほぼ私たちの口に入るような状態にしたものが、精肉だ。およそ五一キロ。

生体重から計算すると「肉」として出回るのは半分以下ということになる。しかし肉を筋肉と言い換えれば無理もないかとも思う。哺乳類は筋肉だけで生きているわけではない。

しかも豚を一一〇キロまで育てるのにその三倍、三三〇キロの餌を食べさせている。肉はエコロジカルな食品ではないから食べるのをやめるべき、と主張している団体の言うことも、わかる。ちなみに牛の場合は六五〇キロの体重の三割である、二〇二キロしか精肉は取れない。

ただし、肉は美味い。私たちの生活文化に深く入り込んでいる。すべての人が地球環境のためを思って、植物だけを食べて生きる暮らしにシフトできるかといえば、非常に難しいのではないかと思う。

少なくとも私は、食べる肉の量を減らすことはできても、肉食を完全にやめることはできない。家畜を飼い育てたり、野生の動物を捕えるところから、屠って切り開き口に入れ、嚙みしめ飲み下すまでの、喜びと悲しみとが混ざり合った、形容しがたい激情、矛盾、快楽。それらのすべてを失うのは、あまりにも悲しい。肉のもたらす「豊かさ」を大事にして生きていきたいと願っている。

消費者に売れるのはたった二三キロ

話を元に戻す。五二キロの精肉は、肩ロース(四キロ)、腕(一二キロ)、ヒレ(一キロ)、ロース(九キロ)、バラ(九キロ)、モモ(一六キロ)の部分に分かれる。それぞれ脂の入り具合や、食感が異なる。つまり、それぞれ適した調理方法があるというわけだ。

通常スーパーで売っているのは、挽肉をのぞいて肩ロース、ヒレ、ロース、そしてバラ。この四つを食肉業界では「テーブルミート」と呼ぶ。残りの腕とモモは、挽肉にするかソーセージやハムなど、加工にまわされる。

つまり一頭の豚からそのまま肉として消費者に売れるのは、たったの二三キロなのだ。あまりにも少ない。畑から収穫したら、ほとんどまるごとをそのまま消費者に売れる野菜とは、ここが大きく異なる。

保存が難しいことも含めて、このたくさんの手間が、食肉業界に複雑な流通が介在する大きな要因になっているのだろうか。

そしてこれらの肉の他に、頭（頭がい骨と脳と舌を含む。一〇キロ）、内臓赤モノ（心臓、肝臓など循環器六キロ）、白モノ（胃、腸など消化器九キロ）、と肢がある。それぞれ違う業者に渡るものを、今回は買い戻して料理に回す。これら「副産物」は、内臓は新鮮さが命だし、頭や肢は買い手がつくとは思えない。三頭分全部料理に回すことにした。

どうにか頭、皮まで

こうしてそれぞれの料理人に、提供できる食材の種類と質量を示して、何をどれだけ作ってもらうか、提案してもらった。タイ料理の家坂さんからは、皮があるといいと言われた。皮の重量を調べたら、およそ四キロ。そのうち半分を送ることにした。また、タイには豚の赤身肉に血をあえた料理があるし、フランスにもセンダさんが呟いていたように、ブダンノワールという豚の血で作る料理がある。韓国料理にもスンデという血を使った腸詰めがある。血、食べたいなあ。

血をもらうことはできませんかねえと、千葉県食肉公社の内藤さんには一年前からお願いしていたのだが、さすがにこれは却下となった。現在日本では、血の食利用はほとんどの衛生検査所で許可してくれないのだ。

たしか沖縄では血を取っていたと思いますけどと、ごねてみたものの、駄目であった。そもそも千葉県食肉公社の放血現場は、豚をすのこ状になったところに寝かせて喉にナイフを刺すので、血の採取は非常に難しいのであった。残念。

そして頭。夢と秀をタイ料理に、伸をフレンチに回すことになったのだが、フレンチはテット・ド・フロマージュ。タイ料理は内臓三頭分といっしょにスープにしてくれることになった。どちらも皮つきでないと駄目だ。皮にはぷりぷりのゼラチン質が含まれている。味も食感も皮があるとないでは違ってしまう。そもそもほとんどの国の豚は湯むきして、皮も食用にする。皮あっての料理がたくさんある。日本の業者に処理してもらうと皮をそぎ切りにしてから肉を取ることになる。

じゃあ、頭をそのまま送ってもいいですかと聞くと、さすがに毛がもじゃもじゃついたのは、タイ人でも難しい、と家坂さんに言われた。市場で売っている豚の頭は、きれいに毛を湯むきしたものなのだ。

フレンチのセンダさんは、鴨の羽むしりすらも拒否した人。料理はできても、そっち方面は苦手な人なのだ。「私（センダさん）の方でやってみます」と言いながらも、声が震えてい……
しょうがない、私が公社からもらって帰って来たのに、お湯ぶっかけてやりますよ。散々外国で見てきているから、できないということはあるまい。しかし、何時間かかるかなあ。そりゃプロがやればすぐだけど、私は素人。

鴨で二時間かかったのだ。三頭分で徹夜になるかなあ。屠畜した後の仕分けや送付の手間を考えると、三頭を食べる前に過労死しそうだ。肉も内臓も新鮮な状態を保つためにも、殺した後は、ノンストップで処理して料理人の手元に届けなければならない。こんなことを思い付いた自分が、ほんとうにほんとうに、憎い。

私が分配と送付先の手配にキリキリと頭を痛めていた屠畜の前日、千葉県食肉公社の内藤さんから電話がかかってきた。

「あのさあ、内澤さんの知り合いだって人から頭の処理について電話が来たんだけど」

なんと、フレンチのセンダさんが頭の処理について悩んだ末に、私には何も聞かずに、自分のレストランの仕入れ先である肉屋に問い合わせ、肉屋が卸業者につなぎ、さらにいくつかの業者を経て、まわりまわって千葉県食肉公社にたどり着いてしまったのだ。彼は内藤さんに、

「何とか頭の湯むきをやってもらえないか」と頼んでくださったのだ。

芝浦でも厚木でも取手でもなく、よくもまあ、ちゃんと千葉の公社にたどりついたな、

センダさん。驚いて言葉を失っていると、内藤さんが、「ええーっいいんですか？　ほんとうに大丈夫ですか？　俺の方で何とかしてやる」と言ってくださったのだ。「大丈夫、何とかするからまかせろ」と言うのみ。

じゃあお言葉に甘えます。そういえば皮も毛を取らなきゃならないんだ。ついでにお願いしよう。

細かく細かく指定して

秀と伸の肉は、食べる分の四キロ（バラ一・五、ロース一・五、モモ一）はスライスしてもらい、それ以外は骨を外した状態で、一キロずつ切り分けて真空パックしてもらう。こちらをお願いするのは千葉県食肉公社に直結した東総食肉センター。中ヨークの販売を手掛けているところだ。

夢の肉は、モモの一本は骨付きのままフレンチに、一本は骨を抜いて一キロずつに分けて韓国料理に、ロースのサーロインの方はフレンチで、三キロは一キロずつに分けて韓国料理に、残りはスライスしてイワトに、腕は一本はネックつきでフレンチに、一本は骨をはずして挽いてタイに、というように、それはそれは細かく細かく、切り方の指定を入れることとなった。しかし指定したものが上がったところで、どれがどの部分の肉だかは、

まるでわから[illegible]
肉センターは立ち会いが難しいため、夢の[illegible]だけ加食[illegible]た。この複雑な相談を夢の目の前でした後で、やつはハンストを起こ[illegible]らない。東総食
それにしてもバラバラにする三頭の送り先がバラバラなら、カットするところも[illegible]ラ。私の頭もバラバラになる寸前で、当時、一体どうやって連載原稿をあげていたのか、まったく記憶が抜けおちている。

まだ言葉にできない

話を屠畜に戻そう。吊るされた三頭は、つるつるとオンレールにのって進み、腹を開かれ、内臓を落とされ、あっという間に頭も切り離された。岡田さんたちが頭をもらってビニール袋に入れていく。エアナイフでの皮剝き工程のところで、チャイムが鳴り響いた。五時だ。ああ、終業時間。

皮剝き機に寝かされ、くるりと回して皮が剝ける。頭もなく、スプレー書きした名前も皮とともになくなった。後はくず脂などを取って整形して、背割りと洗浄。

枝肉になるまで、あっという間だった。工程はよくわかっているつもりだったけど、バラバラに落とされていくものを拾おうとすると、あまりにも早くて、気がついたら枝肉、という感じだ。

いつのまにか内藤さんが、検査の済んだ内臓を手にやってきて、頭と肢の処理を職人さんに頼んでくださった。その場のあうんの呼吸である。もう五時過ぎているのに。ごめんなさい。

え、皮も……といいつつも、みなさんで大きな容器にためたお湯の温度を正確にはかり、頭や肢をドブンと漬けては取り出して、毛を擦るようにして毟っていく。早いなんてもんじゃない。素晴らしい手技に、みんなでうっとりと眺める。さらに仕上げにカミソリで丁寧に残った毛を取ってくださった。

冷蔵庫に運ばれた枝肉を前にして、内藤さんから改まって「内澤さんの感想が聞きたい」と言われて、戸惑った。

バラバラになっていく三頭をかき集めるのに必死で、何もまともに考えられなかった。言葉が一つもでてこなかった。内藤さんをはじめとする、関わってくださった千葉県食肉公社の作業員、衛生検査員のみなさん全員にただひたすら頭を下げて、お礼を言いたい。それだけだった。

三頭を肉にしたことをじっくり考え、言葉にできるようになるまでには、まだまだ時間が必要だった。

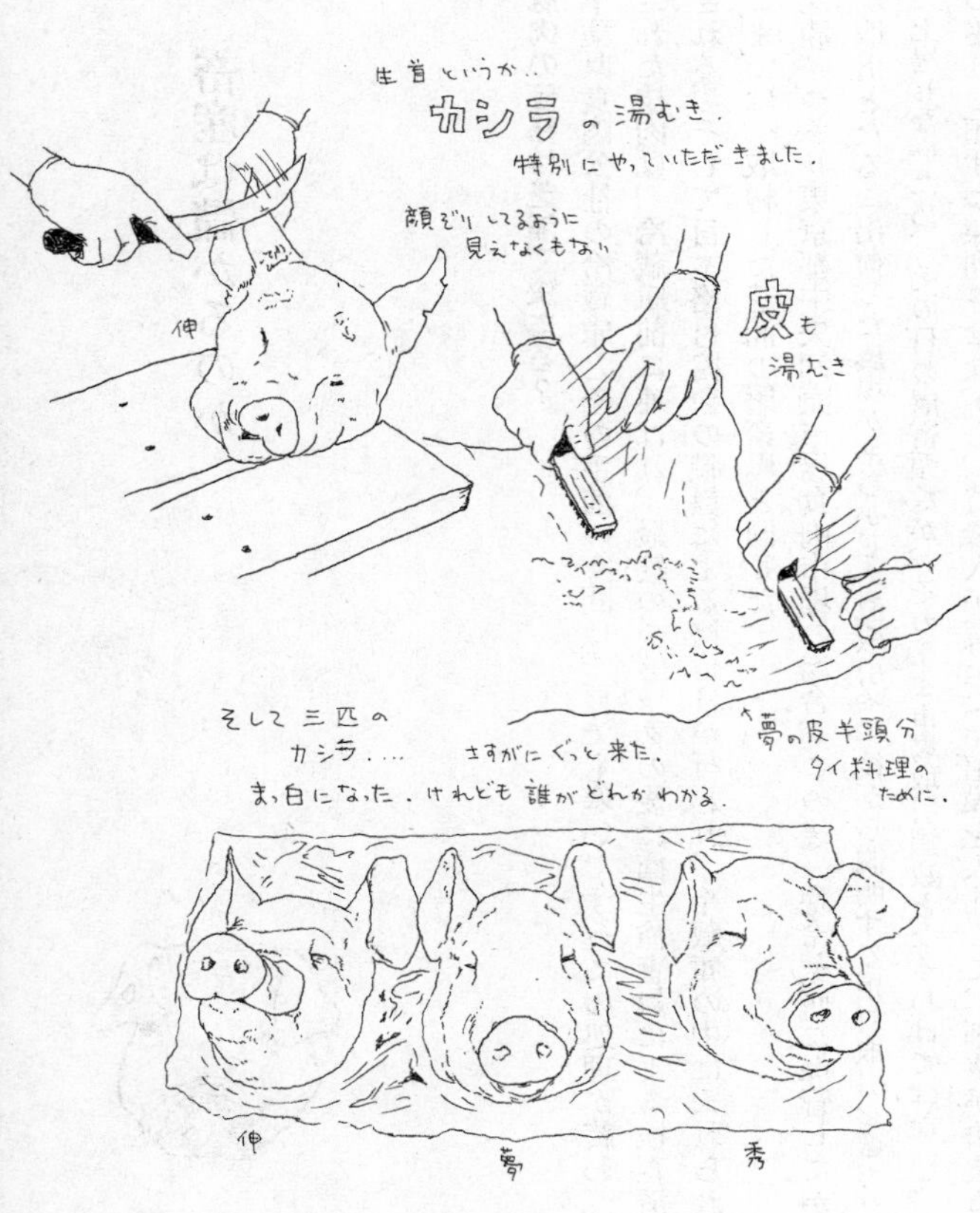
生首というか…
カシラの湯むき。
特別にやっていただきました。
顔そりしてるように
見えなくもない
伸
皮も
湯むき
そして 三匹の
カシラ…。 さすがにぐっと来た。
まっ白になった。けれども 誰がどれかわかる。
夢の皮半頭分
タイ料理の
ために。
伸
夢
秀

畜産は儲かるのか

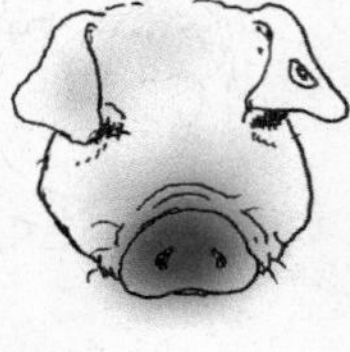

豚肉の価格は芝浦で決まる?

千葉県食肉公社の冷蔵庫とその手前の空間は、夏でも寒い。すべての処理が終わり、洗浄された枝肉は、冷蔵庫前に運ばれ、最終のチェックの後に衛生検査員による検査済印が押される。そして日本格付協会の職員による格付けが行われ、冷蔵庫の中に入れられる。ここまでは、取材した芝浦の屠畜場と同じだ。

芝浦、つまり東京都中央卸売市場食肉市場の場合、この後一晩冷蔵庫に保管してから、市場取引となる(出荷した農場があらかじめ直取引や、後から説明する相対取引を選んだ場合は、上場しないため、その日の屠畜頭数が、そのまま市場取引頭数となるわけではない)。

つまり一頭ずつ陳列させながら、買参人が買いたい値段を入札して、価格が決まる。競りというやつだ。昔は声を出したり、指のサインの出し合いなどもあったようだ。現在は入力端末をそれぞれの買参人が持っていて、白衣のポケットの中で押している。電光掲示板に誰かが押した数字がでて、価格決定だ。現在一日におよそ四、五百頭の豚が東京食肉市場で取引されている。

これがもう早くて早くて、何度見ても、何が起きているのかよくわからなかった。築地市場でマグロや淡水魚の競りも見たことがあるが、直接の声かけ合いではじまるので、まだ何となくはわかる。それでも誰がいくらで落としたかなんてまったくわからない。市場とはプロの世界。プロ同士だけに通じればいい世界が醸成されてしまう。

食肉市場の場合、買参人たちの中には、枝肉すらその場で見ずに、ボタンを押している人もいる。もちろん彼らはしっかり肉を下見しているし、どこの農場からどんな豚が来ているのかも、何もかも知っているのだ。

重要なのは、ここ、東京食肉市場で決められた価格が、豚肉相場の指標の一つになっていることが極めて多く、つまりは、東京（芝浦）に出荷していない農家の豚肉の価格にも反映しているということだ。

はあ、そうなんですか、ふがふが……と、東京食肉市場で説明を聞いた時には、わかったように頷いて、右から左に流れ出てしまっていた。もう八年以上前のことだ。あの頃は屠畜の作業を追うので精一杯で、豚肉の価格がどう決まるのかまで、まるで頭が回らなかった。

しかし今回は違う。みなさんのご厚意に甘えているとはいえ、洒落にならない金額と、時間と、愛情と、手間を、豚飼養と豚小屋建設に投じている。

私の場合、三頭の屠畜と検査を千葉県食肉公社に委託して、引き取り、内臓と皮と頭と肢の処理をしてもらってから買い戻し、その全部を自分自身で喰うなり売るなりするわけだから、相場は実のところは、関係ない。

けれどももしも、もしも私が農家として、千葉県食肉公社に三頭を卸すとしたら、一体いくらになるのだろうか。労働とは言い切れないくらい、何もかもを投じた半年間の対価。そりゃプライスレスだと言ってしまえばそれまでだけど、やっぱりこれをきちんと労働としてとらえた時の対価を知りたいではないか。

畜産業って実際のところ、どれくらい儲かるのか。交配出産から全部やったわけではないけど、少なくとも肥育だけは自分自身の手でゼロからやったという実感はある。それに「見合った」お金を得られるのか、やっと実感を伴った興味が湧いたというわけだ。

一年かけた豚が二万円?

千葉食肉公社には市場はなく、相対取引といって、売り手と買い手が直接取引して、価格を決める。

内藤さんに、試しにうちのに価格をつけてみてくださいとお願いすると、ちらちらっと三頭の枝肉を見てから、

「伸は等外だからキロ二〇〇円、夢は七〇円引き、秀は……六〇円引きってところかな」

はあ。で、それはどういうことなんでしょうか。数字のことになるとほんとうに私の頭はどうにも働かない。

「うちは、三市場平均って言って、今日の東京、横浜、埼玉の三市場の相場の加重平均価格を採用するの。そこから何円引きとか足しとかつけていくんですよ」

つまり、たとえば秀は、枝肉重量が六八キロで、今日（二〇〇九年九月二四日）の相場で計算すると、キロ三八〇円だから、二万一七六〇円ってこと⁇　え、二万円？　は⁇　頭が真っ白になった。二万円って大工の日当じゃないですか。手に職をきちんとつけた職人が、一日働いてもらえる金額ですよ。交配から一年かけて、農家が心血そそいで仕上げる豚に対して、その価格は、あんまり安すぎませんか⁇

携帯の電卓をぽちぽち押して、茫然としている私に、内藤さんが細かい訂正を入れる。

「いや、うちは温屠体取引で、市場は冷屠体取引だから、枝肉の重さはここからさらに一・〇三で割るの。一晩で三パーセントくらい水分が落ちて軽くなるんですよ。水引きっていうの。それから表示される三市場平均価格は税込みだから、税抜き価格に戻してから計算しなきゃならない。それから屠畜料も引かないと……」

待って。もうフラフラで頭が働かない。場所と時間を改めて、きっちり教えてもらった。

まず三頭の重さをトレースしてみる。前日生きているうちに測った時は伸八五キロ、夢九九キロ、秀一〇三キロ。トラックで搬入時計測時では、三頭合計で二九〇キロ。合計より三キロ多いから、たぶん屠畜寸前の三頭の生体重は、伸八六キロ、夢一〇〇キロ、秀一〇四キロということになる。

これが枝肉、つまり血と内臓と頭と皮と肢がなくなった状態で、伸五六キロ、夢六五キロ、秀六八キロになった。

ここで「生体歩留まり」という数字を、農家のみなさんは計算する。生体重から枝肉にした時の割合だ。この数字は屠畜場の腕の見せ所なのだという。

伸は六五・一、夢は六五、秀は六五・三パーセント。一パーセントでも生体歩留まりの高い屠畜場を選ぶのだそうだ。何しろ一パーセント違えばおよそ一キロ増減することとなり、一日一〇〇頭単位で出荷する農家にとってはこの日の相場で換算しても四万円近い差額がでることとなり、これに二〇日をかければ八〇万円弱……となる。

胃が痛い。みなさんが必死に重さにこだわり、無駄のない屠畜にもこだわる気持がだんだん沁みて来た。

格付けという指標

そして格付け。日本食肉格付協会の格付員が、極上、上、中、並、等外、をつける（千葉県食肉公社では上、中、並、等外のみ）。この格付けの意味がよくわからなかった。何しろ条件が、背脂肪の厚さ、そして半丸、つまり枝肉になった状態の半分の状態での重量でおおまかに区切り、全体の形状と肉質で判定するというもの。

しかも豚の場合は、牛と違って、あばらに切り込みを入れて肉の断面の霜降り具合を見たりはしないので、腿の内側の肉を外から見て判断する。

これらのチェックポイントの中で、一つが中で後が全部上だとしても、その肉は「中」にしかならないという。

うちの格付けは伸が等外、夢が並、秀が中だった。重量から言うと、伸はギリギリ並には引っかかるはずなのだが……。内藤さんに言わせると、肋骨が扁平だという。ここが丸く張っていないと、ロース芯の太さがでないんだそうだ。

そう、つまりこの格付けの役割の一つは、これから骨を取って、脂肪を削った時の精肉がどれくらいとれるのか、「精肉歩留まり」の予想なのだった。極上なら七四パーセント、並なら六九パーセントとがっくり落ちる。肉の取り都合のいいものを選定しているのだ。

何ということだ。私たちが日常スーパーなどに行くと、麦だのイモだのどんぐりだの、こんなに餌に工夫をしていますというコピーは散々目にするから、農家は豚の飼料や育て方に腐心しているであろうことは想像がついたのだが、それだけじゃなかった。

とにかくまず日本食肉格付協会の規定体重にのせて、あばらの張りのいい、背脂肪の厚みも適正な、形のいい豚にしないと、よほどのブランド豚として認められていない限り、どんどん安くなっていってしまうじゃないか。

なんて面倒くさいんだ。野菜ならば、魚ならば、まるごと消費者にまで引き渡せるのに。抜いていく骨や脂肪のことを、考えなければならないなんて。背脂肪なんて、八ミリ残して切り落とし、ラードに回すことに決まっている。脂が厚くつきすぎると、その分赤みの肉が少なくなるので、格付けの評価は低くなってしまう。

脂肪も付けっぱなしで食べる人に引き渡せたら、どんなに楽か。小売価格だって安くなるだろう。だけど買う側に戻って考えれば、三センチもある背脂肪がドーンとついてきたところで、慣れてないからどうしていいやら、わからない。スイカの皮なら、捨てるなり漬物にするなりできるのに。

かつては豚の脂が、肉より高く取引されていた時代もあった。終戦直後の日本では、カロリーを摂取することが優先されたためだ。屠畜場では、屠体を成形する時に出る脂の切れはしを長靴に溜めて持ち出して売ると、いいお金になったという。

アメリカでもヨーロッパでも、過酷な条件下で働いていた労働者たちの生活には、ラードの摂取は欠かせなかった。赤身肉よりはむしろ脂を食べるものだったのだそうだ。ヨーロッパで作られたベーコンにせよソーセージにせよ、厚い脂もそのまま使う。アメリカで

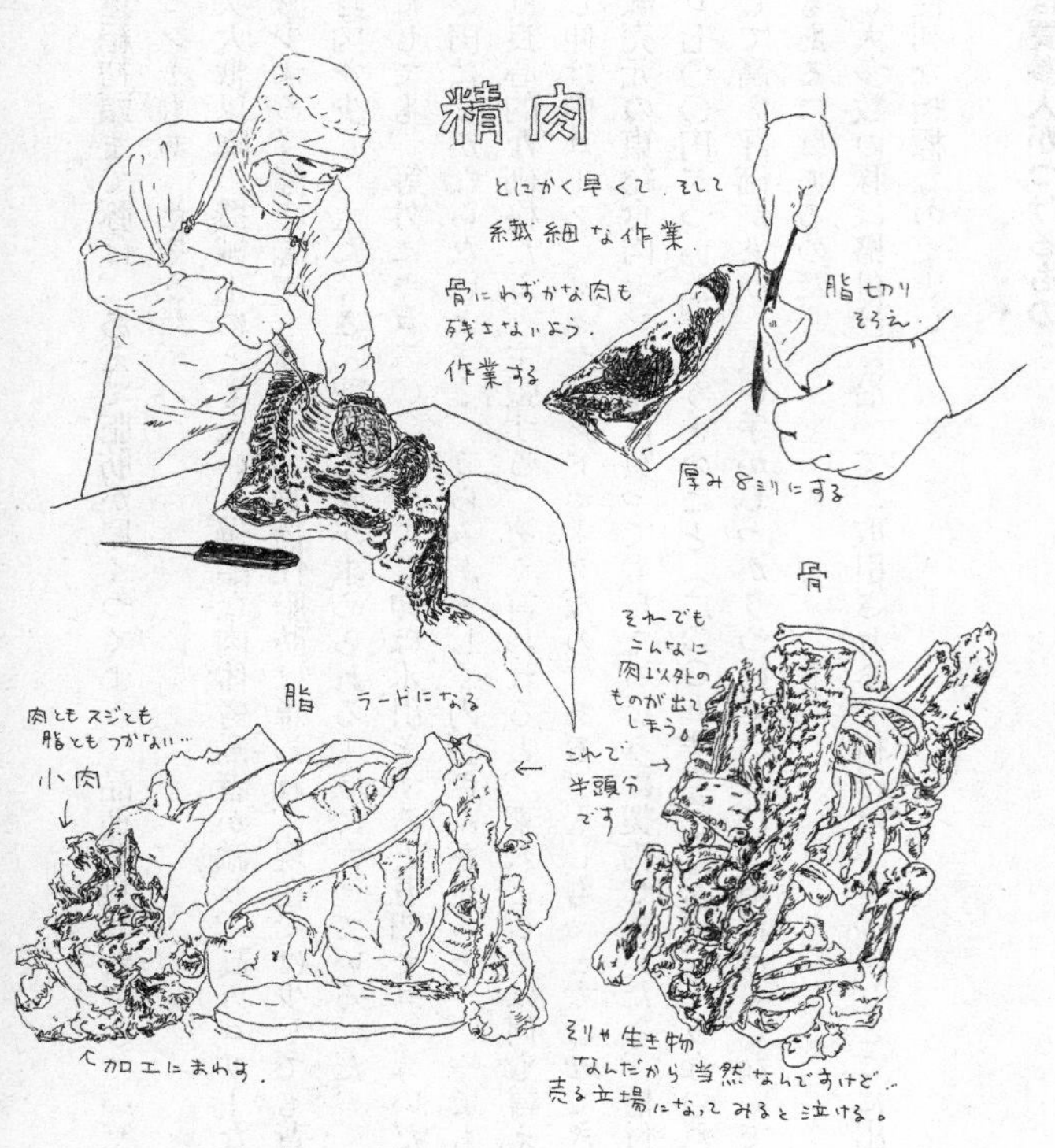
精肉
とにかく早くて、そして
繊細な作業
骨にわずかな肉も
残さないよう
作業する
脂切り
そろえ
厚み8ミリにする
骨
それでも
こんなに
肉以外の
ものが出て
しまう。
脂　ラードになる
肉ともスジとも
脂ともつかない…
小肉
これで
半頭分
です
↑加工にまわす。
そりゃ生き物
なんだから当然なんですけど…
売る立場になってみると泣ける。

は二〇世紀初頭まで豚は、あえて脂肪が厚くつくよう、品種改良されてきていた。その厚みは八センチもあったそうだ。

第二次大戦以降、機械化にともない、過酷な肉体労働者が減り、高カロリーな食事の必要性は減少する。健康志向も高まり、動物性脂肪は嫌われ、現在では少しでも背脂肪の薄い、赤身肉を少しでもたくさん取れる豚が求められるようになっているのだ。

それにしても、等外にキロ二〇〇円って、仲は水引きすると五四キロちょいだから、一万八〇〇〇円にしかならないよ……。うらみがましく内藤さんを見ると、いやでも等外で二〇〇〇円は良心的な価格だよと主張する。そう言われると、素人としては何も言えない。

ただし仲は中ヨーク。ダイヤモンドポークなのである。もしもっと太らせてきちんと飼って、販売元の東総食肉センターに買ってもらえるように契約していたら、格付けに関係なくキロ七〇〇円がついただろうとのこと（二〇〇九年当時の価格）。そうなのだ。ブランド豚として高い評価があり、買い手がしっかりついていれば、格付けもしないで取引される場合もあるにはあるのだ。

しかし大多数の豚は格付けに沿って、取引される。格付けがやっぱりどこに出しても通用する便利な指標なのだという。

価格は買参人がつけるもの

そしてもう一つの指標が市場価格。『食肉市況速報』によると、〇九年九月二四日の全国屠畜概算数は、八万三六〇〇頭。全国二八カ所の市場で、それぞれ競りが行われ、上から上の最安値と最高値が付き、そこから加重平均と言って、単価を総重量で割った価格をそれぞれの格付けごとに出す。

極端な話をすれば、価格は買参人がつけるもので、必ずしも格付けと連動しない。極上の価格よりも上のほうが高くつく場合もあるという。千葉県食肉公社のような、市場のない地方屠畜場での相対取引は、三市場（東京、横浜、さいたま）平均、二市場（東京、大阪）平均、前週平均などの市場価格を反映させている。

複雑な気分になる。さいたま市場の上場頭数は特に少なくて、三〇〇頭を割る時もある。しかも上に限ると二〇一一年一月から二月中旬にかけて、三ケタ台になったのはたったの三日で、三〇頭を切った日が三日あった。頭数が少なければ、まとめて買い支えたり買い叩いたりして、価格操作をすることが容易になる。

農家としては、価格操作のために買い叩かれてはたまらないので、買参業者との関係を、時間をかけて強化していく。すると、三市場に新規、もしくはたまたま搬入した農家の豚が、集中的に買い叩きに遭う、という現象も起きる。難しい。

農家のみなさんが口をそろえて「作るのは簡単だけど、売るのはほんとうに大変」と言う意味が、わかった。資金を借り入れて豚舎と糞尿処理施設を作って母豚を買えば、豚を生産することはできる。餌を工夫して肉質を良くしたり、繁殖の効率を高めるなどなど、養豚技術も必要だろう。ただ、それは養豚場で働くなどして、事前に学ぶことはできる。

しかし、買い手のアタリを上手につけることは、まるで違う。自分がもし新規参入で養豚をやるとして、どうしていいやら、まるで見当もつかない。

とはいえ、取引に指標は必要だろう。この日の三市場の中の加重平均は三八〇円。まず三市場の中の加重平均三八〇円から税を引いた三六二円から内藤さんの見立てで、夢の七〇円引きして二九二円（本来夢は並だが、記録が中しか残っていなかったため、中で計算した）。これに夢の水引き後の枝重、六三キロを掛けると、一万八三九六円。同じようにして算出した秀の価格は一万九九三三円。伸の価格は一万八〇〇〇円。ここから屠畜場経費三頭分の七二九五円を引かねばならない。涙……。てことで手取り四万一八三三円。

あ、忘れていた。内臓や皮を業者に卸すのでもらえるのが、皮八〇円、頭一五〇円、内臓五四〇円の合計七七〇円の三頭分で二三一〇円を足すと、四万四一四三円。これが農家として、千葉県食肉公社に出荷した場合に貰えたであろう金額だ。一頭当たり一万四七一四円。うはあ……。

生体取引から枝肉取引になってどう変わったのか

実はあまりにも悔しかったので、いまだに市場価格が気になってチェックしている。ちなみに二〇一一年六月の豚肉市況はとても良い。三市場平均五〇〇円を超える日々が続いている。三八〇円と五三〇円じゃあ、全然違う。これが一〇〇頭出荷となったら、一〇〇万円からの差が出る。まるで博打である。

参考までに一九七五年の夏、高校二年生だった松ヶ谷さんが自分の豚を出荷したら、キロ九四七円ついたという。その日たまたま高騰した価格とはいえ、すごい。うらやましい。養豚業を継ぐ気にもなるだろう。豚価はその頃がピークだったようだ。

屠畜場経費の内訳は、一頭につき屠畜場使用料が一一五五円、屠畜解体作業料が、七六七円、冷蔵庫使用料（翌日出庫）一〇五円、検査手数料（千葉県に支払う）三〇〇円、格付け手数料（日本食肉格付協会に支払う）一〇五円で、合計二四三二円だ。料金は、屠畜場によって異なる。

芝浦などのように公的補助を受けて安くなっている屠畜場もあるし、施設の古さを値段でカバーしているところもあると業界紙の記事で読んだし、いろいろなのだった。千葉はどちらかというと高い方。それでも一八〇〇頭も集まるんだから、すごい。

これまでは屠畜場からの立場で見ていたから、一頭につき約二〇〇〇円は、安いと思っていた。検査手数料三〇〇円も、安い。作業の大変さに加えて、日に日に上がる衛生基準、手ごわい感染症対策の中で、施設を改善、時には改築していかねばならないことを考えると、「やっていけない」と苦慮するのも、ほんとうによくわかる。国からの補助金がでなければ、施設のリニューアルも難しいというのが実情だろう。

けれども農家の立場になると、二万円を切る値段の豚に二〇〇〇円も取られるのはほんとうにキツい。しかも他の国ではどこも、屠畜場経費は買い付け業者持ちだというではないか。

そもそも豚肉取引、昔はどこの国でも生体取引だったのではないだろうか。日本だって昔は生体取引で、市場にやる豚にがばがばに水を飲ませ、重さを文字通り水増しした、という話を聞いたことがある。生きたまま引き渡して終わりだ。農家にはさっぱりしていいが、買い付ける方にはリスクが高い。

そういう取引を、モロッコやインド、エチオピアなどでたくさん見てきた。豚でなく、羊がほとんどだったけど、買い受け業者は、生きている家畜を触って、肉の付き具合を予想していた。

それが枝肉取引になった時に、どう変わったんだろう。そういえば、昔は買い受け業者が、屠畜も精肉の一作業という感じでやっていたのではなかったっけ（それがタダ働きということで問題にもなっていった）？

誰がいちばん儲かるのか

農家から話を聞いても、やっぱりこの屠畜経費を農家が一方的に持つのは、おかしいという声は高かった。こりゃもう、さぞかし買い付け業者さんは、儲けてるんでしょう。

「と、ん、で、も、な、い！　僕らは僕らで大変なんですよ！」

卸業者、東総食肉センターの母体は小川畜産株式会社。もともとは肉の小売店だったそうだ。東総食肉センターは、千葉で豚肉の精肉カットと卸業を行ってきた。

とりあえず、千葉県食肉公社に買われたうちの豚が、次にどうなるのかを説明してもらった。公社が一頭ずつに付けた価格を、食肉センターの仕入れ担当者もまたチェックする。実は格付員が格付けするところも、公社職員と、東総の仕入れ担当者は立ち会うのだそうだ。

「そりゃ真剣ですから」

公社の職員もみんな毎日毎日たくさんの枝肉を見ているため、私にとってはどれも一緒に見える豚肉の良しあしがぱっと見ればわかるのだという。こうして、格付けと値付けが行われ、一日冷やされた後、公社冷蔵庫と直結した場所にあるカット場でカットされ、骨を外され、ロース、バラ、腕、などの部分肉となる。

これまではカット代金を乗せた金額で中間業者に流していれば、それでよかったのだと言う。そこからいくつかの業者を経て、小売店に並んでいた。ところが大手のスーパーが進出するようになり、流通の中抜きがはじまる。部分肉はスーパーのパックセンターに送られ、細かくカットされて各スーパーに送られる。

大手スーパーとの直接取引は、前年の相場価格からその年の相場を予想して、一年間や半年単位で、契約する場合が多いのだという。そんなことしたら、相場が予想価格より上がったら大変なことになるじゃないですかというと、そのとおりと頷く。それでも売れ行きが悪ければ、即座に契約を打ち切られるという。

「買い手市場ですから。公社さんもスーパーも、相場に関係なく商売できるのに、うちは間にはさまってどうにもなりませんよ」

それではいちばん儲けているのはスーパーということになるのだろうか。肉は細切れになればなるほど、高くなるのは確かだ。部位によって差はあるが、市場価格の豚価がキロ四〇〇円ということは、単純計算すれば一〇〇グラム四〇円。上野吉池のちらしでは、国産豚肉ロースは一〇〇グラム一五八円。ロースはいちばん高く売れる部位だから、一二〇円も高く乗せているわけではないだろう。パック肉は仕入れ金額の四割から五割乗せて売られているという。

年間契約のためなのか、野菜が台風などで一気に高騰するのに比べて、肉の価格は、安定して高いのだ。ホントのところは。

「豚肉は特にその傾向が強いですよね。なぜかというと、もともと高く設定しても売れるからです。関西はどうかしらないけれど、関東ではそうです。切り落としなんか、どんどん売れる。だから精肉売り場全体の牛や鶏肉などの、損失補てんの役割を果たしているんですよ」

ただしそれでスーパーの業績が良いというわけでもない。むしろ悪い。業界の前年比成長率はマイナスで、規模も縮小に転じている。

輸入自由化の影響

一体何がきっかけで、こんなに苦しいことになってしまったんでしょうかとたずねると、それはまちがいなく、一九七一年からの輸入自由化のせいですよという答えが公社専務の麻生和さんから返ってきた。

「国産が高くなったら、輸入肉を多く仕入れて調整されてしまいます。これがまた安くて形が一定しているんですよ、輸入肉は。今はチルドで入って来るから、味もばっちり競合しますからね。外食産業からすれば、形が一定している肉は大きさを切りそろえる必要がないから、ありがたいんです」

ストック量の違いからなのか、国産ロースはどうしても大きさにバラツキがでてしまうという。ぴったり同じサイズのロース肉。たしかにレストランで豚ロースのとんかつはみんな同じ大きさだ。よく考えると気持悪いんだが、大きさが違えば違うで、お客さんからはクレームが入ってしまう。

安くておいしいものをいつでも買えることは、いいことだ。少しでも安くておいしくて、安心安全な肉を求めて、消費者は動く。私だって買い手に回ればそうする。しかしお金をもらう側、売る側作る側になってみれば、大変だ。

出荷豚の味と形質の一定化を目指すためにも、薄利のためにも、血統の近い豚を大量に育て、大量に売っていかねばならない。それでも豚価が下がれば、大量に出荷しているほど、損失も大きくなる。

農家も屠畜場も、業者も小売店もそして私たち消費者も、どうにもみんなで悪い方に突っ走って止まらない、レミングの大行進をしているように思えてくる。この悪循環を断つ手はないのだろうか。

平成二二年度、養豚経営安定対策事業がはじまった。稲作農家を対象にした戸別所得補償制度の畜産版成立に向けての準備段階となる事業だ。市場平均価格が生産コストに相当する補償基準価格を下回った場合に、生産者の拠出と農畜産業振興機構の助成からなる基金から、減少分の八割を補てんするという仕組みだ。

基金の負担割合は、農家一に対して機構一。補償基準価格は、キロ四六〇円だ。事前積立てが必要だったり、四半期ずつの決済を待たねばならないけれども、今後農家のセーフティネットとして確立されていくことが、望まれている。こういう制度があれば、養豚に新規参入しようという人も、少しは増えるかもしれない。そうあってほしい。

それにしてもキロ四六〇円が補償基準か。私の三頭の屠畜日の豚価キロ三八〇円は、とんでもない底値だったのだなあと、改めてため息が出た。

三頭の味

「いい脂ですよ」

屠畜当日に話を戻す。三頭の頭や内臓、皮を入れたプラスチックトレーを車に詰め込み、旭畜産へと走らせる。ここからチルドにして各料理店に送るのだ。

外はすでに真っ暗になっていた。住宅街にある旭畜産のシャッターを上げてもらい、トレーを運び込み、伝票に送付先の住所を書く。そうだ、タイ料理のアムリタ食堂に送る夢と秀の頭は、鍋に入らないから縦半分にしてくれって言われてたんだ。加瀬さんのところで切ってもらえませんかと尋ねると、加瀬さんはええっと驚きながらも、

「冷凍にすればできるから、明日やるよ」

と言ってくださった。いつも無理ばかり言ってほんとうにすみません……。

次に会う時は、料理となっているはず。最後にゆっくり三頭の顔が見たい。冷凍庫にしまう前にと、三頭をビニール袋から取り出して並べてみた。真っ白くなった三頭の貌は静かで、何も語らない。

目つきのわるかった夢、いつもふにゃふにゃとやさしげだった伸。この二頭はもともとが白かったため、湯むきで毛をきれいに取り除いたところで、夢と伸だとわかる。でも、秀は違う。茶色い毛をとって真っ白になり、さらに鼻を上にむけて置いているので、耳が眼にかからないと、まるで違う豚みたいだ。いや、でもよく見ると、秀、かな……。ところどころにカミソリ負けのように血が滲んでいる。生きていたんだよねと思う。そっと鼻に触れて、あまりの柔らかさに慄いた。生前はあんなに硬くて、まともに触らせてくれず、私の手も、何もかもを跳ね返し、すべてをほじくり返し、私を殴り、突き飛ばした鼻が、ふわんふわんに柔らかいのだ。豚の身体の中で一番発達した筋肉組織なのではないかと思うのだが、脂肪かというくらい、柔らかい。

「あの、牛の鼻紋みたいに、鼻形をとりたいんですけど、お醬油とか、ありますか」

加瀬さんが笑いながら「ほれ、食紅もあるぞ」と事務所の奥から持って来てくださった。試したところ、醬油は薄すぎてうまくいかず、食紅で何とか取れた。やっぱり鼻の形は三頭それぞれの特徴がよくわかる。

翌日は、旭食肉協同組合に向かった。ここで夢の枝肉をバラバラにカットしていく。何度か見学しているものの、とにかく手早い。

「いい脂ですよ。どんな餌をやってたんですか」

ナイフで背脂を切り落としながら、職人さんが言う。ナイフの切れ具合でわかるんだそうだ。お世辞だったかもしれないけれど、うれしい。ロースを切り分ける時に、サシもきれいに入ってる、いい肉ですとさらに褒められて、自分でもびっくりするくらい、誇らしく、安堵した。

自分はやっぱりおいしい肉を作るために、三頭を飼ったのだ。そりゃいろいろできなかったことはたくさんあるし、もっともっと太らせてやりたかったと思うけれど、それでもツヤっと光るうまそうなロースの断面を見て、言いようのない幸福感につつまれた。

それにしても脂の多さには閉口した。純粋な脂だけの塊だけでなく、肉や筋などが微妙に混ざった「B小肉」「C小肉」と呼ばれる小片が山のように出る。まとめて加工に回すらしいのだが、これもいただきますと、もらって帰って来た。

煮ても煮ても終わらない脂取り

さすがにこれを各料理店に送るわけにはいかない。ラードだけうまく取れないものかと大鍋でぐつぐつ煮てみたが、肉片はなかなか消滅せず、何ともいえない脂と肉のまざりあいのようなものしかできない。

ある程度煮ては、保存袋に移し冷凍庫に突っ込む作業をどれくらいしただろう。やってもやっても終わらず、二日後、最後に残っていた夢の背脂の一部が匂いはじめた。ダメだ。ちょうどイワトの平野さんからも、借りた冷蔵庫に入りきらなかった分の脂が匂いはじめて、諦めた、という電話がかかってきた。氷を載せていてくれたらしいが、脂って足が早いものらしい。かわいそうなことをしてしまった。やはり三頭まるごとを業務用冷凍庫なしに処理するのは、難しい。肉の保ちを考えるなら、冬にやるべきなんだなあ。

ヨーロッパの農事暦では、一一月を屠畜月と呼ぶ。冬に入る前に家畜の一部をつぶす。限りある餌で、家畜を越冬させるために頭数制限するのだと読んだ。冬は人間の食料も限られるため、厳しい冬をしのぐのにラードを摂取したのだろう。しかし調理保存処理にかける時間も、夏場に比べれば、多少は融通がきくことも、大きいのではないだろうか。

豚脂でろうそくや石鹸を作るという手段もあったのだが、そこまではほんとうにほんとうに手が回らなかった。せめてこの家で冬越えができたなら、何とかなったのかもしれないが。

三頭を食べる会のために、東京に戻る間の三日間、小肉の後処理と原稿書きに追われていた。三頭がいなくなって、一人で大きな廃屋に残るのは少々不安であったのだが、気持が張っていてそれどころではなかった。

「おかあさーん、どうして僕を殺したのーって、豚が幽霊になってくるぞお」

と、さんざん旭畜産の加瀬さんに脅されていたため、夜中に豚小屋から物音が聞こえるたびに、耳をすますのだが、どう聞いてもトタンの板壁が風で持ち上がる音だった。むしろ三頭には、来るなら来てほしいくらいの気持だったのだが、世の中はそう物語のようにはいかない。

ついに食べる会に至る

二〇〇九年九月二九日、神楽坂のシアターイワトで「内澤旬子と三頭の豚」と銘打って、三頭を食べる会は行われた。プロジェクターに三頭が生前に元気よく騒ぐ姿が大きく映し出される中、料理を出した。

献立は、李香津子さんの韓国料理はいずれも持ち帰り用で、テージチョッ（豚足の塩ゆで燻製）、チュユッ・チャンチョリム（腿肉の佃煮）、チュユッ・ユクポ（豚干し肉）、チュユッ・ディンジャンキムチ（豚味噌漬け）。それから豚骨で出汁をとった野菜スープ。

アムリタ食堂さんのタイ料理が、ラープ・クワンナイ（モツの香味和え）、トムヤムクワンナイ（モツとハーブのスープ）、ホワ・ムー・パロー（豚の頭の八角煮込み）。

センダさんのフランス料理が、シュークルート（塩漬けのキャベツと肉とソーセージの煮込み）、バラ肉と白いんげんの煮込み、テット・ド・フロマージュ（頭肉の煮こごりのテリーヌ）、テリーヌ・ド・カンパーニュ（田舎風テリーヌ）、ミートパイ、キドニーパイ、コション・リエット、スペアリブとトマトの煮込み、豚もも肉のロースト（丸焼き）、ジャンボン・ド・パリ（ハム）、粗挽ソーセージ、という具合だった。

心の底から驚愕したのは、来てくださった人たちの多さだ。ブログでしか告知しなかったのに、二〇〇人以上の人たちが来てくださり、完全に会場がパンク状態になってしまった。

ありがたいと思いつつも、気圧されてしまった。たくさんの人が話しかけてくださったが、元来人見知りの偏屈なために、ほんとうに申し訳ないのだが、緊張のあまりよく覚えていない。

それより料理が足りなくなるのではないかと、そればかりが気になった。あっという間に韓国料理の佃煮がなくなり、タイ料理も消え、フランス料理が一皿でるたびに、人がわあっと群がり、むしゃむしゃ食べている。す、すごいな、みんな。生前の豚の姿が映っていようが、まるで関係ない？　さすが、私のブログを読んで来てくださった方々……。

肉は、いや料理は結果的にぜんぜん足りなかった。ほんとうに申し訳なかったのだが、それでも皆さんがすさまじい勢いで、うまいうまいと私の目の前で食べてくださったのは、死んで料理になった三頭にとっても、よかったと思いたい。私自身はあんまり食べられなかったのだけど、残さず食べてもらえて、ほんとうに嬉しかった。

最後に夢、秀、伸、三頭のロースライスをその場で焼いた。うちの庭に生えていた青

伸の頭をむくところ
for テットフロマージュ
裏がえしたところ
この頃私は小肉や脂をひたすら加熱していた…
ここからまだたくさんの肉がとれた…らしい。
食べたかった…
よっと立ててみたり…
表側
写真提供
シュリさん。ありがとう!
厨房って想像していたよりもずっと生々しい(面白い)現場なのだなあ…
自分で押しつけておいてアレですけど…
レストランPのシェフセンダさん
本当にお世話になりっぱなしで…。
現在の伸.
水→
塩

い柚子の木からもいできた柚子のスライスをつけた。この木の周りには三頭の糞をたくさん埋めたので、実にも三頭の何かが入っていることだろう。

奇妙な感覚

スタッフとして手伝ってくださった劇団黒テントの皆さんにも配られた。肉に飢えたみなさんがうわっと群がったその時、平野公子さんが、

「ちょっと待って、内澤さんにも食べさせて」と声を上げた。

ぴたりとみなさんの手が止まり、視線がこちらに集まる。注目されるのは苦手だが、ここは肚をくくるしかない。いささか緊張しながら、タレをつけて柚子を絞りぱくりと口に運んだ。

噛みしめた瞬間、肉汁と脂が口腔に広がる。驚くほど軽くて甘い脂の味が、口から身体全体に伝わったその時、私の中に、胸に鼻をすりつけて甘えてきた三頭が現れた。彼らと戯れた時の、甘やかな気持がそのまま身体の中に沁み広がる。

帰って来てくれた。

夢も秀も伸も、殺して肉にして、それでこの世からいなくなったのではない。私のところに戻って来てくれた。今、三頭は私の中にちゃんといる。これからもずっと一緒だ。たとえ肉が消化されて排便しようが、私が死ぬまで私の中にずっと一緒にいてくれる。

こんな奇妙な感覚に襲われるとは、私自身、ほんとうにほんとうに思いもしなかった。

それなりに敬意は払ってはいても、ちゃんと信仰する宗教をあえて持とうとしなかった。そしてこの十数年、万の単位で屠畜されゆく家畜を眺めながら、私は彼らに対して、かわいそうという言葉を使うことを自分に禁じてきた。倫理でとらえる以前に、地球上の生命体の全てが他の生命体を取りこんで生存を図らねばならないようにできている以上、それはそうであるもの、前提としてとらえるべきだと思ってきた。

肉食をやめる、つまりとりこむ生命体を選んだところで、何かを殺していること自体に変わりはない。どこにボーダーを引くのかは、人間の暮らす社会の都合次第でいかようにでも変わる。そこに正義も善悪も真理もない。その生物を食べたいのか、食べたくないのか、種として残したいのか、残したくないのかがあるだけだ。それは人間の意思であり、エゴと言ったら言い過ぎだろうか。

むしろ肉として食べながら、殺すこと、屠畜することを忌み嫌うように仕向け、時には屠畜どころか食肉全般の仕事に対して差別すら生んでしまう社会のありかたや、宗教、人々の気持と向き合い、なぜなのか、なぜなのか、と繰り返し問うてきたのだ。

答えはいまだに出ない。出しようがない。差別は小さくすることはできても、人が動物を殺す時に感じる罪悪感を完全に消すことは、できないだろう。そう感じてしまうのを、理性と教育だけで止めることはできないのかもしれない。

肉を食べる時に「ありがとう。いただきます」と言うことは良いことだ。けれども、私にはそれが時として、消すに消せない罪悪感に被せる免罪符のように聞こえてしまい、その違和感に立ち向かうすべもなく、ずっと立ちつくしてきた。

豚に名前を付けて飼って、思い切り感情移入してみれば、かわいそうと言いたてる気持も理解できるかと思った。屠畜の瞬間には、かわいそうとは思ったものの、やっぱりそれよりも関わってくださったみなさんへの感謝が大きく勝った。よくぞちゃんと殺してくださった、切り分けてくださったと、今でも思う。

けれどもこの感覚は何だろう。私がかわいがって育てあげ、私が殺し、私が食べた三頭。その三頭が死後も消化後も排泄後も、私とともにいるという感覚。

私はずっと三頭と一緒に暮らしたかったのだろうか。そうとも言えるし、そうではないとも、言える。三頭と一人のうち、誰かが自然死を迎えるまでともに暮らすという選択肢は、かなり困難がともなっただろうが、やる気になればできたかもしれない。秀に出産を経験させるまでとか、嫌がった夢だけ手元に残すとか、そんなやり方もあったかもしれない。けれども、あれから二年経つ現在までの間に、実際に残せば良かったと悔いたことはない。時折発作のように、もういちど豚を飼いたいという気持に襲われるだけだ。

今現在も、私は三頭の存在を体内に残している。これだけは今後も決して揺らがない。ここを礎に私は新たに動物を食べることを考え続けて行くしかないだろう。この知覚を授けてくれた三頭に、私はようやく感謝の言葉を心から言うことができる。
私のところに来てくれて、ほんとうにありがとう、と。

奇妙な祭壇

食べる会が終わった翌日には、千葉に戻った。家の撤収作業が待っている。見るべき豚もいないのに、東京から手伝いに来てくださった方々には、ほんとうに頭が下がる。ミシマ社の三島さんとライターの松井真平さんは、雨の中、小屋に残っているおが粉を家の裏に掘った穴に埋める作業を引き受けてくださった。相当大変だったようで、ほんとうにほんとうに助かった。三頭のうち伸だけは、運動場ができてからも、おが粉の上で糞をしていたが、糞は跡形もなく、匂いもなかった。おが粉のバクテリアの分解力にはほんとうに驚かされる。

それから小屋自体の破壊である。たくさんお世話になった獣医の早川さんと、清和畜産の菅谷さんが連れ立って来てくださった。当時はまだ周囲に秘密であったが、二人は婚約していて、とても仲が良い。

ちょうど満月の晩だし、東京にもどる前に、三人でゆっくりご飯を食べたかった。ちょっと解体を手伝ってもらって、それから月の出を銚子まで見に行って、なんて思っていた。もちろんそんなわけにはいかなかった。およそ五ヵ月ほぼ毎日手を加え続けた豚小屋である。さまざまなモノが付随している。まず松ヶ谷さんにお返しする給餌器と給水器を外し、水道管や、柵まわりに取りつけてあったコンパネや針金を外していく。

取り壊しのことを考えて、木ネジを使っていたのだが、半分くらいが潰れていた。しかしそこはさすが養豚農家。菅谷さんが技術を発揮して木ネジを外してくださった。それから三人で何とかかんとか、運動場の屋根を降ろした時には、もう月は結構な高さに昇っていたのであった。

しかしこれでようやく肩の荷が半分は降りたというもの。

何もかも捨てて後始末

翌々日にはバイオファームの並木さんと、舞台美術家で俳優の河内哲二郎さんが来てくださった。並木さんは鉄柵を切る道具と発電機まで持参。しかも「何かに使えるから」という理由で柵を農場に持ち帰ってくださった。旭市の不燃ごみは、重量で課金されるので、ほんとうに助かった。

残ったのは青いトタンでできた、元物置の豚小屋。三人でバール片手にバキバキに壊して、ガレキにした。苦労して作った排水路や汚水溜まりも、埋めて、コンクリも叩き壊してきれいになくした。

その晩には台風が来るとのことで、ガレキを綺麗に積み上げ、上にブロックを積んだ。

これで何とか大家さんとの約束は果たせた。誰が見てもここに豚がいたなんて、わからないだろうから、きっとこの家の買い手もつくだろう。

塩漬けの皮も並木さんの農場でなめすまで保管してもらうことにした。東京に持ち帰るわけにもいかず、困っていたのだ。

後は捨てるだけだ。旭市のゴミ処理場に編集者の戸井武史さんとともに車ででかけた。手伝いに来てくださった人たちがはいた長靴も、来客用の布団も、つなぎの作業着も、バケツも、鎖も鍵も、私がずっと被っていた農家帽子も、三頭がおもちゃにしていたゴムホースの切れっぱしも、糞を掻き取るのに大活躍したスキージも、スコップもチリトリも、半年間の養豚暮らしにまつわるものすべてをきれいさっぱり捨てた。

東京に送り返すのは、ラードと東京から持ってきた仕事道具と服と、なぜか増えてしまった本だけだ。ごっそり増えた工具はごく一部を除いて菅谷さんにあげた。今頃清和畜産の豚舎の補修に役立っていることだろう。こうして私は旭市を後にした。三頭とともに。

後日談としてどうしても書かねばならないことが二つある。

一つは母のことだ。鎌倉から一人で食べる会に来た父は、数少ない老齢の参加者であることを利用したのか、親族特権を振りかざしたのか、フレンチのセンダさんが料理を切り分ける真横という特等席に陣取り、全ての料理を平らげた。羨ましい。私が東京に戻ってから、電話が入る。

「あのなあ、ジュンコ。おまえのあの豚の肉を送ってくれないか。今、お母さんに替わるから」

どうやら父は母の言いつけを破り、一キロの塊肉を買って帰宅したらしいのだ。

「あ、ジュンコ？　あの豚ちゃんの肉ね、ものすごくおいしかったのよ。ツヤさん（母が大変贔屓にしている近所の肉屋）の肉よりおいしかったのよ。もっとないの？」

豚がかわいそうだから食べてくれるなという手紙をよこした張本人である。嫌味の一つも言わねば気が済まない。

「お母さん、豚の顔を見ちゃったから、かわいそうで食べられないんじゃなかったの⁇」

「だから―、ちゃんと感謝してから食べたわよ」

なんという臨機応変。しかし正直な感想をぶつけてくれるのも、実の母親ならではだろう。「美味い」という体験は時として「かわいそう」に勝つことができることが証明された、と思うことにしよう。

豚肉を買って帰った人たちからは、ものすごくおいしかったという感想をたくさんいただいた。三頭の骨はタダで配ったのだが、豚骨出汁もすごくおいしかったと言われてほんとうに嬉しかった。

実際に三頭の肉は、どこまでおいしかったのか、三頭で味の差は出たのか、秀の肉が一番だったという感想もいただいたが、私自身はよくわからなかった。まだ肉本来の味はそれほど出ていなかったようにも思う。あと一ヵ月大きくしていれば、差もわかったかもしれない。それに伸はちゃんと太らせることができなかったので、ダイヤモンドポーク本来の味は出せなかったと思う。宇野さんにはほんとうに申し訳なかった。

ただし、私でも明確にわかったのは、脂の味だ。新鮮さも手伝ったろうけれど、ほんとうにさらりと軽くて品のある脂だった。東京に戻ってから、いつも行くチェーンのラーメン屋でチャーシューを食べたら、胸がムカムカした。脂の臭みが鼻についてしかたがなくて、しばらくチャーシューを食べるのをやめた。

三頭の脂に関しては、ちょっとおこがましいけど、ダイヤモンドポーク並みだったんじゃないだろうか。肥育餌のサツマイモと、ストレスレスな環境があの脂を作ったのかな、などと、こっそり思っている。

二つめは、フレンチのセンダさんから、秀のベーコンとともに、綺麗に掃除した伸の頭がい骨が届いたことだ。頭からテット・ド・フロマージュ用の皮つき肉を取った後、常連のお客さんにそのままどしっと出したところ、塩をふりふり、箸でていねいにつまんで食べきってくれたとのこと。うわ、それは私が食べたかった……。でも忙しくてそれどころではなかったたか。ちなみに周囲のお客さんは恐れおののいていたそうだ。

頭がい骨をじっと見ていると、額やあごの形が、たしかに伸だとわかる。前歯の歯並びがすごく悪い。だから甘嚙みしかできなかったんだなあ。半割状態の夢と秀の頭がい骨とともに私の部屋の特等席に鎮座している姿は、奇妙な祭壇のようにも見える。骨がなくとも、三頭とともにいるのは変わらないのであるが、置いてしまえばそれはそれ。頭がい骨に、つい水と塩を供えて、手を合わせてしまう自分に苦笑いしつつ、今もやめられないでいる。

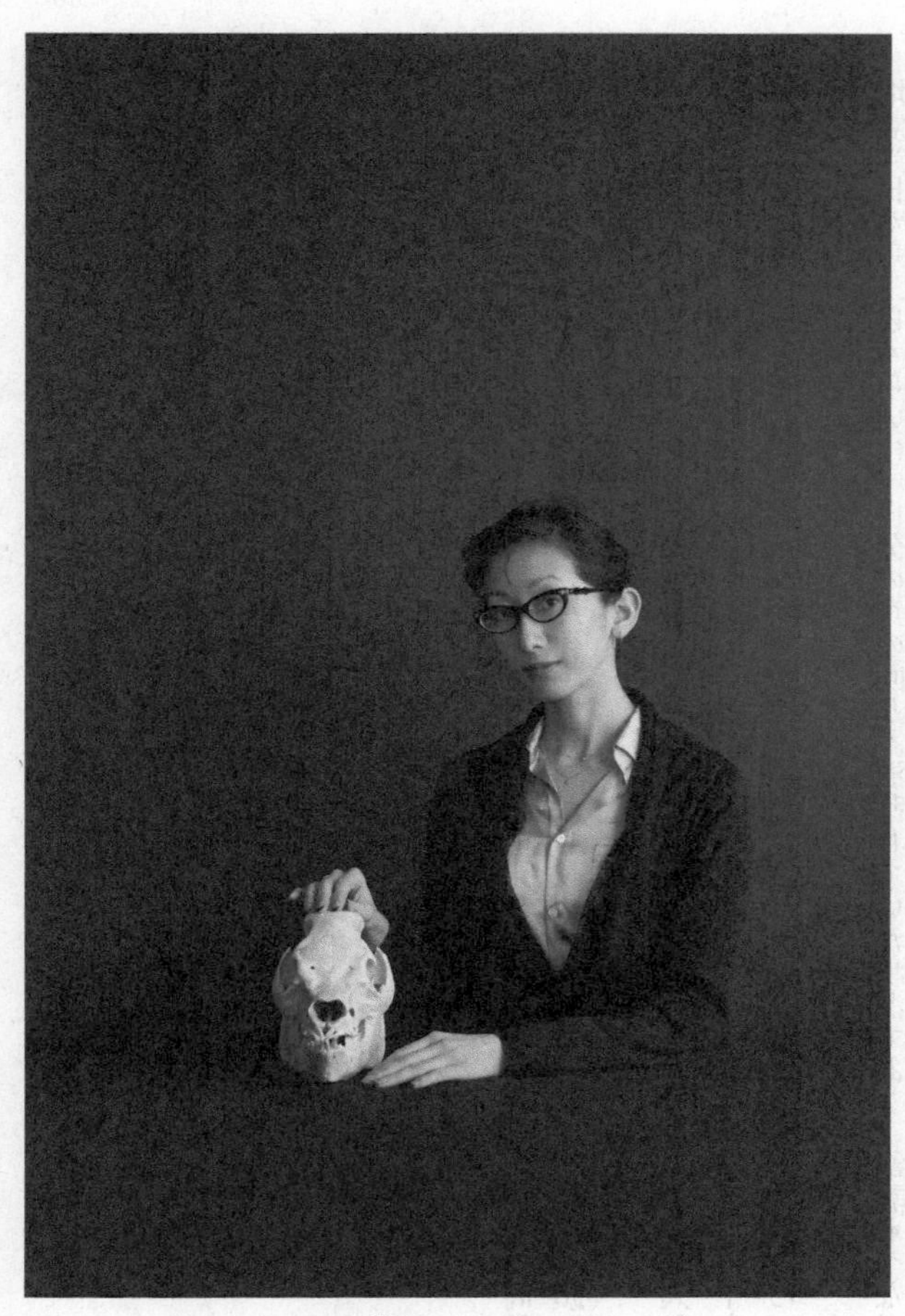

撮影＝合田昌弘『料理通信』2011年3月号より

震災が

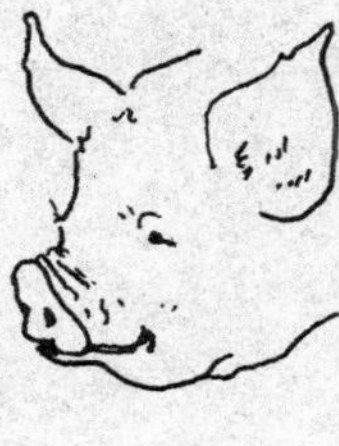

3・11で旭市はどうなった

三頭を食べて一年半が経った二〇一一年三月一一日。東日本大震災が起きた。その時私は東京でこの『飼い喰い』の原稿を、月刊『世界』に連載していた。交配出産から三頭を屠畜するところまで、こぎつけた頃だった。

〇九年当時私が住んでいたのは千葉県旭市三川地区。震災直後に襲ってきた津波で大きな被害を出した、旭市の飯岡地区とまさに目と鼻の先に位置していた。私の家から九十九里海岸までは車で五分くらいだった。家の敷地内の土を掘ればほとんど砂というところだ。家がどうなったのか、気になった。

地震当日から三日くらいは、自分の身の回りも混乱していた状況であり、電話もつながりにくかったため、旭市で御世話になった人たちの安否を確かめることは遠慮した。一週間経過して、都内自宅の食糧備蓄もなくなり、近所のスーパーに行った時、ほとんどの食料品が消えうせた売り場で、なぜか生肉だけが、山をなしていた。いつまた大きな余震や大規模停電が来るかもしれないと、ビクビクしていた時期だ。原子力発電所の被災具合もよくわからないままに、気になる。

この非常時に料理なんてしていられるかと思うのか、インスタントラーメンや乾麵など、保存のきく粉モノ食品は朝入荷すると同時に売れていたらしい。焦ってもしかたがない。腐ったらそれまでと、豚ロース肉を買い、付け合わせの野菜もないまま、焼いて食べた。いつもと同じ味だった。

国産肉の流通は、止まっていないということだろう。屠畜場はどうなのだろう。三頭を屠畜してもらった千葉県食肉公社はどうしているんだろう。あれだけの揺れに耐えられただろうか。

三月一一日は金曜日なのだ。午後三時を回っていない時間ならば、牛に関しては、その日の処理頭数によるけれど、少なくとも公社の豚は、確実に屠畜真っ最中だ。

屠体は、オンレール式の屠畜場では、股カギに両後肢の腱をひっかけてぶら下がったまま、流れ作業に合わせて動いていく。ちょっと手で押すだけでブランブランと揺れる。地震で揺れたら、どうなるんだ。東京ですら本棚や食器棚が倒れ、九段会館の天井は落ちた。

設備があちこち老朽化しているので建て直したい、なんて話も聞いていた。レールが天井からはずれたら、股カギから牛が落ちたら、その下に人がいたら……。いや、もし人間が無事だったとしても、床に落ちた牛や豚は、出荷できるのか。そういえば停電したら、冷蔵庫の中の肉はどうなるんだ？　内臓は？　ちょっと待って。そもそも農場だって給餌給水には電気を使っていた。みんな、どうしたんだろう。パックの肉を眺めながら、頭は高速で肉から遡って屠畜の工程、出荷、豚舎、そして子豚として生まれるところまで飛んでいく。

取材時には、すべてあたりまえのこととして見せてもらっていたことだ。それが突然止まってしまうことに、いつでも止まり得ることに気付かなかったことに、茫然とした。今回の地震と津波と原発事故で、あらゆる産業が甚大な被害を受けた。私が上梓した本も、紙の倉庫が被害をうけたため、増刷時に本文用紙の差し替えを余儀なくされた。

しかし畜産は、生き物／ナマモノ相手の産業である。牛も豚も、印刷用紙のように、おとなしく積まれたまま待ってくれない。水や餌が滞れば、死んでしまうし、肉となっても冷温を保たずに放置すれば腐敗する。災害で現場のインフラが失われる時、具体的にどうなるのか。取材当時に御世話になった方々に話を聞くことで振り返り、終章としたい。

蛇足ながら、旭市は被災はしたものの、震源地により近い地域にくらべれば、被害甚大とは言えない。特に私が関わった人たちは、結果を先に言えば、幸運にも比較的軽微（あくまでも比較すればの話）で済んでいる。農場も屠畜場も、全半壊したところもあるし、周知のように原発事故によって避難地域に置き去りにされた家畜もいる。「もっと酷い悲惨な被害」は存在する。廃業を余儀なくされたり、業務再開の目途が立てられない畜産農家も大勢いる。ほんとうに胸が痛む。亡くなられた方々と家畜たちのご冥福を祈念し、被害を受けた方々が少しずつでも日常をとり戻すことを願ってやまない。

本書では、軽微な被害を書き残す意味も、それなりにあるのではないかと思い、私が関わった旭の人たちや施設がどうなったのか、俯瞰することで、現代畜産が何に頼って成立しているのかを考えてみたい。

全館停電

三月一一日午後二時四六分。東総食肉センターの営業マン石川さんは、千葉県食肉公社と隣接している精肉カット場にいた。一回目の揺れとともに作業場の電気が落ちた。これまでにない揺れに驚き、すぐに駐車場に飛び出した。大きなトラックが揺れている。電柱もしなうように揺れている。

作業員も全員カット中の肉をそのままにして飛び出してきた。建物内はすべて停電していた。二回目の揺れがおさまってから、懐中電灯で中を確認すると、段ボール箱やプラケースが倒れているが、怪我人は幸いにして一人もいなかった。携帯はつながらない。みんなで車についているテレビを見て、地震の規模を知る。余震は何度も続き、防災無線では津波警報を流している。電気もつながりそうにないので、めちゃくちゃになった作業場をそのままにして、五時頃帰宅することになった。

カット途中の肉、三〇頭分はそのまま、翌日に廃棄となる。

金曜日は出荷のピークである。すでにカットが終わり、荷ができている分は、地震後そのまま卸先に出発したというから驚いた。八台のトラックはそれぞれの目的地に向かい、夜通し運転して翌日東京に荷を届けたトラックもあれば、利根川を渡れず、一日待って引き返してきた車両もあったという。正確には日にちがずれているけれど、私がスーパーで見たパックの肉は、そんな風にして運ばれてきたのかもしれない。頭が下がった。

全館停電は、千葉県食肉公社、つまり屠畜場部分も同じだった。この時刻、病畜と牛の屠畜は既にすべて終わって、検査も格付けも終わって、冷蔵庫に入っていた。豚は生体は残すところ大貫というところ。オンレールのラインには作業途中の豚がぶら下がっていた。一階で放血して二階の作業場に向けて吊り下がったまま昇っている途中の豚もあれば、二階に上がって、脚を切ったり、皮を剝いたり、内臓を出したりしている真っ最中の豚もいた。総勢一八八頭。地震とともにサンドバッグのようにこれらの肉が揺れたそうだが、その様子を語ってくれる人は少なかった。

豚は係留所に戻された

現場は停電で真っ暗になり、非常灯がついているのみ。とにかくみなさん外に逃げるのに必死だったのだ。作業場は櫓のような台に乗って行うところも多いし、肉も吊っているので、カット場よりも不安定のように思える。しかしこちらでもナイフで手を切ったひとは誰もいなかった。

作業員の若者に尋ねると、こともなげに、

「すぐに（腰に下げた）ケースに入れましたから」と言われる。

そもそも怪我の多い職場なのに、さすがである。ナイフは衛生対策で一頭作業するごとに熱湯に漬けねばならないため、それぞれの持ち場に熱湯もある。しかし火傷の被害もなかった。ほんとうによかった。

ちょっと気になったのは額にスタンナーをかける直前のあたりにいたはずの、大貫の豚だ。これらは係留所に誘導して戻したのだそうだ。額を打つ直前に載せられるベルトコンベアには、バックボタンが付いているそうで、後退させることもできた。彼らは無事に係留所で三日間飼養され、一五日に屠畜されることとなる。

係留所は金曜日だったため、翌日分の牛豚の搬入はなかった。

公社内の建物は、通常東京電力からの電気と並行させて大型の自家発電機も稼働させていた。が、安全装置が作動して止まってしまったのだという。大がかりな自家発電機が止まると、復旧させるのにはある程度の技術が必要なのだ。何より安全確認をしてからでないと、二次災害の恐れもあるので、業者の到着を待たないと再稼働できない。ちなみに発電機はディーゼルエンジンなので、燃料は重油である。公社では熱湯の供給にも重油を使う。電気とともに重油も絶対に欠かすことができない。

電力の供給がないと、ポンプが動かせないため、水の供給も止まる。屠畜場は水も大量に使うため、貯水槽には一〇〇〇トンからの備蓄があるにもかかわらず、汲み出すことができないのだ。さらに汚水を処理する浄化槽も電気がなければ稼働できない。その日は全員早めに帰路についた。

建物の目に見える被害は、激しい揺れに加えて、豚がぶら下がっていたというのに、レールが天井から剝落することもなく、冷房のカバーが一カ所半分落ちたことと配水管がはずれたくらいだった。

これには従業員のみなさんも「もっと壊れるかと思った」と意外そうだ。私もこう言っては何だが、もっと壊れただろうと思っていたのだ。もちろん目に見えない部分でのダメージはわからないので、現在設計事務所を入れて調査をして、耐震強度を再点検中だ。

また停電時に暗闇になったことを受けて、せめて出てきた内臓を洗ってしまいたいからという要望があり、照明を賄うだけの小型の自家発電機も購入したそうだ。

何よりも、電気

そして繰り返すようだが、設備は壊れていなくても、電気が通らなければ何もできない。四月に取材したタイの田舎の屠畜場では、薪で大鍋に湯を沸かし、後はすべて人力だったっけ。見学時は大変そうだと思ったが、電力や燃料に左右されないと、小回りは効くだろうなあ。

日没後、旭市内の路上のほとんどは、店の看板はもちろん、信号も電灯もすべて消えて真っ暗という状態。ちょっと想像がつかない恐ろしさだ。ただ、どういうわけか、旭市の中でもぽつぽつとまだら状に電気が落ちなかった地区もあった。不思議だがそういうものらしい。

デュロックの秀を提供してくださった、松ヶ谷さんの農場は、高台にあって、津波被害があった飯岡地区とも非常に近い。すぐ下の地域では液状化が起きている。それなのに、松ヶ谷さんの農場近辺だけ、電気は通っていた。国道を車で走っていて地震に遭った。松ヶ谷さんがまず心配したのも、当然電気。農場に携帯を掛け続けて三〇分後、やっとつながって通電していることを確認した瞬間、安堵したという。

松ヶ谷さんの農場では、豚舎脇にそれぞれついている給餌タンク六十数基中、六本程度の配管が外れた。農場に戻ってからタンクから餌がサーーッと地面に落ちていくのを止めて回り、雨にあたっていたまないうちに、こぼれた餌をかき集めて、豚にやった。

「後は尿のストッカーが揺れて地面に尿が少しこぼれた程度かな。うちは地盤も決して強くないのに。電気のことといい、ほんとうに運がよかったですよ。ここらの農家さんの中でも、液状化で豚舎の床が折れて糞をかき取る機械が作動できなくなって、全壊となったところもあるし、餌タンクが倒れたり屋根が落ちたところもあります」

すぐ近所のコンビニも電気が通っていたため、津波被害に遭った人たちが続々と車で避難してきていたそうで、レジは大行列となり、商品は雑誌以外のすべての商品が売れてしまったという。その晩電気がついていたコンビニは、暗闇の中で、救いのような存在だったろう。

電気の止まった豚舎で

一方で、電気が止まった農場はどうなるのか。滞在中何かと豚小屋建設を手伝ってくださった菅谷さんの農場は、停電してしまった。いきなり話は深刻になる。給餌も給水も、電気があってこそ、機能するのが現代の豚舎なのだ。

「まずは換気。ウィンドウレス豚舎がいくつかあります。窓がなく自動制御で換気もするようになっているけど、電気が止まればすべてが止まってしまうから、扉を開けはなって、空気を入れました。それからとにかく豚たちに水だけは飲まさなきゃと思って……」

菅谷さんの農場では井戸水をポンプで汲み上げて地下に掘った貯水槽にいったん溜め、

そこからまたポンプで各豚舎に水を供給している。通常ならば水はいつでも豚が飲みたい時に飲みたいだけ出るようになっている。それが止まってしまった。

そこで従業員ふくめて四人で手分けして、一斗缶で貯水槽から水を手作業で汲み出し、小さなタンクに入れ、ショベルカーに載せて各豚舎に給水してまわった。電気はすぐにも来るだろうと、たかをくくっていた。

ところが日没が過ぎても電気は一向に復旧しない。余震は続く。これは、やばいのではないかと、十二日の朝から自家発電機をレンタルしようと探すが、どこに電話をかけても、ない。探し続けてようやく知り合いの溶接屋さんから、溶接機と合体した小さな発電機を借りられることになった。

発電機をトラックに積み込んで農場に戻り、その日は引っ張りだこの電気屋さんを呼んで、発電機を作動させたのが、夕方だった。二・五アンペアの発電量では、給水はまかなえたが、給餌は同時にすべての豚舎をまかなうまでには届かない。電量計算もしなきゃならないなんて、農家は百姓、万能でないと務まらない。

出荷間近の豚が入っている三つの豚舎の給餌器を、一つずつ動かしていった。残りの五つの子豚たちの豚舎は「手振り」、つまり手作業で給餌して回った。子豚だから一日一回入れれば事足りるとはいえ、大変な重労働である。

「とにかく水と餌だけで精一杯で、他のことは頭が回らなかった。ただその後比較的早く電気は来ましたね。自宅の方は、停電と断水が続いていたから、農場で家族全員シャワー浴びたりしていました」

豚たちは地震の揺れをどう感じたのだろう。菅谷さんのところでは一度だけ出荷時に大きな余震があった時に豚が動かなくなったそうだ。繁殖成績が落ちたとか流産したという話は、噂で流れてはいるものの、実態としては確認できなかった。

松ヶ谷さんの自宅のある地域は、停電が続いた。みなさんの話を聞いていると、農場と自宅など拠点が二つ以上あり、大家族のつながりの中で暮らしているひとたちは、こっちで電気とシャワー、あっちにはガス釜があるから炊飯と、融通してやりくりできていた。ガスに関しては、旭市の知り合い全員がプロパンガスだったため、困ったという話はない。

気の毒だと思ったのは単身赴任で来ていた東総食肉センターの石川さんで、単身者用のアパートにはラジオも水も食料も何の備蓄もなく、ワンセグテレビも映らなかった。しかも地震当日の晩には避難したのかアパートには誰もいなくなった。

懐中電灯もなく、頼りは携帯電話の灯りのみ。ヒーターも止まり、鳴り続ける携帯の緊急地震警報と余震の揺れに耐えかね、車の中で一睡もせずに過ごしたのだそうだ。近所のコンビニは停電していたが、闇のまま営業していた。レジが動かない中、店員が一つずつ棚に行って値段を調べ電卓で会計しながら品物を売っていた。買えたのはポテトチップスと炭酸ジュースだけ。翌朝は早朝から会社に向かう。

幸いなことに、千葉県食肉公社と東総食肉センターは翌日午後一時に通電した。社内にカップラーメンの自販機があったため、石川さんはしばらくカップラーメンを食べて暮らしたそうだ。

ガソリンがないとはじまらない

電気が来てまずは設備が無事に動くかを確認し、それから東総食肉センターではまな板にそのまま載っていた三〇頭分の豚肉、東総臓器でも同じく作業途中だった内臓、そして食肉公社ではぶら下がっていた一八八頭の豚肉を、みなで降ろしてレンダリング業者に引き取ってもらった。枝肉は二つに割る前であれば八〇キロ近いので、運ぶのも一苦労だ。それでも掃除も含め、翌日の土曜日に作業ができたのは、まだ幸いだったと言えよう。それぞれの冷蔵庫内の温度は三月だったためもあり、ほとんど上がらず、冷蔵庫内の肉はすべて無事だった。停電がさらに続いていたら、これらの肉も駄目になっていただろう。

食べものの供給を滞らせるのは良くないという社長判断のもとに、千葉県食肉公社は、一四日までに配管修理を終わらせ、一五日には午前中に作業が終わるように頭数制限をしながら営業再開する。一六日は計画停電が適用され、頭数制限しながら営業、翌一七日には災害救助法が適用され、公社は計画停電区域から外れて、通常営業に戻る。被害がひどく、復旧のめどがたたない東北地方に向けても肉を出荷しはじめた。

もう一点、みなさんの頭を悩ませたのが、ガソリンだ。農場も屠畜場も、自転車で通勤する人などまずいない。従業員全員が自動車通勤なのだ。ガソリン不足で出勤できなくなるのを恐れ、経営者たちは従業員のガソリンに気を配り、ガソリンスタンド営業の情報が入れば必ず並びに行かせ、とにかく空にさせないようにさせたそうだ。萱谷さんのところでは空いているトラックにもガソリンを入れに行った。トラックのガソリンタンクは単純な構造なので、ガソリンを移しやすいため、後で従業員に分けることができる。各地のガソリンスタンドの周りで渋滞が起きていた。

話を伺ったのは一〇月。何もかもが一段落したところだ。みなさん、当時のことをとても淡々と語るのが印象的だった。不便な暮らしに耐えつつ、業務をできるかぎり迅速に復旧させる。あたりまえのことといえば、あたりまえのことなのだが。

養豚農家にとって、何日までは出荷を待てるのだろうか。出荷を控えた豚は、一日約一キロずつ増体重していく。松ヶ谷さんに尋ねると、考えながら、一〇日以上になるとキツイと答えた。格付けが等外となって豚価がどんと落ちてしまうこともあるが、豚舎を出て行く豚がいなければ、生まれてくる豚を入れるスペースが足りなくなるのが何より怖いという。豚は成長段階に合わせてはじめは母豚と一緒、それから離乳豚舎、子豚豚舎、肥育豚舎と豚舎を移動させていく。豚舎にゆとりを持たせていればまた別だが、ほとんどの農家が、豚舎に一〇〇パーセント豚を入れている。万が一出荷が二週間も滞ったら、生まれてくる子豚を淘汰、つまり殺処分するしかない。小さいから処分コストがかからないためだ。辛い話である。

農家にとって滞っては困るものは、まだまだある。給餌から遡って、飼料の搬入も欠かせない。現在豚の配合飼料の構成成分は、農家や豚の銘柄によって違うとはいえ、大部分がトウモロコシで、そしてふすま、大豆かす、イモやパンなどが混ざる。国内で出る食物残渣を利用して作るところもあるが、やはり大部分は輸入穀類に頼っている。

千葉県旭市に養豚農家が多いのも、鹿島港に近いためにフードマイレージ、飼料運送費が安くつくことも大きい。鹿島港には一八一頁で紹介したように、パナマックスが輸入穀類を大量に搭載して入港し、港にある飼料工場で加工、配合されて各農場へと出荷される。

震災時、鹿島港も津波による被害を受けた。地震が来た時には入港していた船からサイロへと穀類を吸い上げていた。一つの船に対して三つの吸い上げ機械が張りついて行う。津波が来るので作業を中断せよ、との知らせがあったが、そう簡単に作業は止められない。止まらないうちに津波が来た。津波が引いていく力で吸い上げ機械のいくつかが破損し、コンテナが流されていった。一台の吸い上げ機を稼働させても、船倉内の穀物をバランスよく吸い上げられないため、効率は著しく落ちてしまう。

震源により近い地域では、年間二〇〇万トンの飼料を製造している仙台・石巻の両港が全壊していた。全国的な飼料不足が懸念された。鹿島港は八戸港とともに被災地周縁の港として一刻も早く船を迎えて飼料供給を増やしたいところだが、流れたコンテナが足を引っ張る。港の水深の関係上、海底に異物がないことを確認しなければ、大きなパナマックスは入港できない。

さらに一部停電に加えて神栖市内はすべて断水し、復旧には一ヵ月を要した。飼料の加工には水を使うものもあった。とにかく手元のサイロに残るものと全国からかき集めた材料を、稼働できる機械で配合して、農家に届けなければならない。農家たちも飼料確保に奔走していた。普段の自家配合飼料と成分が多少違ってもしかたがない。農水省でも配給飼料を用意して東北地方の農家に配っていた。餌が変われば銘柄豚としての価値はなくなってしまうが、豚を死なせるよりはいい。

一ヵ月ほどしてようやくパナマックスが入港できるようになってからも、外国人船員が放射能汚染を恐れて入港拒否をした九州で、船員を全員日本人に入れ替えねばならなかったという。

吸い上げ設備の完全復帰など、港と飼料工場の設備が元に戻ったのが五月末、すべてが復旧したと言えるのは、八月に入ってからなのだそうだ。

放射能汚染で堆肥が滞留

農家たちを悩ませたことはまだある。堆肥だ。入れる方もノンストップならば、出す方もノンストップなのが、畜産。堆肥もどんどん出荷しなければ、どうにもならなくなる。ところが敷材におがくずやもみ殻を使っている場合、放射能汚染の可能性が疑われ、一時期出荷自粛や差し止めの動きがあった。現在は沈静化している。

養豚の場合、牛に比べれば、屋根と壁のあるところから出されることもないまま育つし、旭の農家は井戸水を使用しているところが多いので、飲み水から被ばくするということも極めて少ない。餌も輸入穀物で、屋根付きのタンクに入れて流しているのであれば、放射能汚染にさらされる可能性は低いのだ。大規模工場のような飼い方に疑問を感じて、放牧養豚に挑戦していた農家がいたら、それはほんとうに御気の毒だと思う。豚は土を食べるのが大好きなのだから。

消費者は基準値以下では安心しない

そして現在、農家や卸業者を悩ませているのが、肉の買い控え、である。牛肉からセシウムが発見されて以来、円高も手伝って国産肉全般の売り上げは、低迷している。政府の『基準値以下』という言葉では、消費者の安心を摑むことにはならなかったと、関係者全員が口をそろえて言う。

多くの消費者はゼロリスクを望む。放射能に限ったことではなく、食品の安全にゼロはあり得ないと私は思う。放射能が不安ならば数値をある程度把握して内部被ばく積算値を計算するべきだろうが、そこまでやる人、できる人はなかなかいない。私もやっていない。もともと持病の治療でかなりの放射線を浴びていることもある。ただ持病がなかったとしても、面倒であるし、十分加齢もしているので、気にせず食べているとは思う。しかしそれは私個人の生き方の問題だ。長期にわたる低量被ばくが人体に及ぼすリスクがはっきりわからない以上、なるべく積算被ばく量を下げたいと思う人がいて当然だ。

千葉県食肉公社では牛は全頭放射能測定を行っている。一頭ごとにかかる費用は、農家や県が払っている（県によって対応が違う）。いずれ東京電力に請求するとはいえ、大変な負担だ。安くなってきているとはいえ、まだまだ高額のため、出荷段階での豚の全頭検査は無理だろう。

東総食肉センターでは、豚肉の産地表示を「国産」から「各県産」に変えた。関東の消費者は「福島県産」を避け、関西に、南にと離れれば離れるほど、東日本全般の豚肉を買い控える傾向にあるという。

これまでBSEやO-157の安全対策に奔走する業者たちを見てきた。限りなく危険性を低くする努力を、現場に強要することを否定するわけではないが、そのことに甘えて、自分たちが食品に対して、無知無防備になってしまうのはまずいと思う。出されるものは何もかも安心安全となった時に、その食品自体を自分で見る目、判断するための感覚や知識を失ってしまっては、日本国内から一歩も出られなくなってしまうのではないだろうか。

水と電気と石油の大量消費で成立する大規模養豚

今回の震災で、改めて電気と石油と水がなければ、どうにもならない大規模養豚の現実を知った。放射能事故では、不思議な逆転現象がおきた。これまでずっと輸入肉よりも国産肉の方が安心安全であるともてはやされてきたのに一転、輸入肉の方が安全、と思われるようになった。被ばく量以外のことに関して、輸入肉の衛生基準や安全対策について、何か進歩があったと言うわけでは、もちろんない。

また海外からの飼料輸入に頼って国内自給率を下げていること、外気にすらほとんど触れられない豚飼養環境なども、否定的に取り上げられがちだった。これも一転して、被ばくリスクを低める材料としてもてはやされるようになってしまった。

非常に複雑な気持になる。被ばくを恐れるのは当然のことなのであるが、国産飼料にも、放牧養豚にも、それぞれ志を持って挑戦していた人たちがいると思うと、ほんとうに悲しい。

これから畜産は、養豚は、どうなるのだろうと漠然と思う。三頭を飼ったような軒先養豚スタイルに戻れるとは思わないけれど、あまりにも飼養頭数が増えすぎ、一頭の価格が安くなりすぎた。エネルギー消費や飼料消費の面からも、このままいけば早晩無理がたたるように思えてならない。みんなが一斉に目指せる出口はみつからないまま、何かを変えねば、持たないかもしれないと思いはじめている。

しかし、今日も豚たちは、電気と重油と水と餌をノンストップで消費しながら育ち、どんどん出荷され、屠畜され、小売店には肉が並ぶ。そして私はこのままではまずいのではと思いつつ、やっぱりどうにかして、これからも肉を食べていきたいと、切に願ってやまないのである。

あとがき

三頭を飼い喰い、そしてこの本を書くにあたり、ほんとうにたくさんの人にお世話になりました。養豚について何も知らない私に、現場を見せていただいた上に、力と知恵を貸してくださり、感謝してもしきれません。

三頭を提供してくださった農家の松ヶ谷裕さん、宇野重光さん、椎名貫太郎さん、そして千葉県食肉公社の内藤隆司さん、旭畜産の加瀬嘉亮さん、東総食肉センターの小川晃一郎さん、石川貴幸さん、ピグレッツの早川結子さん、清和畜産の萱谷知男さん、並木農場の並木俊幸さん。昭和産業株式会社、旭食肉協同組合、元フジエコフィードセンターのみなさま。

食べる会を仕切ってくださったシアターイワトの平野公子さん、料理を作ってくださったフレンチのセンダさん、シュリさん、タイ料理、アムリタ食堂の家坂亜紀さん、韓国料理の李香津子さん。豚小屋建設と撤収を手伝ってくださったり、撮影してくださったり、三頭と遊んで、食べてくださったたくさんの方々、お名前を書ききれなくて申し訳ありませんが、本当にありがとうございました。

さまよいかけた企画を連載として引き取り、限りなく遅い原稿の完成を辛抱強く、時に厳しく叱り飛ばしながら待ち、書籍に仕上げるまで併走してくださった月刊『世界』編集部の中本直子さん、すばらしい装丁を施してくださった寄藤文平さん、スタッフの北原彩夏さん、いつもいつも、ありがとうございます。

そして交配からわずか一年足らずであったけれど、無の状態から生まれ、私の元に来て、私をはじめとする多くの人たちの血肉となって散じた三頭の豚たちに改めて、ありがとう。

この本が、一人でも多くの、豚と豚肉を愛するひとに届きますように。

二〇一一年　臘月十七日

内澤　旬子

文庫版あとがき――三匹の豚を超えて

千葉県旭市で豚を飼って食べてから十一年が経過した。僅か七カ月ほどの田舎暮らしと養豚体験が、自分のその後の人生を大きく変えることになるとは、始めたときには思いもしなかった。ただただ豚のこと、養豚農家のことが知りたい一心で、日々取材と作業に追われていた。読み返せばひたすら懐かしい。その後から現在にいたるまでの自分の身辺を簡単にご報告したい。

三匹を食べて、自分の中に入れて東京に戻ってから、強烈な閉塞感に苦しめられた。部屋が狭い。そして豚がいない……。ペットロスならぬ家畜ロスだ。それでも当初はしばらくすればまた都会に慣れ、どこかへ取材に行っては書くという生活に戻ることができると思っていた。そこに、本書にも書いたように東日本大震災が起きる。本書の連載中であった。

旭市の被害は本書に譲るとして、都会の小さなマンションで最低限のストックで暮らすことの恐ろしさをつきつけられ、やっぱり田舎に移動したいという気持ちが急速に高まった。自給自足は無理でも食べ物（産地）の近くにいれば、物流が機能できなくなってもなんとか生きていけるはず。

七ヵ月の旭市での生活で、豚舎を自力で改修し、車でスーパーやホームセンターに買い物に行くのを習得できていたことが大きな自信となって、地方移住に向けての一歩を踏み出せた。

探し回った挙句、知人が移住した縁で小豆島に移住を決めたのが二〇一四年。海辺の一軒家を借りることができた。移住の手続きなどについては『漂うままに島に着き』（朝日新聞出版、のち朝日文庫）に詳しく書いた。豚を飼うことも検討していたが、島の中には屠畜場がない。ということは、肉を食べるつもりならば島外に出荷しなければならない。しかも、家を探しているときに豚は困ると近隣住民から言われてしまう。その物件とは縁がなかったが、どこでも似たような反応に遭うことが予想された。

飼うのならば集落の端っこではなく、山奥に引っ込まねばならない。しかし、山奥でひとりで暮らすスキルが自分にあるかと言えば、到底そこまでには至っていない。でも、家畜と暮らしたい。悶々としているうちに夏になり、大家さんが早朝から家の周りの草を刈りに来てくださるようになった。ありがたいが機械音は苦手だ。それならヤギを飼って雑草を食べさせよう。ヤギなら豚のように臭わないし、牛や馬のように大きくないので手軽に飼える。

ヤギははるばる沖縄からやってきた。シバヤギのメス。カヨと名付けた。島の人たちからも好意的に迎えられた。ひと昔前まで各家庭で飼っていたそうだ。

こうして、海が見える家のドアを開けると白いヤギが私を見つめて優しくメエと鳴く、優雅な生活が始まるはずだった。ところがどっこい、カヨは雑草を食べようとせず、不満げに鳴き喚いてばかりいる。おかしい。何が言いたいのか。仕草も顔も餌の好みもなにもかも、イヌとも豚とも違う。馬と似たところはある気もするが、よくわからない。こうしてカヨが何を欲しているのか、真剣に向き合うこととなる。詳しい経緯は近々上梓予定の『カヨと私（仮題）』に譲りたい。大きなヤギ舎を借りることができるようになったとも言える、引っ越しのいきさつは『ストーカーとの七〇〇日戦争』（文藝春秋）に詳しい。

現在ヤギは五頭、カヨは群れの女王様となって悠然と暮らしている。一頭飼いの時とは性格も行動も変化し、五頭一緒でないと絶対に動こうとしないので、ここという場所に繋いで雑草を食べさせることが困難になった。私が刈りとる方が短時間で済むため、刈払機やチェーンソーを購入、毎日軽トラ一杯分の草や枝葉をかき集めてはヤギたちに与えている。本末転倒この上ないが、おかげで里山に繁茂する草木に詳しくなった。

ヤギ飼いと同時に始めたのが、狩猟である。これも本書が縁となり、ジビエを扱うレストランを知ったことで興味を持った。わな猟に続き、銃猟免許および猟銃の所持許可も取得。私が始めた頃には、小豆島でも一度は疫病により絶えたと思われていた野生動物が増殖し、農作物被害が深刻化、住宅地に出没するのも珍しくなってきたので、狩猟ではなく獣害対策として取り組むこととなる。当初は二者の違いすらよくわからなかった。けれどもただ獲れば良いわけではなく、複雑な事情が絡むこともだんだんとわかってきた。ヤギの世話もあり、捕獲技術はあまり向上していない。ただし、解体精肉技術は別だ。沢山見て来ただけあり、比較的苦労せずにできるようになった。

小豆島では現在、年間二千頭前後の猪や鹿が捕獲され、そのほとんどが埋設処理されている。野生動物のための食肉処理施設もなかった。クラウドファンディングで資金を募り、野生獣のための小さな食肉処理施設を作った。眺め続けてきた解体作業を自分の手ですることになったのである。精肉技術は職人技とまではいかないが、なんとか商品として塊肉をインターネットで販売している（小豆島ももんじ組合／内澤旬子｜stores.jp）。ご興味のある方はぜひのぞいてみてください。有害鳥獣駆除のため、夏季に捕獲した肉も販売している。脂身はついていないがサッパリとして柔らかな若猪の肉や丸焼きにできるウリ坊など、季節ごとに違う味わいの肉を楽しんでもらえたらと思っている。

一頭まるごと精肉解体してみると、肉の量感なども感覚で理解できてくる。今だったら、三匹の豚を冷静に料理するまでを手配できるのになあと思っている。小さいながらも屠畜場を持てたことはとても嬉しく、サポートしてくださった皆様には感謝の気持ちで一杯だ。

こちらのいきさつも近々原稿を整理して書籍として世に出さねばと思っている。遅れていて申し訳ありません。

ここまで並べただけでもずいぶんいろいろ手を出しているな、という気がしなくもないのだが、じつはもう一点ある。処理場をはじめた縁でウリ坊が持ち込まれるようになった。生きたままやってくる場合も少なくなく、どんな餌を好むか、肥育できるのかなど研究のために飼ってみたのがなりゆきで、一頭だけ居ついてしまったため、飼養許可をとった。そう、猪を飼っているのだ。

野生動物の飼養は推奨される行為ではない。とはいえ、猪や鹿を飼養する狩猟者はさほど珍しくはない。ウリ坊を拾って、もうすこし大きくしてから食べようと思うのだろうか。手に負えなくなった時には、周囲に迷惑をかける前に自分の手で、という覚悟も狩猟者ならば容易に持てる。私も覚悟はしている。処理場も近くにあるし。すでに猪を飼う／殺す／食べるためのツテやスキルを備えていたことも、飼養する気になった要因ではある。

母乳なしでの猪の飼養は本当に難しかった。三頭ほどは途中で死亡している。世話をしてしまうと、たとえ何頭死んでも慣れることなく辛い。養豚農家さんたちが生まれたばかりの子豚を手放したがらない気持ちがよくわかった。

猪のゴン子は現在二歳を超えた。野生動物のため豚よりも警戒心が強いが、仕草や鳴き声などの感情の表し方はよく似ている。豚の秀のように何でも旺盛に食べ、夢のように悪賢く時に狂暴になり、伸のように愛嬌がある。なによりウリ坊の頃から育てたために、私に甘えてくれる。小さな時には、来客が怖くて私の後ろに隠れてしまうほどだった。今でもなにか窮地に陥れば、ギュウウウと私に巨体を摺り寄せて泣きついてくる。猛烈にかわいい。

処理場で猪を解体したあとでゴン子の畜舎に入り掃除していると、血と脂の臭いを嗅ぎつけ私の全身を丹念に嗅ぎ、舐めようとする。嫌がり恐れ悲しむのかと思ったら、むしろ嬉しそうで御馳走に出会ったような興奮ぶり。おそらく、野生の猪たちは山で肉食獣のように積極的に狩りをしなくても、斃れた動物の死骸を食べているのだろう。

どんな動物も飼えばかわいらしく、心を通わせることもおそらくは可能だ。いや、動物に限らずコオロギだってサボテンだって、飼えばかわいい。そして、その一方で食べれば美味しい（美味しくないのもいるけれど）。何を食べて何を食べずに共生すると決めるのか。その境界をどう持てばいいのか。動物を食べるのがかわいそうで、植物を食べるのがかわいそうではないと断ずる理由はなにか。突き詰めて考えれば、そこには絶対的な正解はなく、あるのは人間のエゴにすぎないのではないか。

ヤギも猪も、世話が大変でも食べずに一緒に暮らしていきたいと願うのもまた、私の気まぐれなエゴだ。どんな取捨選択をとったところで、私たち生物が生存するには、生物の

解説――これは奇書中の奇書である

高野秀行（ノンフィクション作家）

内澤さんと知り合ったきっかけは『世界屠畜紀行』だった。面白かったから率直にそう書評を書き、最後に「私も屠畜をやってみればよかった」と述べたところ、内澤さんから対談のお誘いを受けた。

なんでも三十ぐらいの書評で取り上げられたが、「タブーに切り込んだ」とか「命をいただくことの大切さ」みたいな切り口が多く、私のような「興味本位」の反応は珍しかったという。

「高野さんがいた村で牛や豚をつぶすとき、可哀想とか言う人はいました？」と言うので、「いるわけないでしょう。畑から大根引っこ抜いてくるようなもんなんだから」と答えたら、「やっぱりそうだよねえ！」と嬉しそうな顔になった。その辺から私たちは急激に親しみを感じ、友だちになっていった。つまり、私たちの仲は「屠畜」から始まったのだ。

もっとも、私たちの共通点はそれだけではない。社会に物申すというようなシリアスなノンフィクションではなく、内澤さんの言葉を借りれば「現実は小説より奇怪で奇妙で面白いということをそのまま本にしたようなノンフィクション」を書いているうえ、「小説を書きたいけどノンフィクションのキャリアが邪魔してうまく書けない」という特殊な悩みも抱えていた。同じタイプのノンフィクションを書いており、やはり小説執筆に悩んでいる宮田珠己さん、さらには私たち全員の共通の担当編集者である本の雑誌社の杉江由次さんと、四人で定期的に会って飲み食いしながら小説を書いて発表し、それについてあーだこーだ批評する会を催すようになった。まるで高校の文芸部のようなので、「文芸部」と名づけ、小説の会合は「部活」と位置づけた。

小説に悪戦苦闘しているうちに、内澤さんはいつの間にか本業のノンフィクションの方で、何かわけのわからないことを始めていた。「千葉に引っ越して豚を飼い、最後はつぶして肉にする」と言うのだ。屠畜のことはわかったけど、その前、つまり生きているときの豚のことがあまりにわからないので、農家に訊いたけど相手にされないから自分で豚飼いをやるとのこと。

――また始まったよ、本末転倒が……。

と私たち文芸部の人間は思った。内澤さんはいつもこうなのだ。

だいたい屠畜紀行を始めたきっかけは、実は「本の装丁」が目的だったのだ。装丁に惹かれ、特に革の装丁を自分でやってみたいといろいろ調べていたら、オリジナルの革を入手するには動物を殺さなければならないことがわかった。でもさまざまなハードルがそこにあり……と、屠畜のことを調べていったら、あんなに壮大なルポルタージュになってしまったわけだ。

この辺で本来の目的である装丁に戻ればいいのに、そうならないどころかますます遠ざかっているのがジュンコ・ウチザワたる所以（ゆえん）。豚を飼うって一体何だろう？

ちなみに、私たちは内澤さんが何か変な思いつきを始めると、「やっぱ、ジュンコ・ウチザワだよね〜」と外国語風の呼び方をする。宇宙人的な発想や行動力がパリのファッション・デザイナーみたいに思えるせいかもしれない。内澤さん自身はパリコレモデルのような美人だし。

内澤さんはいったん始めると、ブレーキをかける機能がないので、どんどん話を進めていったらしい。ある日、「千葉に豚を飼える家を見つけて、今はそっちに住んでいる。広いから次の部活はそこでやりましょう」という連絡が入った。

というわけで、私、宮田さん、杉江さんの三人で行ってみたのである。そこからの記憶がおかしい。私も杉江さんもでかくなった豚を見た記憶があるのだが、本書を読み直すと、私たちが訪れたのは「豚を飼う前」と書かれている。不思議に思って杉江さんと二人で調べてみると、私たちはなんとそこを三回訪れていた。一度は本書にあるように豚を飼う直前、二〇〇九年五月上旬、宮田さんと三人で行き、「部活」をちゃんと行っている（内澤さんは「タズケントの茶蓋係」という小説を書いて発表したと記録されているが、内容は誰も覚えていない）。そして、二回目は豚をつぶす直前の九月八日、九日だった。このときは宮田さんは同行せず、私と杉江さんだけだ。なぜ二人とも記憶が混濁しているのだろう？よくわからないが、おそらく時空がねじ曲がったような「魔境」のせいだと思われる。

本当に、内澤さんもあの家もどうかしていた。本書にもあるが、まず駅前で待ち合わせていて、内澤さんが車で迎えに来てくれたとき、驚いたというか笑ったのなんの。運転がうまいとか下手とかいうレベルじゃない。何かおかしいのだ。道路の端っこの方をそろそろと蛇行しながら進み、止まりかけてはまた進む。まるで間違って白昼に出てきてしまった臆病な夜行性の小動物のようで、あんなに獣っぽい車は初めて見た。内澤さんは余人には決して越えられないボーダー（境界）をあっさり越えてしまう人だが、いきなり車に生命が宿っている。

小動物の車に乗るのは怖いので（実際にその後、内澤さんは派手に事故っている）、宮田さんに運転してもらって内澤さん宅へ行って、また驚いた。十年前に放棄された居酒屋の廃屋なのだ。いや、それは話には聞いていたけど、実物は聞きしに勝る。

物件は田んぼの外れにポツンとあった。広い土間にカウンターがあり、奥には広い座敷が四つ。客が三、四十人入れそうだ。その廃屋。空き家は無気味だが、それがボウリング場やゲームセンターだともっと気味悪い。それと同じ「遊興施設的廃屋」のホラー感が横溢していた。極力掃除はしているようだが、子供の落書きもあるし、荒廃は隠せない。

「内澤さん、こんなところに一人で住んでるの!?」とみんなして唖然。夜、寝ていたら、急に賑やかな居酒屋の物音が聞こえても不思議でない気がした。でも戸を開けると、誰もいないとか。地下室で幽霊のパーティが開催されていたという村上春樹の小説「レキシントンの幽霊」の千葉県場末の居酒屋版だ。

庭先には何かを燃やしたあとが。内澤さんが家に残された粗大ゴミを燃やしたらしい。「神棚や五月人形もあったよ」と平然と言うジュンコ。実際にこのあと、内澤さんはこの世のものでない物音を聞いたという。ううう。

でも内澤さんはまるで頓着していない。ガランとした旧店のカウンターでパソコンを打って原稿を書いているらしい。それどころか、「修理のために、夜、屋根に登る」という。なんでも日焼けしてシミができるのがイヤだとか。今さらどうしてそんな些細なことを気にするんだろう。だいたい、暗くなってから屋根に登るなんて危険極まりない。というか、こんなところで夜、女性が屋根を這いずり回っていたら、そっちの方が霊現象だ。ジュンコ・ウチザワはほとんど妖怪である。

前述したように、私たちの記憶は二回の訪問が混在している。なので、どれが一度目か二度目かわからないのだが、とにかく風呂の周りに囲いを作ったことは記憶している。そんな異常な家と住人の中で、不思議と唯一まともだったのが豚だった。

人の居住空間はでたらめだが、豚小屋はわざわざ作ったものなので、新しくてきれい。

きちんとしている。豚の方がよほど良い環境に暮らしている。豚もイカれた飼い主よりも普通な感じだ。

普通、と書いたが、私は日本で飼われている豚を間近で見るのは初めてだった。ミャンマー奥地の村では放し飼いだったので、いつも見ていた（というより一緒に暮らしている感じだった）が、それとはもちろん全然ちがう。村の豚は人を怖がっていて、人が近づくと逃げていたものだが、ここの豚は近寄ってくる。

「中に入っても大丈夫だよ」とジュンコが言う。

私は内澤さんから借りたつなぎを着たまま、中に入った。豚が嬉しそうに体をすり寄せてくる。なんだか犬みたいだ。私は犬好きなので、犬によくするように首に巻いていたタオルをぶらぶらさせると、本当に豚の一頭がそれに食いついて引っ張る。

「うちの犬、そっくりじゃん！」と驚きつつ、タオルの引っ張りっこをしたり、そのうち豚の背中に乗ったりした。犬は超大型犬でもさすがに上に乗ることはできないが、ここの豚は百キロ近い。五十数キロの私を乗せても平然としている。私は「豚に乗った少年だ〜」とか言いながら、狭い豚舎内で豚たちと遊んだ。「この豚たちがあと数日で肉になる」なんて全く信じられずに。

実際にその月末に豚と再会したときには肉になっていた。といっても、料理になっているわけで「再会」という感じではない。人が多すぎて、一人あたりの量が少なく、

なんだかわからないうちに終わってしまった。あの廃屋と豚は幻のようであった。

　あれから十一年の月日が流れた。単行本が出てからも八年が経過している。久しぶりに再読したのだが、記憶していた以上に凄い本だった。ジュンコ・ウチザワが出す本はほぼ全部が「奇書」だが、これは奇書中の奇書と言っていい。

　二十一世紀の日本で畜産農家でない一般人が豚を飼うこと自体が普通でないわけだが、しかも内澤さんは豚に名前をつけている。

　ダメだろう、それは。

　人と動物の関係性は曖昧とはいうものの、おおまかなボーダーは世界的に共通している。名前をつけるかつけないかだ。

　名前とは「人扱いする」という意味である。名前がついた動物はペットもしくは使役動物であり、屠畜されて食べられたりすることはない。逆に、屠畜される動物には名前などつけないのが普通だ。

　ところが、ジュンコ・ウチザワはあっさりとこのボーダーを越えてしまう。豚を犬や猫のように可愛がり、しまいには「お母さんは仕事があるから出かけてくるね」などと語りかけている。母と子なのだ。もし普通にペットだとしても、自分を「お母さん」とペットに呼びかけるのはこれまた一線を越えた感がある（他人が犬や猫の飼い主を「お母さん」とか「お父さん」と呼ぶのは珍しくないが）。

さらに豚の一頭が他の豚にペニスをなでられて気持ちよさそうになっているのを発見し、自分でもその豚のペニスをさすってみる……。これはもはや動物性愛と近親相姦をダブルで越えかけているんじゃないか。そして、その子を殺して食べてしまうとなると、もう一体なんと呼べばいいか不明である。

豚を屠畜してしまうと、急に話が肉に変わるのも異常だ。それまであれほど可愛がっていた豚の話は消え（死んでしまったのだから当然だが）肉の格付けなど、まるでグルメや流通のルポになってしまう。でも内澤さんが豹変したわけではない。その証拠に、自分の豚の肉が美味しいと言われるとすごく嬉しくなっている。まるで息子が名門大学に入学したときの母親みたいに誇らしげで、ジュンコ・ウチザワの中では「母と子」の関係が続いているのが見て取れる。肉を食べたら「帰ってきた」と思うのも究極の親の愛と考えられないこともない。

本書を再読して、今思うのは「人と動物の関係とは一体何だろう？」ということだ。

近年は「動物愛護」「動物福祉」という概念が普及し、家畜も可能な限り幸せで豊かな一生を送る権利があり、人間にはそれを実現する義務があると考えられるようになってきた。一方では「それは偽善だ。本当に動物を幸せにしたいなら肉を食べるのをやめるべき」と主張する人も増えてきている。

しかし、話はそう単純ではない。例えば豚。私は前述のようにミャンマー奥地の村で暮らしていた。豚は放し飼いであったから、屋外にいれば常に視界のどこかに豚がいたし、屋内にいてもブヒブヒ言う声が聞こえた。彼らの生態を目にしてとても驚いたのは、「人の手のかかったものしか食べない」ということだった。

飼い主は毎日、バナナの幹を切って煮込みを作ったり残飯を与えていた。また、内澤さんの豚は好まなかったようだが、ミャンマーの豚は人糞が大好物だった。村にはトイレがなかったので誰もが村はずれの茂みで用を足しており私も同様だったが、どんなにこっそり行っても豚が瞬時にかぎつけて後をついてきて、私の尻の真横で待機する。そして、ブツが地面に落ちるや否や猛ダッシュしてパクつく。複数の豚がいるときは争奪戦であり、私は自分がえらく人気者になったかのような錯覚にとらえられたときもあった。

それだけではない。私は一度村でマラリアにかかったのだが、高熱の他に激しい下痢と嘔吐に苦しんだ。それらは突然襲ってくるので茂みに行く余裕などなく、軒下で放出するしかなかったが、これまたあっという間に豚さんたちが走ってきて処理してくれるので、本当に助かった。

何が言いたいかというと、豚は「人間依存動物」なのである。人間がいないと生きていけないのだ。もし人間が豚肉を食べるのをやめたら、豚は種として絶滅してしまうだろう。それが豚にとって幸せとは思えない。それもやはり人間のエゴだろう。どこまで行っても、人間と家畜の関係は正解がないのである。

人と家畜の関係性だけでなく「家畜とペットの位置づけ」もどんどん移り変わっている。私が暮らしていた一九九〇年代のミャンマーの村や七〇年代の千葉県ではおそらく、ペットにしても家畜にしても待遇にさして差がなかったのではないか。両方とも半分以上放し飼いであり、特別大事にされないかわりにキチキチと管理されてもいなかったはずだ。むしろ、肉として売れる（食べられる）家畜の方が犬猫より大事にされていたかもしれない。

ところが現在ではペットはもはや家族の一員となり、家畜は経済動物としてひじょうに厳格に管理されるようになった。かたや「人間」、かたや「商品」となった感がある。でも、豚や牛やヤギも飼えばすごく可愛いと飼い主の人たちは言う。頭がいいし、なつくし、人の言葉も理解するという。

動物を可愛がりたいというのと、美味しくて安全な肉を食べたいという二つの本能的な欲求が年々強化され、結果的に人間による動物への接し方は分裂の度合いを広げている。私たちはその二つの相反する欲求（言ってみればダブルスタンダード）をファジーにして暮らしている。ところが、そのファジー機能が壊れてしまっているのがジュンコ・ウチザワなのである。

商品のはずの豚をわが子のように飼う。すると、最後には豚に手ずからキャベツをあげてトラックの荷台にのせ、また屠場（とじょう）ではバナナで豚を誘導するという、畜産農家の人や屠場の人も驚くような光景が出現する。そして商品となったわが子を愛でる。本書はどこを読んでもぼかしやモザイクはかかっておらず、全てのシーンの解像度が最高レベルに高い。だから、ふだんは一般人の目には触れない、あるいはニュースとして届かない豚のペニスの形状（なんとワインオープナーに似てる！）だとか生まれたばかりの豚の子の生死の境目（こちらの方が屠畜より衝撃的だ）などの細部もくっきりと伝わってくる。

ジュンコ・ウチザワにとっては、メインと細部の区別などないのだ。すべてを知りたい、伝えたいというのがこの人の本能であり、だからこそ〝本末転倒〟がすぐに起こるのだろう。

「文庫版あとがき」にも書かれているが、内澤さんはその後、小豆島（しょうどしま）に移住。草刈りをするのが面倒くさいという理由でヤギを飼いだしたらそのヤギが雑草を食べず、結局内澤さんが別の所から毎日わざわざ草を刈ってあげるはめになった。しかもまたもや溺愛（できあい）したうえ、交配させて、数も五匹に増えている。いっぽう、内澤さんは狩猟を覚え、自前の屠場も作って鹿肉や猪肉の出荷も始めたところ、持ち込まれたうり坊（猪の子）に情が移ってしまい、これまた可愛がっているようだ。

ジュンコ・ウチザワの本末転倒ぶりは衰え知らずで、革の装丁本作製は一体いつになるのか神のみぞ知るという状況だが、そのおかげで私たち読者は内澤さんが自ら創造する「現実は小説より奇怪で奇妙」を味わい続けることができるのである。

ダイヤモンドポーク購入先　ＪＡタウン　https://www.ja-town.com/shop/f/f0/

Pig Fertilize 松ヶ谷　https://www.ma-am-pig.jp

＊

本書の取材に応じてくださった方々の氏名、肩書、所属組織名は、但し書がないかぎり、二〇〇九年当時のままとしている。

本書は二〇一二年に岩波書店から刊行された単行本を加筆修正し、文庫化したものです。

飼い喰い
三匹の豚とわたし

内澤旬子

令和3年 2月25日 初版発行
令和6年 12月15日 3版発行

発行者●山下直久

発行●株式会社KADOKAWA
〒102-8177 東京都千代田区富士見2-13-3
電話 0570-002-301(ナビダイヤル)

角川文庫 22541

印刷所●株式会社KADOKAWA
製本所●株式会社KADOKAWA

表紙画●和田三造

●お問い合わせ
https://www.kadokawa.co.jp/（「お問い合わせ」へお進みください）
※内容によっては、お答えできない場合があります。
※サポートは日本国内のみとさせていただきます。
※Japanese text only

ISBN 978-4-04-110910-6 C0195

角川文庫発刊に際して

角川源義

第二次世界大戦の敗北は、軍事力の敗北であった以上に、私たちの若い文化力の敗退であった。私たちの文化が戦争に対して如何に無力であり、単なるあだ花に過ぎなかったかを、私たちは身を以て体験し痛感した。西洋近代文化の摂取にとって、明治以後八十年の歳月は決して短かすぎたとは言えない。にもかかわらず、近代文化の伝統を確立し、自由な批判と柔軟な良識に富む文化層として自らを形成することに私たちは失敗して来た。そしてこれは、各層への文化の普及滲透を任務とする出版人の責任でもあった。

一九四五年以来、私たちは再び振出しに戻り、第一歩から踏み出すことを余儀なくされた。これは大きな不幸ではあるが、反面、これまでの混沌・未熟・歪曲の中にあった我が国の文化に秩序と確たる基礎を齎らすためには絶好の機会でもある。角川書店は、このような祖国の文化的危機にあたり、微力をも顧みず再建の礎石たるべき抱負と決意とをもって出発したが、ここに創立以来の念願を果すべく角川文庫を発刊する。これまで刊行されたあらゆる全集叢書文庫類の長所と短所とを検討し、古今東西の不朽の典籍を、良心的編集のもとに、廉価に、そして書架にふさわしい美本として、多くのひとびとに提供しようとする。しかし私たちは徒らに百科全書的な知識のジレッタントを作ることを目的とせず、あくまで祖国の文化に秩序と再建への道を示し、この文庫を角川書店の栄ある事業として、今後永久に継続発展せしめ、学芸と教養との殿堂として大成せんことを期したい。多くの読書子の愛情ある忠言と支持とによって、この希望と抱負とを完遂せしめられんことを願う。

一九四九年五月三日